QIYE HEGUI GUANLI SHIWU

企业合规管理

实务

黄怡 编著

中国电力出版社

CHINA ELECTRIC POWER PRESS

内 容 提 要

本书分上下两篇。上篇解读了合规管理的起源、内涵、原则和内容，系统介绍了国际合规管理经验和国内合规探索实践成果，详细解读国内主要合规规范，深度阐述企业合规管理体系建设工具方法和路径。提出构建相互融合、协同高效的内控监督体系思路，为解决合规管理、全面风险管理以及企业内控交叉重叠等问题提供现实指引。

下篇介绍企业常见的合规风险。结合司法判例和行政监管相关案例，深入分析了商业贿赂、安全生产、进出口贸易、金融管理、产品质量安全、企业纳税、环境资源保护、公司治理、劳动用工、知识产权、网络数据安全与信息保护、垄断与不正当竞争和企业信用等企业常见的十三个方面合规风险，使读者能够深刻全面地理解合规风险及国家合规监管要求，在企业经营活动中自觉防范合规风险。

本书可供企事业单位从事法务相关工作及管理岗位人员使用，也可作为企业员工提升风险防范意识的科普读物，还可作为高等院校管理类等相关专业师生参考用书。

图书在版编目（CIP）数据

企业合规管理实务 / 黄怡编著 . — 北京：中国电力出版社，2023.8
ISBN 978-7-5198-7822-1

Ⅰ . ①企…　Ⅱ . ①黄…　Ⅲ . ①企业管理—风险管理　Ⅳ . ① F272.35

中国国家版本馆 CIP 数据核字（2023）第 083062 号

出版发行：中国电力出版社
地　　址：北京市东城区北京站西街 19 号（邮政编码 100005）
网　　址：http://www.cepp.sgcc.com.cn
责任编辑：张　瑶（010–63412503）
责任校对：黄　蓓　郝军燕
装帧设计：郝晓燕
责任印制：石　雷

印　　刷：三河市万龙印装有限公司
版　　次：2023 年 8 月第一版
印　　次：2023 年 8 月北京第一次印刷
开　　本：710 毫米 ×1000 毫米　16 开本
印　　张：17.75
字　　数：317 千字
定　　价：88.00 元

前　言

依据汉语字面解释，"合"有符合、不违背、一致等意，"规"即规矩、标准、法则等，合规就是要符合规矩、法则。

在我国，合规管理据查最早是在金融领域引进的。21世纪初，我国金融行业发生了多起违法违规和刑事犯罪大案要案，促使金融领域率先开展系统的合规建设，以应对巨大的合规风险。2018年，国务院国资委等部门发布《中央企业合规管理指引（试行）》《企业境外经营合规管理指引》，以行政主导方式推动中央企业合规管理体系建设，掀起了中央企业合规管理高潮，这一年被称为我国的"合规元年"，具有里程碑意义。随即省、市属国有企业相继推进合规工作。近几年来，一些民营企业因虚假宣传、不正当竞争、涉嫌垄断、内部腐败等违规行为被处罚，对涉案企业造成巨大负面影响的同时也使得民营企业普遍意识到合规的重要性。时至今日，防范合规风险已经在我国企业界得到广泛的认同。

当前，按照社会主义市场经济体制的要求，我国已基本建立起规范和调整市场经济运行的法律体系。任何商业行为都必须在合法前提下开展，法律保护正当的商业行为。企业与企业之间、企业与监管机构之间，均不可能排除法律关系的维系，而这种关系的正常维系往往是以合规为前提。特别是随着经济全球化进程的深入，以及公平竞争、监管透明的高度市场化环境日益完善，中国企业在面对更加广阔的市场机遇的同时也面临着更加严密的法律监管。企业不仅需要按照市场规律实施商业行为，而且亟需依据法律规范规避商业行为的合规风险。

我长期在中央企业从事法律合规风险管理，不论是在日常合规工作中，还是在开展合规培训时，经常有人这样问：什么是合规？为什么要开展合规工作？企业如何建立合规管理体系？业务部门如何开展合规管理？一次次的回答，促使我萌生了写一个介绍企业合规读本的想法。2016年国务院国有资产管理监督委员会在五家中央企业开展合规试点，我开始关注并收集国内企业合规相关信息，《合规管理体系　指南》（GB/T 35770—2017）颁布后，我很疑惑合规风险与《企业法律风险管理指南》（GB/T 27914—2011）所指的法律风险有什么区别，带着这样的疑问，我参与了国家电网有限公司组织的合规试点工作。我查阅了大量的合规文献，收集了不少的合规案例，在不断的学习和思考过程中较全面地了解了企业合规的历史发展、理论和相关规范。几年来，我持续在企业管理人员和法务群体讲授合规管理，将合规知识应用到实际工作，致力于企业合规管理体系建设。同时，围绕企业合规工作积极开展相关理论研究，诸如全业务领域风险测评和预警体系研究，融合企业经营管理过程的风险管理体系建设，供应商管理合规风险研究，合规、内控、风险一体化管理等。研究的过程使我越发感觉到在企业实际经营管理过程中，越来越需要合规与企业经营活动的深度融合，企业合规管理体系看似一个庞大复杂的工程，但只要建立相适应的管理组织，制定规范、厘清职责、规范程序，合规风险防控就能有条不紊地进行，最终实现设定的目标。

《企业合规管理实务》是我努力学习、认真思考、用心实践的总结。全书围绕合规、合规风险、合规管理、企业合规管理体系建设等一系列问题进行专题阐述，合计约20余万字，分上下两篇。上篇解读了合规风险管理的起源、内涵、原则、实践探索和主要合规规范，企业合规管理体系建设思路、工具方法和路径。下篇结合司法判例和行政监管相关案例，介绍了当前国际公认的企业合规风险以及国家合规监管相关要求，诸如商业贿赂、公司治理、知识产权、网络数据安全与信息保护、垄断与不正当竞争等，共13类。力图使本书既具有一定的理论性，又能为解决合规管理以及企业全面风险管理、内控等诸多交叉重叠问题提供一定的现实指引，指导企业法务在合规管理中发挥积极作用。

古器合尺度，法物应矩规。合规是企业经营发展的基石。衷心希望本书能引发读者一些共鸣，给予读者一点启发，在企业经营活动中充分理解合规管理的核心理念、架构体系、工具方法，认识合规对于企业经营与发展的重要价值，不断增强隐患意识，自觉防范经营风险，共同推进企业合规管理工作不断走向深入。合规管理还是一个新兴的领域，还有许多问题需要深入研究，鉴于个人能力所限，书中难免有疏漏之处，在此一并恳请读者批评指正。

编者

目　录

上篇

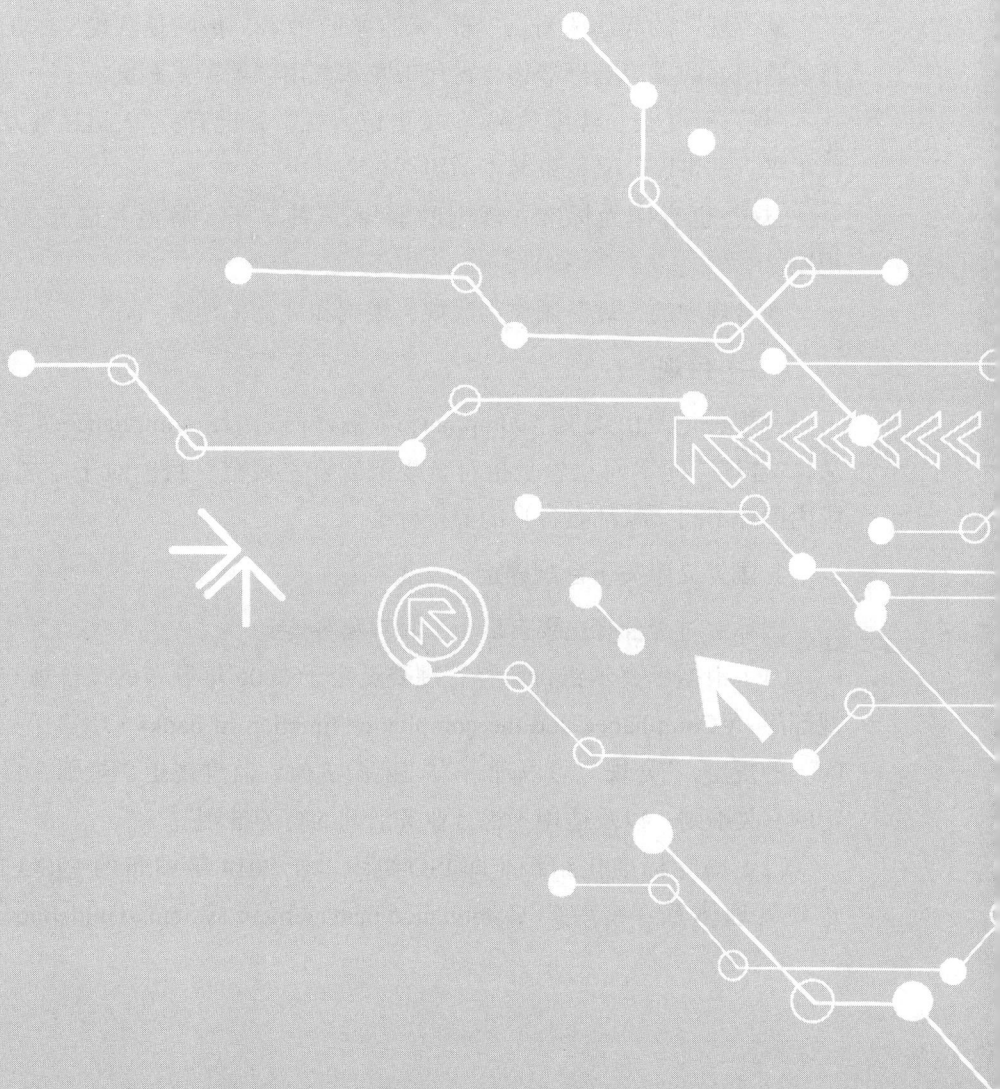

第一章 合规概述

一、合规的内涵

（一）"规"的含义

"没有规矩不成方圆"是我们提到"规"的时候，最常想到的一句话。这句话里的"规"是规矩、规则的意思，寓意是做任何事都要按照一定的规矩、规则、方法来做，否则事情很难成功。

从"规"的起源来看，"规"来自木匠术语，指的是圆规，木工在干木活时打造圆门、圆桌等圆形器物，古代工匠知道用"规"来画圆。

"规"有礼法、法度的解释，《史记·礼书》记有："人道经纬万端，规矩无所不贯，透讲以仁义，束缚以刑罚。"

"规"也有作为标准、规则的解释，《韩非子·解老》记有："万物莫不有规矩。"

而合规中的"规"则作为法规、规制和规范来理解。

（二）合规

合规一词是由英文"compliance"翻译而来的，compliance原意为遵守、服从，"合规"的字面意思是指符合规范或合乎规范。目前对于合规概念的界定，国内国外不同文献都有各自的界定标准。

1. 国外文献关于合规界定

国际上对于合规主要有以下三种典型界定：

（1）根据巴塞尔银行监督管理委员会于2005年颁布的《合规与银行内部合规部门》（Compliance and the compliance function in banks）引言第三条"合规风险"的规定，"合规"可以理解为"遵循法律、监管规定、规则、自律性组织制定的有关准则，以及适用于银行业务活动的行为准则"。

（2）国际标准化组织（即ISO组织）于2014年颁布的《ISO 19600：2014合规管理体系　指南》（Compliance management systems-Guidelines）中2.17条

规定"合规"为"履行组织的全部合规义务。"其中，"合规义务"指合规要求或合规承诺，❶ 合规要求指组织有义务遵守的要求，❷ 一般包括法律法规、许可执照或其他形式的授权、监管机构发布的制度条例或指导方针、法院或行政法庭的裁决、条约公约和条款等；"合规承诺"指组织选择遵守的要求，❸ 一般包括与社区团体或非政府机构签订的协议、与主管部门和客户签订的协议、内部要求（如政策和程序、自愿性原则或行为守则、自愿性标记或环境承诺、所签协议产生的责任、相关组织和行业标准等）。

（3）国际标准化组织（即 ISO 组织）于 2021 年颁布的《ISO 37301：2021 合规管理体系　要求及使用指南》（Compliance management systems-Requirements with guidance for use）中 3.25 规定"合规"为"组织强制必须遵守的要求以及组织自愿选择遵守的要求。"

2. 国内文献关于合规界定

我国在借鉴了国外合规的经验基础之上，国内对于合规有以下几种界定：

（1）原中国银行监督管理委员会（简称原银监会）于 2006 年颁布的《商业银行合规风险管理指引》中第三条第二款规定"合规"为"使商业银行的经营活动与法律、规则和准则相一致。"

（2）中国证券监督管理委员会（简称证监会）于 2008 年颁布的《证券公司合规管理试行规定》中第二条第三款规定"合规"为"证券公司及其工作人员的经营管理和执业行为符合法律、法规、规章及其他规范性文件、行业规范和自律规则、公司内部规章制度，以及行业公认并普遍遵守的职业道德和行为准则。"

（3）原中国保险监督管理委员会（简称原保监会）于 2016 年颁布的《保险公司合规管理办法》中第二条第一款规定"合规"为"保险公司及其保险从业人员的保险经营管理行为应当符合法律法规、监管规定、公司内部管理制度以及诚实守信的道德准则。"

（4）证监会于 2017 年颁布的《证券公司和证券投资基金管理公司合规管理办法》中，第二条第二款规定"合规"为"证券基金经营机构及其工作人员的经营管理和执业行为符合法律、法规、规章及规范性文件、行业规范和自律规则、公司内部规章制度，以及行业普遍遵守的职业道德和行为准则。"

---

❶ 参见《ISO 19600：2014 合规管理体系　指南》2.16。
❷ 参见《ISO 19600：2014 合规管理体系　指南》2.14。
❸ 参见《ISO 19600：2014 合规管理体系　指南》2.15。

（5）国家标准化管理委员会于 2017 年颁布的《合规管理体系　指南》（GB/T 35770—2017）中 3.5.1 条规定"合规"为"企业遵守适用的法律法规及监管规定，同时遵守相关标准、合同、有效治理原则或道德准则。"

（6）国务院国有资产管理监督委员会（简称国务院国资委）于 2018 年颁布的《中央企业合规管理指引（试行）》（2022 年被《中央企业合规管理办法》替代）中，规定"合规"为"中央企业对生产经营管理活动中所适用规范的普遍遵循。"其中的"所适用规范"主要包括法律法规、监管要求、商业惯例、行业准则、道德规范等外部合规要求和企业内部规章以及企业承诺履行的各种义务。2022 年 8 月 23 日，国务院国资委发布《中央企业合规管理办法》第三条规定，"合规，是指企业经营管理行为和员工履职行为符合国家法律法规、监管规定、行业准则和国际条约、规则，以及公司章程、相关规章制度等要求。"

（7）国务院反垄断委员会 2020 年 9 月 11 日印发《经营者反垄断合规指南》第三条规定"合规"是指"经营者及其员工的经营管理行为符合《反垄断法》等法律、法规、规章及其他规范性文件（统称反垄断法相关规定）的要求。"

通过上述国内外不同法律文献对于合规概念的不同界定，可以从以下三个角度去理解合规：

（1）从遵守法规角度来看，合规是指企业要遵守经营活动所在地的义务性规范和禁止性法律规范和监管要求，确保企业的经营活动依法合规。如果企业能按照法律的规范要求行事，企业经营则具备合法性，企业的经营行为受经营活动所在地的法律法规保护。

（2）从遵守规制角度来看，合规是指企业要遵守公司章程、内部规章和制度。我国《中央企业合规管理办法》第十四条第一款第一项的规定，合规管理部门负责组织起草本企业合规管理基本制度、具体制度。不同的企业会根据外部环境和内部管理的需要，制定企业内部的规章和制度，以此来约束企业的商业行为，引导企业的各层级员工按照规制开展经营活动，保证各项行为达到企业规制的要求。

（3）从遵守道德规范角度来看，合规是指企业在遵守法规与规制的同时，还要求员工遵守相应职业操守和道德规范。这对企业的员工行为提出了更高的要求，即要求员工在工作中形成规则意识，做到行为自觉、自律。

二、合规规范

合规规范是为了实现合规目标需要遵循的规定，包括但不限于国际公约条约、国家法律法规、规范性文件、行业准则、企业规章制度、社会公序良俗和基本职业道德。根据巴塞尔银行监督管理委员会《合规与银行内部合规部门》第五条所述，合规规范有多种渊源，包括立法机构和监管机构发布的基本的法律、规则和准则，市场惯例，行业协会制定的行业规则以及适用于银行职员的内部行为准则等。因此，合规规范不仅包括那些具有法律约束力的文件，还包括更广义的诚实守信和道德行为的准则。

（一）合规规范的范围

从前述不同法律文献的合规界定可以看出，不同法律文献对合规规范的界定是不完全一致的。

根据《合规与银行内部合规部门》第三条所述，合规规范包括法律、监管规定和规则、自律性组织的准则以及适用于银行自身业务活动的行为准则。根据《商业银行合规风险管理指引》第三条所述，合规规范包括法律法规、规则和准则，即适用于银行业经营活动的法律、行政法规、部门规章及其他规范性文件、经营规则、自律性组织的行业准则、行为守则和职业操守。根据《保险公司合规管理办法》第二条所述，合规规范包括法律法规、监管规定、公司内部管理制度及诚实守信的道德准则。根据《证券公司和证券投资基金管理公司合规管理办法》第二条所述，合规规范包括法律、法规、规章及规范性文件、行业规范和自律规则、公司内部规章制度，以及行业普遍遵守的职业道德和行为准则。根据《合规管理体系 指南》（GB/T 35770—2017）引言所述，合规规范包括适用的法律法规及监管规定，以及相关标准、合同、有效治理原则或道德准则。国务院国资委《中央企业合规管理办法》第三条将合规规范定义为：法律法规、监管规定、行业准则和国际条约、规则，以及公司章程、相关规章制度等。国家发展和改革委员会（简称发展改革委）等七部委发布的《企业境外经营合规管理指引》第三条将合规规范定义为：法律法规、国际条约、监管规定、行业准则、商业惯例、道德规范和企业依法章程及规章制度等。

鉴于上述国内外文献对于合规规范的表述，为了体现合规规范的定义在上述多份文件中具体涵盖的情况，下面以表格的形式将相关内容予以呈现，如表 1-1 所示，"√"的标识代表相应文件包含相关对应内容，未标识的则表示不包含相关内容，以方便对比查阅。

表 1-1   不同文献对于合规规范的定义

规范名称 \ 定义	法律法规	监管规定	行业准则/道德准则	国际条约与规则	公司章程	公司规章制度	合同
《合规与银行内部合规部门》	√	√	√			√	
《商业银行合规风险管理指引》	√	√	√			√	
《保险公司合规管理办法》	√	√	√			√	
《证券公司和证券投资基金管理公司合规管理办法》	√	√	√			√	
《合规管理体系 指南》（GB/T 35770—2017）	√	√	√				√
《中央企业合规管理办法》	√	√	√	√	√	√	
《企业境外经营合规管理指引》	√	√	√	√	√	√	

如表 1-1 所示，各文献对于合规规范的定义主要包括四种普适性规范：法律法规，包括国家法律、行政法规、部门规章、地方性法规、地方规章等；企业的内部规章制度及企业对外承诺的义务；政策性监管文件，包括各级政府的指令性文件、行业强制性规范等；行业普遍遵守的商业惯例和诚实守信的道德规范。

除了四种普适性规范，国有企业还应遵循的一种特殊性规范是党内法规，主要是指《中国共产党章程》《中国共产党纪律处分条例》等党内规定和行为准则，《中央企业合规管理办法》第七条明确要求中央企业"应当严格遵守党内法规制度""推动相关党内规章制度有效贯彻落实"。合同是否作为合规规范，除《合规管理体系 指南》（GB/T 35770—2017）外，其他文献并未指出。特别说明的是，每一企业因自身经营领域、所属行业、企业所有权性质等不同，其所适用的合规规范也存在一定的差异。例如如果不涉及任何涉外业务的内资企业，应遵守和执行的合规规范不包括国际条约、国际规则标准、国际组织公约的决定以及外国的合规规范。相反，如果是涉外企业，特别是有海外投资业务的企业，尤其要关注并遵守相关的国际条约、国际标准、国际组织公约、双边协定约定，以及投资所在国法律。

（二）理解合规规范应当注意的问题

按照法律规范行为模式的不同，可以分为禁止性规范、义务性规范和授权性规范。从前述合规规范的论述可以看出，合规规范有特定的要求和指向，只有禁止性和义务性规范才能成为合规依据。禁止性规范是规定主体不得为某种行为的规范；义务性规范是规定主体必须为某种行为的规范；授权性规范是授予主体可以为某种行为或不为某种行为的权利的规范。合规依据一般不包括授权性规范。

合规规范因法律位阶不同而存在不同的效力等级关系。根据《中华人民共和国立法法》的规定，合规规范存在效力层级的差别，其中法律的效力高于行政法规、地方性法规和规章，行政法规的效力高于地方性法规和规章，地方性法规的效力高于本级和下级地方政府规章，省级政府规章的效力高于本行政区域内下级政府规章。如果上述规范之间存在冲突，应遵循上位法优于下位法、特别法优于一般法、新法优于旧法的原则处理。企业制定内部规章制度应当符合法律法规和规章的要求。

合规规范的遵循因主体性质和经营行为的不同而不同。首先，企业性质不同，遵循的合规规范不同。企业包括有限责任公司、合伙企业等不同性质企业，其遵循的法律分别是公司法、合伙企业法。股份公司中的上市公司除遵循公司法外，还应当遵循上市公司规范；国家投资的有限责任公司或股份有限公司还应当遵循国有企业的特别规范（如招投标、资产处置等特别规范）；提供水、电、燃气等公共服务的自然垄断企业还必须遵循《反垄断法》等规范。其次，企业经营行为不同，其所遵循的合规规范也存在差异。比如电网经营企业，遵循的合规规范应当包括《电力法》《电力设施保护条例》《电力供应与使用条例》《电网调度条例》《电力监管条例》等与电网经营、管理、安全相关的法律规范；网络平台企业，应当遵循的合规规范包括《网络安全法》《电子签名法》《网络交易服务规范》等。

（三）合规义务

根据《合规管理体系　指南》（GB/T 35770—2017）2.16中给出的"合规义务"定义，合规义务包括合规要求和合规承诺。

根据《合规管理体系　指南》（GB/T 35770—2017）2.14中给出的"合规要求"定义，合规要求是指组织有义务遵守的要求。合规要求又称强制性合规义务，是由外部相关方赋予企业的义务。外部相关方可能影响企业的决策或者行为。这里所说的影响可能是明确具体的要求，也可能只是一种可能性。法律是典型的合规要求。合规要求可能是明示的，也可能是隐含的，即按照常识或者交易习惯可以推导出来的。例如，即使法律没有明确规定而且在合同中没有明确约定，企业也应当对在交易过程中知悉的合作伙伴的商业秘密予以保密。合规要求可能是书面的，也可能是共同遵循的公序良俗，如商业道德。《合规管理体系　指南》（GB/T 35770—2017）3.5.1 中给出了合规要求的范例：法律法规，许可、执照或其他形式的授权，监管机构发布的命令、条例或指南，法院或行政法庭的判决书，条约、惯例和协议。

根据《合规管理体系　指南》（GB/T 35770—2017）2.15 中给出的"合规承诺"定义，合规承诺是组织选择遵守的要求。合规承诺又称自愿性合规义务，是企业主动承担的合规义务。合规承诺是基于企业自身的价值观诉求或者外部相关方对本企业的期望。合规承诺的影响力高于合规要求。企业明确作出的合规承诺会影响到外部相关方对本企业的期望，因此对企业有比较强的约束力。《合规管理体系　指南》（GB/T 35770—2017）3.5.1 中给出了合规承诺的范例：与社区团体或非政府组织签订的协议；与公共权力机构和客户签订的协议；组织要求，如方针和程序；自愿原则或准则；自愿性标志或环境承诺；组织签署协议产生的义务；相关组织和行业标准。

识别合规义务是企业建立合规管理体系的第一步，也是开展其他合规工作的出发点。一个成熟的企业应当了解本企业必须遵守的合规义务，即使选择对某些合规义务不完全地遵守，企业也是清楚地知道这个决定可能带来的后果并为这个后果的发生准备好应对策略。这样才能避免企业在发生违规事件时后知后觉遭受沉重打击。

识别合规义务的过程是发现企业运营中会产生哪些合规风险的过程。企业应当定期进行全面体检式的合规义务识别，在此基础上跟踪可能影响企业合规义务的内部和外部变化，并选择重点开展合规风险的管理。

三、合规起源与发展

（一）国外合规历程

合规最早的发展历史一般认为起源于美国，1977 年，美国因水门事件及当时大量跨国公司向外国政府官员行贿以拿到订单的丑闻等而颁布《反海外腐败法》，针对重点主要是反商业贿赂。1986 年，美国发布了《环境审计政策声明》，将企业环保作为合规工作要点。同年，美国军火企业联合起草了《国防工业的商业伦理与企业活动精神》，将自觉履行合规管理制度作为企业自律的要求。1988年，美国通过《内幕交易与证券欺诈取缔法》，用于加强在证券金融领域的合规管理。1991年，美国联邦量刑委员会颁布《联邦量刑指南》，明确将企业合规规定为影响企业犯罪罚金减免和缓刑适用的法定要素。

1995年，联合国首次提出"全球契约"的构想，号召企业应承诺遵守国际行为准则，使经济活动兼顾社会公益，承担相关社会责任。后来"全球契约"扩充形成人权、劳工标准、环境、反贪污四个方面的十项基本原则。1997年，OECD经合组织成员国达成《OECD反对国际商业活动中向海外政府官员行贿行为公约》，用于约束商业贿赂行为。1999年，世界银行实施黑名单制度，禁止涉嫌贪污受贿的国际公司投标，并禁止参与其所贿赂工程的任何相关项目。

2002年，美国通过了《萨班斯法奥克斯利法案》（Sarbanes-Oxley Act），加强了会计师和上市公司的监管。2004年，美国发布《针对机构实体联邦量刑指南》（Federal Sentencing Guidelines for Organizations，FSGO），增加了企业实施有效合规体系前提下，可以减免罚金的规定。2010年，美国通过了《多德—弗兰克法案》（Dodd-Frank Act），进一步加强了对金融业的监管。

2010年，亚太经合组织（APEC）颁布《内控、道德与合规最佳行为指南》（Good Practice Guidance on Internal Controls, Ethics, and Compliance），要求企业制定明确的政策来禁止海外贿赂，制定针对所有员工的合规执行体系、相关交流和培训机制、完善的举报制度等。2010年，世界银行《诚信合规指南》正式生效，提出企业制定并实施符合要求的合规诚信体系，是解除取消资格制裁、提前解除取消资格制裁的主要条件。

2014年12月，国际标准化组织，发布实施了《合规管理体系　指南》（ISO 19600），将合规管理分为建立和改进两部分，包括确定合规范围、建立合规方针、评估合规风险、制定应对计划、实施和控制、评估和报告、持续改进等阶段，为所有规模和类型的企业建立有效的合规管理体系提出了指导性建议。同年，亚太经合组织（APEC）通过了《北京反腐败宣言》《亚太经合组织预防贿赂和反贿赂法律执行准则》《亚太经合组织有效和自愿的公司合规项目基本要素》，主要针对反贿赂合规。2021年4月，国际标准化组织发布了《ISO 37301：2021合规管理体系　要求及使用指南》（简称《指南》），《指南》指出合规体系是对旨在取得长期成功的组织所必需的，同时合规不仅是基础，也是一次机遇，合规是一个持续渐进的过程，是需要长期投入的工作。

（二）国内合规历程

我国最早的关于"合规"的部门规章是民政部于 1989 年颁布的《民政部单位财会工作审计合规标准》，该标准的制定是为了促进各单位加强财会工作，严格执行财务管理，正确履行国家赋予财会人员的职责和权利，提高财会管理水平，发挥财会人员的监督作用，但并非真正意义上的合规管理规范。我国的企业合规管理经历了以下阶段：

（1）金融企业试行合规阶段。与美国、欧盟等国类似，我国金融行业的企业较早进行了系统的合规建设，这与金融业的业务特点、监管特点是分不开的。自 2006 年起，中国银行业监督管理委员会、中国保险监督管理委员会、中国证券监督管理委员会参照巴塞尔银行监管委员会 2005 年发布的《合规与银行内部合规部门》高级文件，相继发布合规管理指引，标志着我国的金融行业正式进入了全面合规体系建设时代。2006 年 6 月，国务院国资委发布了《中央企业全面风险管理指引》，拉开中央企业合规管理序幕；2006 年 10 月，原银监会发布了《商业银行合规管理指引》，使银行企业管理走上了合规之路，各种合规制度逐步健全完善；2007 年 9 月，原保监会发布了《保险公司合规管理指引》；2008 年 6 月，财政部、审计署、保监会、银监会、证监会联合发布《企业内部控制基本规范》，此规范于 2010 年修订为《企业内部控制指引》；2008 年 7 月，证监会发布了《证券公司合规管理试行规定》，提出证券公司的合规管理应当覆盖公司所有业务、各个部门和分支机构、全体工作人员，贯穿决策、执行、监督、反馈等各个环节。以上合规制度基本覆盖了当时金融行业的主要领域，构建了相对完整的金融合规建设体系，为我国抵御 2008 年国际金融危机冲击、维护国内金融安全稳定起到了较好的支撑作用，也成为后危机时代我国金融稳定发展的重要制度保障。

（2）合规初期建立阶段。2013 年 4 月，国家标准化管理委员会发布《企业法律风险管理指南》；2014 年 7 月，国务院召开常务会议，决定取消部分政府审批事项，政府职能由事前审批转向事中、事后监管，推动了企业合规管理工作；2014 年 9 月，长沙市中级人民法院对葛兰素史克（中国）投资有限公司开出 30 亿元人民币的最大罚单，马克锐等人被判刑，释放了中国合规管理的法律信号；2014 年 11 月，我国作为亚洲太平洋经济合作组织（APEC）轮值主席国，和与会国共同通过了《北京反腐败宣言》；2014 年 12 月，国资委在《关于推动落实中央企业法治工作新五年规划有关事项的通知》中提出"大力加强企业合规管理体系建设"。

（3）国资委推动全面建设阶段。2015年12月，国资委印发《关于全面推进法治央企建设的意见》，随后，2016年3月，国资委选择中国石油天然气集团有限公司、中国移动通信集团有限公司、招商局集团有限公司、中国中铁股份有限公司和中国东方电气集团有限公司五家央企开展央企合规体系建设的试点工作，其他少数央企也同步实施。2018年11月国资委颁布了《中央企业合规管理指引（试行）》，对于中央企业的合规管理体系建设提出了建设性建议。同年12月，发展改革委、外交部、商务部、中国人民银行、国资委、外汇局等六部委和全国工商联联合印发了《企业境外经营合规管理指引》，对于推动企业境外经营行为合规提供了行动指导。以上两《指引》虽然均为指导性，但由政府主管部门主导提出明确的步骤和方法，全面促进我国企业在合规领域的发展。2019年10月，国资委发布《关于加强中央企业内部控制体系建设与监督工作的实施意见》，要求中央企业建立健全以风险管理为导向、合规管理监督为重点，严格、规范、全面、有效的内控体系。2020年1月，国资委印发《关于印发〈国资监管提示函工作规则〉和〈国资监管通报工作规则〉的通知》，要求强化主体责任，明确七种需要企业拟制提示函的情形，并要求做好提示函和通报事项的整改落实工作，进一步提升集团管控水平和抗风险能力，促进实现高质量发展。2022年国务院国资委部署实施"合规管理强化年"活动，强调中央企业做好合规管理强化工作，需要认真抓好"五个一"，即：深入开展一次全级次、全领域、全方位合规风险排查，坚持查改并举，对违规行为立行立改；抓紧制定一组合规管理清单，推动合规要求深度融入企业经营管理；建立健全一个管理体系，明确业务部门、合规管理牵头部门、监督部门职责，着力夯实合规管理"三道防线"；着力完善一项审查机制，在经营决策应审必审的基础上不断提升合法合规性审核质量；加快建设一个在线监管系统，对合规风险精准管控，为依法合规经营提供有力支持。

（4）专业合规管理阶段。2019年以来，我国在知识产权等专业领域合规管理的规范也迅速铺开。例如，《关于知识产权领域的反垄断指南》（2019年1月发布）、《关于推进中央企业知识产权工作高质量发展的指导意见》（2020年2月发布）强化知识产权合规；《国务院关于进一步提高上市公司质量的意见》（2020年10月发布）强化上市公司违规治理；《经营者反垄断合规指南》（2020年9月发布）、《关于平台经济领域的反垄断指南》（2021年2月发布）、《关于原料药领域的反垄断指南》（2021年1月）；《出口管制法》（2020年10月通过）加强出口物项管制；《数据安全法》（2021 年 6 月发布）规范网络安全与数据保护；以及《个人信息保护法》（2021 年 8 月发布）保护个人信息安全，《反垄断法》（2022 年 6 月修订）进一步加强保护市场公平竞争等，体现了我国合规管理由全面性规范向专业化规范与全面化规范并重的发展趋势。

纵观西方国家企业合规管理发展历程，不难发现，西方国家合规管理起步时间较早，企业重视合规管理的程度也相对较高，重视合规管理已经成为国外企业界的共识。而对比西方国家合规管理发展历程，可以看出我国国内合规管理起步虽然相对较晚，但是随着中国国际地位的提升和实施"走出去"战略的速度加快，我国企业开展合规管理的需求日益迫切，吸收国外企业合规管理的有益经验，加快中国合规管理的进程，探索走出具有中国特色的合规管理之路，已是当今政府与企业的共识。

四、合规对企业的价值

（一）避免违规造成企业损害

合规对企业的价值首先体现在降低违规风险，避免给企业带来损失，确保持续健康发展。

企业违法违规事件的发生会给企业造成不可估量的损失，付出高昂的违规成本。当违规事件被追究刑事责任或被执法部门调查时，企业往往面临着巨额成本支出，包括显性成本和隐形成本。其中显性成本包括危机应对中产生的人力成本、管理成本、律师费用、罚金支付等；隐形成本包括企业业务中断、运营能力下降、员工失去信心、公众负面评价等。违规同时损害投资者利益，巨额成本支出、被吊销经营许可证甚至濒临破产，投资者的投资行为面临很高的失败风险。此外，违规可能损害交易对方的合法权益，影响双方正在实施的合作是否顺利完成以及双方未来合作的意向，给企业未来发展带来损失。

2020 年 4 月，一直被视为咖啡界"黑马"的瑞幸咖啡承认其在 2019 年二季度至四季度内存在伪造交易行为，涉及销售额达 22 亿元人民币，受此消息影响，瑞幸咖啡美股盘前价跌幅超过 80%，而开盘后多次熔断，股价也从此前的 20 多美元一度跌至 5.62 美元，瑞幸的信用危机扑面而来。无论是股东还是投资者都损失惨重，有机构投资者甚至亏损百亿元人民币。2020 年 10 月，市场监管总局对瑞幸咖啡（中国）有限公司、瑞幸咖啡（北京）有限公司分别处以罚款 200 万元人民币。通过"瑞幸咖啡财务造假"事件可以看出，企业发生违规事件不但会给企业本身造成巨大损失，还可能损害投资者利益，阻碍企业业务拓展，给企业未来的持续发展带来巨大负面影响。

（二）促进企业高质量发展

合规对企业的价值还体现在促进企业提升自身竞争力，创造价值，高质量发展，主要体现在以下几个方面：

首先，合规发展有利于企业树立诚信信誉。企业建立完整的合规管理体系能够使监管部门、执法部门及公众相信企业是良好的社会组织，对任何违规行为都是采取否定的态度，并且尽到合理的努力去避免合规危机的发生。当达到这个目标时，即使因外部法律环境变化或企业经营调整导致合规危机，监管部门、执法部门和公众也能够理解合规危机是无法完全杜绝的，不会因此而彻底否定企业在合规方面的努力。因此合规管理可以帮助企业赢得良好的社会信誉，从而有利于企业基业长青。

其次，合规管理为企业创造价值。合规管理需要企业付出一定的成本，从成本支出角度看，合规并没有直接创造价值。但是，避免企业因违规被监管处罚或承担刑事责任，实质上避免企业收益减少，同时，因为诚信合规使得企业获得良好信誉和更多的交易机会，从长远看，合规创造了价值。因而，在企业内部管理中，构建科学合理的企业合规管理体系，梳理企业规章制度，规范公司治理，建立全面的工作规范，为企业经营提供一种健康、有序的环境，必然提升企业合法经营管理能力和管理效率，最终有利于企业不断发展壮大。

再次，合规文化鼓励企业内部诚信。合规理念根植于心，必然外化于行。基于共同的合规规范和准则，员工能够建立良好信任关系，员工愿意分享个人经验和观点，能够正确交流和交换信息，诚信相处，协同采取措施预防风险。即使在面临合规风险时，能够坦诚处置，分清责任、承担责任。合规缺失的企业，没有共同的合规规范和准则，员工之间难以形成基于统一共识的信任，隐瞒、猜疑、互相推卸责任，犹如一盘散沙，缺乏团队凝聚力，大大降低企业效率。

最后，合规管理是规范员工行为的有效手段。通过构建科学的企业合规文化以及合规体系，同时在制度层面向广大员工普及合规管理的有关规范，有利于促使员工树立合规的观念，养成合规的习惯，自觉自律地避免违规行为。

（三）有利于政府行政监管

合规的价值还体现在减少政府监管成本，促进公平有序的市场环境建设。一个企业如果不合规，相关监管机构介入调查，往往会耗费巨大的人力、物力和时间，如果涉事企业故意隐瞒事实、妨碍调查，将给监管机构调查过程带来巨大的成本。例如 2020 年"青海省民和川中石油天然气有限责任公司（简称民和川中公司）因搭售壁挂锅炉被罚"❶一案，2017 年 11 月，民和县米拉湾村村民向民和川中公司申请安装天然气时，被要求必须购买其指定的燃气壁挂锅炉和灶具，否则以村民自行购买的燃气壁挂锅炉、灶具不合格为由，不予办理天然气使用申请手续，拒绝提供天然气供气服务，后被一村民举报。2018 年 5 月 23 日，青海省市场监督管理局（简称省市监局）依据国家市场监督管理总局授权，对民和川中公司涉嫌滥用市场支配地位行为立案调查期间，当事人隐瞒事实真相，转移、藏匿并销毁与本案相关的资料，甚至以焚烧、撕毁相关证据材料的方式阻碍调查，并且在调查期间变换手段继续从事违法活动，由于该公司拒不配合调查，致使调查时间持续一年半。该公司另被重罚 70 万元，相关涉事人员移送司法机关处理。

通过上述案例可见，政府监管机构为了调查企业不合规行为需要付出巨大的成本，企业通过合规管理可以从根本上减少违规事件的发生，有助于节约政府监督成本，建立公平有序的市场环境，优化和提升市场监管效能，推动国家经济发展。

综上，合规不但能降低企业合规风险，促进内部管理提升，还能节约政府监督成本，优化营商环境，促进经济健康发展。

---

❶ 参见青海省市场监督管理局行政处罚决定书：青市监垄断字〔2020〕01 号、02 号。

第二章　合规风险概述

一、合规风险的含义

什么是风险？2006 年 6 月国务院国资委印发的《中央企业全面风险管理指引》规定，企业风险指未来的不确定性对企业实现其经营目标的影响。学者对风险的解释和定义不尽相同，归纳起来，大致有以下几种观点❶：①风险是损失机会和损失可能性；②风险是损失的不确定性；③风险是实际与预期结果的离差或概率；④风险是一个事项将会发生并给目标实现带来负面影响的可能性。归结起来，对于风险的定义，一种是强调风险发生的不确定性，另一种是强调风险导致的损失的不确定性。

合规风险的含义在不同的法律文献中表述有所不同。巴塞尔银行监督管理委员会发布的《合规与银行内部合规部门》引言中第三条阐述"合规风险"是"银行因未能遵循法律、监管规定、规则、自律性组织制定的有关准则，以及适用于银行自身业务活动的行为准则，而可能遭受法律制裁或监管处罚、重大财务损失或声誉损失的风险。"《证券公司合规管理试行规定》第二条阐述，"合规风险"是"因证券公司或其工作人员的经营管理或执业行为违反法律、法规或准则而使证券公司受到法律制裁、被采取监管措施、遭受财产损失或声誉损失的风险。"《保险公司合规管理办法》第二条阐述，"合规风险"是"保险公司及其保险从业人员因不合格的保险经营管理行为引发法律责任、财务损失或者声誉损失的风险。"《商业银行合规风险管理指引》第三条阐述，"合规风险"指"商业银行因没有遵循法律、规则和准则可能遭受法律制裁、监管处罚、重大财务损失和声誉损失的风险。"《中央企业合规管理办法》第二条第二款阐述，"合规风险"是指"企业及其员工在经营管理过程中因违规行为引发法律责任、造成经济或者声誉损失以及其他负面影响的可能性。"《合规管理体系　指南》（GB/T 35770—2017）引言阐述，"合规风险"指"由于组织因为不合规可能遭受法律制裁、监管处罚、重大财产损失和声誉损失等风险"。《合规管理体系　要求及使用指南》

---

❶　参见佘境怀，马亚明. 企业风险管理 [M]. 中国金融出版社，2012 年，1 页。

（ISO 37301：2021）3.24 阐述，"合规风险"是指"因不符合组织合规义务而发生不合规的可能性和后果。"

综合以上国内外不同法律文献对"合规风险"的定义，笔者总结得出：合规风险是指企业因未遵循相关合规规范而遭受到法律惩处、受到经济损失或声誉损失的风险以及其他负面影响的可能性。企业一旦发生合规风险事件，就可能遭受处罚和 / 或损失，因此，企业在经营过程中，需要对合规风险高度重视。

二、合规风险与法律风险的区别

除金融行业外，我国大部分企业对合规风险的认识最早来自《合规管理体系指南》（GB/T 35770—2017），而在此之前，2006 年国务院国资委印发《中央企业全面风险管理指引》，在第三条中对企业风险划分为战略风险、财务风险、市场风险、运营风险、法律风险等五大风险。其中，法律风险在国家标准管理委员会发布的《企业法律风险管理指南》（GB/T 27914—2011）中可以找到相应的定义：公司法律风险是基于法律规定或者合同约定，由于公司外部环境及其变化，或者公司及其利益相关者的作为或者不作为导致的不确定性，对公司实现目标的影响。那么，法律风险与合规风险有什么区别？

首先，需要充分诠释法律风险的定义。虽然，在我国法律风险概念出处以《企业法律风险管理指南》（GB/T 27914—2011）为标志，但在国际上，对法律风险的含义作出阐释最早出现在金融领域，各国银行监管部门对法律风险的理解并不一致。英国金融服务局（FSA）侧重于从制度层面上来理解法律风险，认为这种风险是公司因"没有考虑到法律的影响"，"错误地估计了法律的影响"或者"在法律影响不确定的情况下进行经营活动"，而"以一种不利于保险公司的利益或者目标的方式运作"。而美国联邦储备委员会（FRB）则侧重于从交易层面上来认识法律风险，认为客户基于规避法律或者避税的目的而与银行进行的交易以及客户实施的其他违法或者不当行为都可能给银行带来法律风险。巴塞尔银行监管委员会（Basel Committee on Banking Supervision）在《有效银行监管核心原则》（Core Principles for Effective Banking Supervision，简称《核心原则》）中首次以列举的方式对法律风险下了一个定义。《核心原则》指出，法律风险主要表现为因下列情形而引发的风险：①不完善或者不正确的法律意见或者业务文件；②现有法律可能无法解决与银行有关的法律问题；③法院针对特定银行作出的判决；④影响银行和其他商业机构的法律可能发生变化；⑤开拓新业务且交易对手的法律权利不明确 ❶。巴塞尔银行监管委员会在 2004 年 6 月公布的《统一资本计量和资本标准的国际协议：修订框架》（International Convergence of Capital Measurement and Capital Standards ： A Revised Framework，简称《新资本协议》）中，首次将法律风险纳入了国际银行资本充足率监管框架，要求国际活跃银行采用规定的方法计量法律风险，并以此为基础确定其资本标准。为使各商业银行在建立和实施法律风险管理体系方面保有一定的主动性和灵活性，《新资本协议》对"法律风险"在前述基础上又作了概括性的说明，即"法律风险包括但不限于因监管措施和解决民商事争议而支付的罚款、罚金或者惩罚性赔偿所导致的风险敞口（riskexposure）❷。国际律师联合会（IBA）下属的"法律风险工作组"（Working Party on Legal Risk）将"法律风险"界定为银行因经营活动不符合法律规定或者外部法律事件导致风险敞口的可能性。这一定义比较清楚地说明了法律风险这一特定现象的质的规定性，得到学界的广泛认同。可见，在国际上，对法律风险的含义的理解并不完全一致。

　　笔者以《企业法律风险管理指南》（GB/T 27914—2011）为参照，认为法律风险与合规风险主要区别源于规范范围及来源的差别。对照《企业法律风险管理指南》和《中央企业合规管理办法》，法律风险可能是违反法律法规，也可能是违反双方合意即违约，表现为违法、违约、失职（不当行使权利或怠于履行义务）等行为或者公司的相对方或第三人的违法、违约行为；而合规风险违反的是法律法规，监管政策、行业准则、企业内部规章制度、企业普遍遵守的商业伦理。两者规范范围存在部分重合，但并不一致，必然导致风险管理的目标、策略及后果不同。

三、合规风险的主要来源

　　企业处于商业生态系统中，企业的合规风险既要受外部环境的影响，也受自身内部经营活动影响。因此，企业合规风险主要来源于两个方面：一是外部环境变化给企业带来的合规风险；二是企业内部经营状况给企业带来的合规风险。

（一）外部环境变化引发的合规风险

　　企业经营过程中外部环境是不断变化的，变化的合规环境源于变化的法律法

---

❶　Basel Committee,Core Principles for Effective Banking Supervision,Sep.1997,Section IV,Para.11.

❷　Basel Committee,International Convergence of Capital Measurement and Capital Standard：A Revised Framework,updated Nov.2005,Para.644, n.97.

规及监管政策等，这些可能给企业带来合规风险。国家持续不断地颁布修订法律法规，新颁布或修订的法律法规可能增加或修改禁止性或义务性规范，企业一旦违反可能承担合规风险。为了持续优化营商环境，建立统一开放、竞争有序的现代市场体系，保障各类市场主体公平竞争，政府部门持续调整或者出台新的监管政策。新的监管政策直接影响到企业的经营行为，企业必须遵守。经营无国界，国际环境的变化对企业经营活动或多或少都产生影响，其中国际关系的变化与其他国家的法律法规的变化对涉外经营企业的经营活动会产生重大的影响，企业需对此高度重视并快速适应新的规范要求。近几年来，以网络化、信息化、智能化为特征的新技术层出不穷，互联网平台企业的不正当竞争、用户信息泄露、算法及知识产权壁垒等问题促使国际组织、各国政府不断出台新的政策，各国政府之间达成新的多边或双边协议瞬息万变，这些新的政策和新的协议要求业务相关企业应当持续高度重视，积极应对。

（二）企业经营变化引发的合规风险

企业内部经营活动受组织结构、业务规模、业务领域、商业模式、地域（业务区域）及合作伙伴等因素影响，这些因素的变化都可能给企业带来合规风险。从组织结构看，当企业将子公司大规模吸收并入母公司设立分公司时，企业的合规风险高度集中于母公司，反之，母公司的合规风险则降低。

（1）从业务规模及领域方面来看，当企业业务规模收缩或扩张时，在用工方面可能存在合规风险，企业的快速扩张形成商业联盟可能引发反垄断调查。此外，当企业进入新的业务领域，企业对新领域监管政策的不熟悉可能引发相关合规风险。

（2）从商业模式方面来看，当前企业商业模式转变频率非常快，商业模式的创新往往会突破原有的监管政策，这个过程中产生的合规风险需要企业高度重视。

（3）从地域（业务区域）方面来看，企业在不同国家和地区开展业务，企业在不同区域除了采用不同经营策略外，更应当符合当地的法律法规要求，并且要注意所在地宗教信仰，否则这些因素都可能为企业带来合规风险。

（4）从合作伙伴方面来看，企业在经营过程中会遇到各种各样的合作伙伴，他们在企业经营过程中扮演着不同角色，也对企业的经营产生不同程度的影响，因此企业需要评估合作相对方发生的违规事件或存在的风险是否导致企业合规风险。

四、合规风险的主要类型

根据企业发生合规风险事件受到处罚的类型，合规风险可以分为两大类。第一类是企业因违法违规行为受到行政监管部门调查、处罚的监管合规风险，如美国财政部、商务部、证监会等行政监管部门作出的行政处罚、达成的行政和解，就是源于行政监管合规风险。该风险对企业产生的最大影响不是罚款本身，而是随之而来的经营资格的剥夺，这会给企业带来经济损失、商业交易资格损失、声誉损失等三重损失，由此引发的雪崩效应最终使企业难以承受。另一类合规风险是企业由于受到起诉而被定罪量刑的风险。企业一旦受到刑事追究，损失同样是多重的：一方面，企业因为被定罪而丧失了声誉，无法获得贷款，也不再有客户愿意与其进行交易；另一方面，企业上市资格会被剥夺，难以再有发展机会。由此可见，无论发生哪一类合规风险，对企业带来的影响和损失都是非常巨大的，因此，企业在经营过程中，应该对合规风险高度重视。

除上述刑事处罚和行政处罚合规风险外，企业合规风险还可能造成巨额经济损失或商誉损失。巨额经济损失往往是伴随处罚产生。需要说明的是，企业因违约可能产生的经济损失是否纳入合规风险是有争议的。《合规管理体系　指南》（GB/T 35770—2017）将"合同"作为合规规范❶，但现有合规相关法律文件看，大多数合规文件并无此一致表述（笔者在第一章"合规规范范围"中已有说明），从"合规是合乎规范"的逻辑理解，如果合同是合规规范，那么违反合同约定产生的风险即为合规风险，反之，则不然。因此，合规风险中的经济损失不宜理解为因违约可能造成的经济损失。商誉损失往往因企业未遵守行业诚信规范，虚假宣传或违反承诺导致，也可能因受到行政处罚或承担刑事责任导致，该损失并不直接体现为物资利益的减损，但可能导致正在进行的合作项目进展困难或者丧失更多的合作机会。

五、合规风险的识别

既然合规风险源于外部环境和企业经营，且在不断变化中。企业要防范风险首先应当及时、准确识别风险。识别合规风险的途径一般有以下几种：

（1）内部访谈。可以对关键业务和管理岗位人员进行访谈，结合企业实际情

---

❶ 《合规管理体系　指南》引言提到：合规意味着组织遵守了适用的法律法规及监管规定，也遵守了相关标准、合同、有效治理原则或道德准则。

况和自身工作情况，识别企业目前面临的合规风险。需要注意的是，由于被访谈人对合规风险理解的局限性，被访谈人认为的合规风险可能仅仅是工作中存在的问题，或者是风险但并非合规风险，因而，对访谈的结果，需要进行仔细分析，甄别出其中的合规风险。

（2）内部报告。从企业的各种内部报告获取合规风险信息，如监事会报告、独立董事调研报告、内控报告、全面风险报告和内外部审计报告等获取合规风险信息。除上述报告外，还可以通过阅读业务部门工作报告分析业务工作中存在的合规风险，与业务部门自行筛查的合规风险进行比对，从而避免合规风险排查遗漏。

（3）制度识别。通过定期整理企业规章制度及各类规范性文件，发现制度缺失和制度未被执行存在的合规风险。制度缺失合规风险体现为法律规定的合规义务未在制度中体现或者制度规定违反了法律规定，制度未被执行存在的合规风险需要结合业务流程及具体事件来分析，实践中往往要取得业务部门的认可和支持，在业务部门的共同参与下进行。

（4）法律环境分析。持续跟踪国家与地方立法信息、监管机构有关监管信息，参加行业组织研讨等方式获悉外部法律法规、监管要求和行业规范等变化，适时了解外部法律环境变化可能产生的合规风险。需要注意的是，法律或监管信息分析必须结合企业业务开展现状进行，脱离企业实际的轰轰烈烈的普法宣传以及脱离业务实际的"表面分析"是无法真正识别合规风险，非但没有价值反而对企业管理层产生误导。

（5）了解外部警示。如监管处罚、市场分析和行业企业重大危机事件等，从中参考分析企业是否存在类似的合规风险。

合规风险识别应当保持连续和动态的过程，根据内外部变化，及时调整识别重点，使新的合规风险能够被识别和管理，保证风险识别的有效性。这个持续的过程是需要企业建立相应的制度和流程予以支撑，结合企业内部业务流程、确定重点业务范围，定期识别合规风险，并且按照合规风险的内涵、影响后果、等级、合规依据等维度进行描述、分类，形成企业的合规风险清单，为企业管理合规风险明确对象和范围，合规风险清单示例见表2-1和表2-2。

表 2-1

合规风险清单（示例 1）

业务信息区				风险信息区				合规义务信息区							管理信息区		
一级业务	二级业务	合规风险名称	风险行为编号	风险行为描述	责任或后果	风险等级	底线	合规依据						合规义务	风险控制措施	责任主体	
								国家政策	法律法规	监管规定	行业准则	规章制度	其他			归口部门	配合部门
01 资本运营	01 融资管理	融资风险	R-HG-CW-01-01-01	由于公司现金盘活不力、筹措资金能力有限、市场变动、融资方式选择不当、融资计划安排不合理、履行不到位等原因，造成融资成本上升或资金不能满足资金需求，甚至无法按时还本付息，影响公司债券、投资未按有关法律、行政法规规定报经人民政府有关部门、机构批准或者备案；或违反决策程序或审批权限使用资金	后果按照公司内部制度追究责任	中			《中华人民共和国企业国有资产法》[颁布单位]全国人民代表大会常务委员会[效力层级]法律[实施时间]2009-05-01					《中华人民共和国企业国有资产法》第三十五条 国家出资企业发行债券、投资等重大事项，有关法律、行政法规规定应当报经人民政府或者人民政府有关机构批准、核准或者备案的，依照其规定	各单位严格按照公司规定进行融资管理	财务资产部	

表2-2

合规风险清单（示例2）

一级风险	一级风险编号	二级风险编号	二级风险	三级风险编号	三级风险	三级风险描述	三级风险成因
物资采购风险	F-WZ	F-WZ-02	招投标采购风险	F-WZ-02-01	招标采购违规风险	由于招标文件不合规、评标过程不公、未按评标工作规定按规定履标等原因，导致招标工作违规或违法发生舞弊行为，造成违法解释或引起经济损失	1. 招标文件中存在排斥或歧视投标人的资质业绩条件设定，对于实质性条款变更未及时对招标文件进行澄清等及补遗，导致招标文件存在歧义或有失公允，影响招标工作合规有效开展。2. 未按规定组建评标委员会，评标委员在规定开标时间前泄露投标信息，评标委员会不能如实记录评标反应评审结果产生的过程违规，导致招标结果无效。3. 未按照评委题推荐的中标结果且没有合理的解释说明，可能不能满足采购需求甚至造成流标和投诉质疑
				F-WZ-02-02	非招标采购违规风险	由于非招标采购方式选择不当，非招标采购文件编制与发标不合规，评审过程不公正，未按照违规运行等原因，导致舞弊行为或发生违规行为，造成经济损失	1. 竞争性谈判、单一来源采购和询价采购等非招标采购方式选择不当，导致采购成本增加，供应效率降低等问题，甚至产生法律风险。2. 质量必要条件设定存在排斥、歧视应答人的条件，导致非招标采购文件澄清及补遗，工作合规有效开展。3. 在规定开标时间前泄露供应商平等机会参与报价，评审过程违规，评审报告未无效。4. 未按照评审委员会确定成交结果推荐者的评审需求，导致评审结果不能满足采购需求，甚至造成流标
				F-WZ-02-03	评标专家管理不当风险	由于评标专家人库资格审核不到位、评审过程违法违规、专家数据不准确、库等数据不准确、专家回避设置不当等原因，导致评标专家抽取或选取不当、评标结果无效、缺乏公信力，造成法律纠纷或经济损失	1. 评标专家资质、水平等专家人库要求或评审专家库管理混乱，评标结果无效。2. 评标专家评标过程中出现违法、违规行为，舆情风险或造成经济损失。3. 评标专家岗位来变动未及时更新专家数据信息，专家业务及能力不满足评审需求，导致评审质量不高
				F-WZ-02-04	供应商评价管理风险	由于供应商评价管理不到位、资质能力不明确、基础信息更新不及时、供应商操作等原因，导致供应商的违规操作等行为不当，降低采购效率和效益	1. 供应商评估制度不完善，评价管理机构不健全，绩效评价供应商。2. 供应商资质核实不准确，核实管理不到位，导致供应商基础信息更新不及时，不良供应商未及时发现并处理。3. 分包部分供应商资质，资质能力核实，在绩效评价其他因素，影响结果和供应商不良行为处理结果

六、合规风险的评估

企业在识别合规风险，建立合规风险清单基础上，需要进一步开展合规风险评估，建立风险等级，确定风险管理优先级，以便采取不同策略管控不同等级风险，重点加强重大风险管控。

企业可根据企业的规模、目标、市场环境及风险状况确定合规风险评估的标准，比如，通过分析违规或可能造成违规的原因（来源）、发生的可能性、后果的严重性等维度进行合规风险评估。合规风险评估工作中最为常见的一项工具是风险矩阵，风险矩阵主要运作两项指标：一是风险可能性，即根据风险发生的可能性大小，将风险划分为不同级别；二是风险影响，即根据风险发生后将会对企业造成的不利影响的严重性，对风险进行分级。两项指标分别标示在纵横坐标轴上，纵坐标是合规风险发生的可能性，横坐标是合规风险对企业的影响程度，数值越大，代表该合规风险发生的可能性越高，影响程度越大。二者乘积代表风险水平（合规风险水平 = 风险可能性 × 风险影响）。例如用 1 ～ 5 分进行评估，风险发生的可能性由 1 ～ 5 分别表示几乎不会发生、不太可能发生、可能发生、很可能发生和几乎肯定发生；影响程度由 1 ～ 5 分别表示影响极轻微、轻微、普通、严重和非常严重。风险水平分值 1 ～ 4 分为一般风险，5 ～ 9 分为中等风险，10 ～ 25 分为重大风险，风险矩阵图如图 2-1 所示。

风险可能性 ＼ 风险影响		1 极轻微	2 轻微	3 普通	4 严重	5 非常严重
1	几乎不会发生	一般风险	一般风险	一般风险	一般风险	中等风险
2	不太可能发生	一般风险	一般风险	中等风险	中等风险	重大风险
3	可能发生	一般风险	中等风险	中等风险	重大风险	重大风险
4	很可能发生	一般风险	中等风险	重大风险	重大风险	重大风险
5	几乎肯定发生	中等风险	重大风险	重大风险	重大风险	重大风险

图 2-1　风险矩阵图

在坐标矩阵图上，可以将风险大致分为四大类，这四大类的优先级别从低到高分别是：①低可能性 / 低影响，此类风险基本可以忽略；②高可能性 / 低影响，此类风险重要性为中等，如若发生，企业可以应付并且继续经营，但企业还是需要尽力去降低此类风险发生的可能性；③低可能性 / 高影响，此类风险发生的可能性较低，但一旦发生就会有重大影响，对于此类风险，企业需要尽全力去降低它们发生所可能造成的不利后果，并且应当有紧急预案，以便在这些风险出现时启动应用；④高可能性/高影响，此类风险是最优先级风险，企业必须时刻密切关注它们，风险坐标矩阵图如图 2-2 所示。

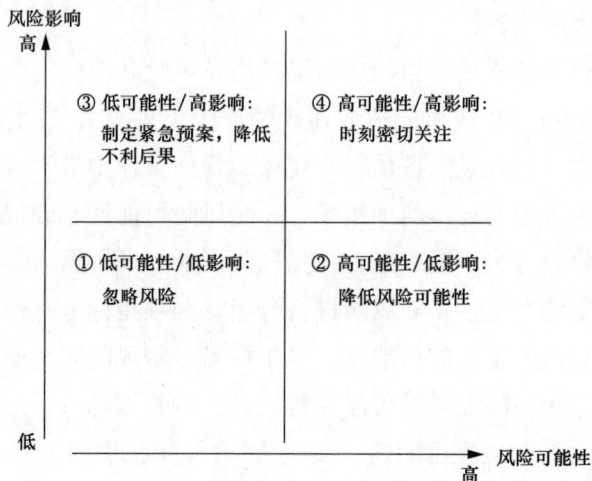

```
                    风险影响

          高

            ③ 低可能性/高影响:        ④ 高可能性/高影响:
              制定紧急预案，降低        时刻密切关注
              不利后果


            ① 低可能性/低影响:        ② 高可能性/低影响:
              忽略风险                降低风险可能性


          低                                           风险可能性
                                                 高
```

图 2-2　风险坐标矩阵图（四类风险）

另一个识别合规风险的一个工具是合规风险指标体系，合规风险指标是指以业务活动中的合规风险行为为基础，将某些重要合规风险行为在一定期间内发生的频次作为数据依据，设定风险判定标准划分数值区间反映风险严重程度。企业可参考行业对标、先进实践，对照企业实际，搭建合规风险指标体系，设定重大风险的风险事件的风险指标，结合企业近几年历史数据，设置其预警区间。预警区间分为"红""黄""绿"三个区间，分别表示指标值"危险""可接受""安全"三种情况。当指标值落入红色预警区时，便会触发合规风险预警，提示对该指标负有管理责任的部门应当对该指标涉及的业务采取风险控制措施，使指标值回归可接受范围或安全范围。建立风险指标体系的关键，首先要确定指标值区间合理性，在参考行业对标、先进实践的同时，需要依据一定期间企业业务数据进行分析，才能建立与企业相契合的判定标准；其次要采取信息化管理手段将指标体系嵌入业务管理，伴随业务开展定期自动显示指标值变化情况，从而达到监测指标变化效果。中国工商银行探索的"合规指数评估法"是类似做法。❶

除上述风险评估工具外，风险评估的工具还有专家调查法、压力测试、风险

---

❶　参见中国工商银行内控合规部课题组，惠平，王增科，董丽，陆宇，刘迪.商业银行合规指数研究与应用 [J].金融论坛，2016,21（5）：59-68 页。

值法（在险值法）、FN 曲线等。

（1）专家调查法又称为综合评价法主观评分法，它是基于专家的知识、经验和直觉，通过发函、开会或其他形式进行调查，发现风险，并对风险进行评估，把多位专家的意见集中起来形成分析结论的一种风险评估方法，包括头脑风暴法（Brainstorming）、德尔菲法（Delfhi）等。专家调查法可以用于风险管理过程的任何阶段。

（2）压力测试是指极端情景下（例如最不利的情形），评估系统运行的有效性，及时发现问题和指定改进措施，目的是防止出现在重大损失事件。压力测试法广泛应用于各行业的风险评估中，尤其常见于金融、软件等行业。以信用风险管理为例，如某银行拥有一批信用记录良好的客户，该类客户除非发生极端情况，一般不会违约。在日常交易中，该银行只需遵循常规的风险管理策略和内控流程即可。如采用压力测试方法，则设想该批客户在极端情景（如其财产毁于地震、火灾、被盗）下可能会出现违约事故。由此分析一旦出现类似情况，银行可能遭受何种类型和程度的损失。

（3）在险值法（Value at Risk，VaR）普遍地运用于银行和监管部门衡量风险，在险值法又被称为"风险价值"或"在险价值"，是指在一定的置信水平下，某一金融资产（或证券组合）在未来特定的一段时间内的最大可能损失。与传统风险度量手段不同，VaR 完全是基于统计分析基础上的风险度量技术，它的产生是 JP 摩根公司用来计算市场风险的产物，随后逐步被引入信用风险管理领域。目前 VaR 已成为国外大多数金融机构广泛采用的衡量金融风险大小的方法。在实际工作中，对于 VaR 的计算和分析可以使用多种计量模型，如参数法、历史模拟法和蒙特卡罗模拟法，参数法是 VaR 中最为常见的方法。利用 VaR 法可以比较全面的描述和评估风险。许多风险度量方法只能用来度量一类资产的风险或一类特定的风险，而 VaR 法可提供一个基准单位，用来比较不同的风险。比如，企业可以用 VaR 法同意度量其面临的市场风险和信用风险等。

（4）FN 曲线表示的是人群中有 N 个或更多的人受到影响的累积频率（F）。FN 曲线最初用于核电站的风险评价中，其采用死亡人数 N 与发生频率 F 之间关系的图形来表示，目前广泛用于社会风险接受准则的指定。在大多数情况下，它们指的是出现一定数量伤亡出现的频率。FN 曲线是表示风险结果的一种手段。很多风险都具有轻微结果高概率或是严重后果低概率的特点。FN 曲线用区域块来表示风险，而不是用表示后果和概率组成的单点表示风险。FN 曲线可用来比较风险，例如将风险与 FN 曲线规定的标准相比，或是将风险与历史数据相比，或是与决策准则相比。

　　企业进行定期合规风险评估后应当形成评估报告，供决策层、高级管理层和业务部门等使用。评估报告内容包括风险评估实施概况、合规风险基本评价、原因机制、可能的损失、处置建议、应对措施等，并对典型性、普遍性和可能产生较严重后果的风险及时发布预警。如果企业发生下列情形，则应立即更新风险评估：商业模式变更、采用新的生产工艺或生产工艺变化、影响企业的重大变化（例如大的组织架构调整、兼并收购），以及法律或经济环境的重大变化。除此之外，当企业的业务进入一个全新的地理区域时，例如中央企业在一个未开展过业务的国家开展海外投资，更新风险评估也成为必须要进行的一项重要工作。

第三章　合规管理概述

一、合规管理内涵

（一）合规管理的含义

关于"合规管理"，在不同的法律文件中规定有所不同。《保险公司合规管理办法》第三条规定，"合规管理"是指"保险公司通过建立合规管理机制，制定和执行合规政策，开展合规审核、合规检查、合规风险监测、合规考核以及合规培训等，预防、识别、评估、报告和应对合规风险的行为。"《中央企业合规管理办法》第二条规定，"合规管理"是指"企业以有效防控合规风险为目的，以提升依法合规经营管理水平为导向，以企业经营管理行为和员工履职行为为对象，开展的包括建立合规制度、完善运行机制、培育合规文化、强化监督问责等有组织、有计划的管理活动。"

合规管理本质上是对合规风险的管理，其目的是为了防范违法违规行为的发生，管理范围覆盖企业所有业务流程、各个层级人员，管理的内容是企业内部职工的行为，通常主动采取的行动是制定和执行一系列管理制度和程序，以进行风险识别和管控。因此，可以概括出企业合规管理的概念，企业合规管理是指企业积极制定和执行一系列规章制度和监管流程，进行预防、监控和化解合规风险，实现合规经营的动态循环过程。由此可见，企业合规管理不是一项专业业务活动，而是企业管理的一部分，并且在企业管理中扮演着重要的角色。

《企业境外经营合规管理指引》第四条"合规管理框架"指出，企业应以倡导合规经营价值观为导向，明确合规管理工作内容，健全合规管理架构，制定合规管理制度，完善合规运行机制，加强合规风险识别、评估与处置，开展合规评审与改进，培育合规文化，形成重视合规经营的企业氛围。《中央企业合规管理办法》第三章要求中央企业结合实际，制定合规管理基本制度、具体制度或专项指南，构建分级分类的合规管理制度体系，强化对"制度建设"制度执行情况的检查；第四章"运行机制"对合规风险识别评估预警、合规审查、风险应对、问题整改、责任追究等提出明确要求，实现合规风险闭环管理。

通过以上规范，可以总结出合规管理一般包括以下四个方面：

一是合规管理组织体系，适当设置合规委员会、首席合规官、合规部门、合规人员，公司集团必要时可在每一个分公司设立合规分支机构或专员，由总公司合规部门垂直管理。

二是合规管理制度体系，制定全员普遍遵守的合规管理制度，针对重点领域制定专项合规管理制度，并根据法律法规变化和监管动态，及时将外部有关合规要求转化为内部规章制度。

三是合规风险管理体系，全面系统梳理经营管理活动中存在的合规风险，对风险发生的可能性、影响程度、潜在后果等进行系统分析，建立合规风险识别预警机制，对重大风险及时发布预警。加强合规风险应对，针对发现的风险制定预案，采取有效措施及时应对。

四是合规文化建设，重视合规培训，积极培育合规文化。加强合规考核评价，把合规管理成效纳入对各部门和所属企业负责人的年度综合考核，对员工合规职责履行情况进行评价，并将结果作为员工考核、干部任用、评先选优等工作的重要依据。

随着企业经营活动的不断国际化和规模化发展，越来越多的企业将合规管理作为企业管理的重要组成部分，合规管理在企业管理中扮演着十分重要的角色，是企业管理不可或缺的一部分，尤其对于全球化企业和大型企业来说，科学和体系化的合规管理，是企业管理的必然要求。

（二）合规管理原则

合规管理原则是为了实现遵循合规规范防范风险所确定的目标，开展合规管理工作过程中应当遵守的准则。不同的合规规范要求的合规管理原则并不完全相同。

根据《合规与银行内部合规部门》相关描述，合规管理的基本原则包括全面性、协同性、独立性、适用性、有效性。根据《合规管理体系 指南》（GB/T 35770—2017）相关描述，合规管理的基本原则包括全面性、协同性、独立性。《中央企业合规管理办法》第四条、第五条和第二十六条确定合规管理基本原则包括党的领导、有效治理、全面覆盖、权责清晰、务实高效、协同运作。《企业境外经营合规管理指引》第五条和第十二条确定合规管理基本原则包括独立性、适用性、全面性、协同性和有效性。《ISO 37301：2021 合规管理体系 要求及使用指南》5.1.3、5.2、5.3.4 和 10.1 确定合规管理基本原则包括适用性、充分性、有效性、独立性、协同性、全面性。

鉴于上述不同合规规范对于合规管理原则的表述，为了体现合规规范的原则在上述多份文件中具体涵盖的情况，表 3-1 以表格的形式将不同合规规范要求的合规管理原则予以呈现，以方便对比查阅。

表 3-1　　　　　　　　　不同合规规范要求的合规管理原则

序号	合规规范	合规管理原则
1	《合规与银行内部合规部门》	全面性、协同性、独立性、适用性、有效性
2	《合规管理体系　指南》（GB/T 35770—2017）	全面性、协同性、独立性
3	《中央企业合规管理办法》	党的领导、有效性、全面性、务实性、协同性、权责清晰
4	《企业境外经营合规管理指引》	独立性、适用性、全面性、协同性、有效性
5	《ISO37301：2021 合规管理体系　要求及使用指南》	适用性、充分性、有效性、独立性、协同性、全面性

综合以上不同规范对于合规管理原则的描述，笔者认为，企业建立合规管理体系，应该遵循以下五项合规管理原则，以确保合规管理的有效实施。

（1）有效性原则。合规管理的有效性是指企业建立的合规管理体系是否达到预期的效果以及达到预期效果的程度。合规管理的推动应以其有效性作为前提，企业通过建立有效的合规管理体系来防范合规风险。企业在对其所面临的合规风险进行识别、分析和评价的基础之上，建立并改进合规管理流程，从而达到对风险进行有效的应对和管控。例如《合规与银行内部合规部门》董事会在合规方面的职责中原则 1："银行董事会负责监督银行的合规风险管理。董事会应该审批银行的合规政策，包括一份组建常设的、有效的合规部门的正式文件。董事会或董事会下设的委员会应该对银行有效管理合规风险的情况每年至少进行一次评估。"建立有效的合规管理体系并不能完全杜绝违规事件的发生，但是能够降低发生的频次或风险程度。

有效性原则应当充分考虑与企业所处行业、规模、业务状况、公司治理以及风险现状相适应。采取分工细致的合规管理组织机构和工作模型往往对于具备完整的体系化公司治理的大型企业是有效的，但对小微企业并不适用。同样，处于不同行业的企业甚至是同行业企业，即使规模是相当的，存在合规风险不同则采取应对措施应当有所区别才是有效的。

（2）适用性原则。合规管理的适用性是指企业建立的合规管理体系在企业内部是否适用及其适应程度，企业因其行业、规模的不同，自身的风险管理战略、组织结构的差异、企业资源实力也不相同。例如，规模较大的企业和规模较小的企业如果实施相同的合规管理体系，那么可能在其中一家企业并不可行，而这家企业有必要采取能达到同样效果的其他措施。因此，企业要根据自身的情况设定企业合规管理目标，使自身的实际情况与合规管理目标相适应，否则在体系运行时就会碰到各种问题，难以有效运行。《企业境外经营合规管理指引》第五条阐释了适用性原则："合规管理原则（二）适用性原则：企业合规管理应从经营范围、组织结构和业务规模等实际出发，兼顾成本与效率，强化合规管理制度的可操作性，提高合规管理的有效性。同时，企业应随着内外部环境的变化持续调整和改进合规管理体系。"

（3）全面性原则。管理体系应当覆盖企业全部业务部门和职能部门，覆盖企业从最高管理层到最基层员工的各个层级员工，实现将合规管理贯穿到整个企业组织中，确保决策、执行、监督等企业日常经营管理活动中的重要环节没有合规管理的空白区域。合规与企业内部的每一位员工都相关，每一位员工都有可能发生合规风险，任何一名员工出现违规行为都有可能对企业造成损失。全面性原则是我国合规管理普遍遵循的原则，《中央企业合规管理办法》和《企业境外经营合规管理指引》都强调了这一原则。

（4）独立性原则。合规管理的独立性主要是指合规管理机构职能的独立性，避免因为与业务部门有利益相关而影响合规管理工作的客观性。企业要构建一套科学的合规管理体系，必须保证合规管理机构的独立性，合规管理机构及人员承担的责任不应与合规职责产生利益冲突，以实现对企业各项经营活动有效合规制约。独立性原则早在巴塞尔银行监督管理委员会发布的《合规与银行内部合规部门》就有体现。其第九条提到："不论一家银行如何组织其合规部门，该合规部门都应该是独立的，并有足够的资源支持。"第二十条提到："独立性的概念包含四个相关要素。第一，合规部门应在银行内部享有正式地位。第二，应由一名集团合规官或合规负责人全面负责协调银行的合规风险管理。第三，在合规部门职员特别是合规负责人的职位安排上，应避免他们的合规职责与其所承担的任何其他职责之间产生可能的利益冲突。第四，合规部门职员为履行职责，应能够获取必需的信息并能接触到相关人员。"

（5）协同性原则。合规管理的协同性是指一套科学的企业合规管理体系应该达到合规管理与企业其他内部管理工作协同进行，合规管理部门与其他相关部门协同合作。虽然合规部门是独立的，但合规管理工作内容和法律风险防范、内部审计、全面风险管理、内部控制、纪检监察等工作有一定交集。合规部门在对违规事件进行调查时，也需要业务部门专业技术的支持。《中央企业合规管理办法》第二十六条规定"中央企业应当结合实际建立健全合规管理与法务管理、内部控制、风险管理等协同运作机制，加强统筹协调。"

此外，企业合规管理，特别是管理组织的设立和运行模式还需要符合企业的成本效益，即成本效益原则。

二、合规管理体系

（一）合规管理体系概念

企业合规管理体系，本质上是以合规管理为内容的管理体系，是企业管理体系的构成部分。《合规管理体系　指南》（GB/T 35770—2017）中 2.7 将"管理体系"定义为"组织建立方针和目标以及实现这些目标的过程的相互关联相互作用的一组要素。"由此可以推导出"合规管理体系"是"组织为建立合规方针和目标以及实现合规目标的一组相互关联相互作用的要素。"因此，识别合规管理体系的构成要素是构建企业合规管理体系的关键所在。

（二）合规管理体系构成要素

关于企业合规管理体系的构成要素，不同学者有着不同的学术观点，主要有三要素说、六要素说和九要素说。

1. 不同要素学说

（1）三要素说。

按照三要素说，"做好合规，必须把握三大要素，即合规文化、合规体系以及合规流程或合规执行。[1]"文化是基础，如果一个企业没有合规文化，其他措施也不可能取得很好的效果。构建合规体系要注重全面性、差异性、独立性和协同性。合规体系运行机制主要包括设定计划的目标、合规监督、充分评估以及合规报告制度。

（2）六要素说。

按照六要素说，完整的合规管理体系一般包含六个要素[2]：适应合规管理的

---

[1] 参见杨再平. 把握合规建设的三大要素 [J]，载《银行家》：2008（02），37-38 页。

[2] 参见冯文强. 论跨国银行集团国际化合规管理"六要素"[J]，载《合规管理》，2018（12）：54-55 页。

组织架构、可动态调整的 IT 支持、有效的"外规内化"工作机制、全面研究并严格执行的制裁规则、完善的培训体系、高度重视监管沟通。

（3）九要素说。

九要素说将企业合规管理体系划分为九个要素：治理与领导力、风险评估与尽职调查、标准政策与程序、培训与沟通、员工报告、案件管理与调查、测试与监控、第三方合规、持续改进。❶

2. 不同合规规范中的合规管理体系要素

不同合规规范对合规管理体系的要素也有不同表述，鉴于此，为了体现合规管理体系要素在多份文件中具体涵盖的情况，表 3-2 以表格的形式将不同规范中合规管理体系要素予以呈现，"√"的标识代表相应文件包含相关要素，未标识的则标识不包含相关要素，以方便对比查阅。

表 3-2　　　　　　　　　　　不同规范中合规管理体系要素

要素＼规范名称	《合规与银行内部合规部门》	《合规管理体系　指南》（GB/T 35770—2017）	《中央企业合规管理办法》	《企业境外经营合规管理指引》
合规方针与目标		√		√
合规制度体系	√	√	√	√
合规组织	√	√	√	√
合规风险管理	√	√	√	√
合规监督（监测、监视）	√	√	√	√
合规审计（审核、审查）	√	√	√	√
合规报告（汇报）制度	√	√	√	√
合规文化		√	√	√
违规惩罚			√	√
评价改进	√	√	√	√
信息化建设		√	√	√

3. 合规管理体系要素具体内容

从表 3-2 可以看出，四份文件均涵盖了合规制度体系、合规组织、合规风险

---

❶ 参见郭青红.企业合规管理体系实务指南 [M].人民法院出版社，2019：34 页。

管理、合规监督、合规审计、合规报告制度、合规文化、违规惩罚、评价改进等九大要素，其重要性不言而喻；而且，合规方针与目标、信息化建设也分别在两份文件中提到，同时，三要素说中"合规流程或合规执行"要素中提到：合规部门要有计划并同时设定计划的目标；六要素说其中一个要素就是"可动态调整的IT支持"，也就是信息系统建设。因此，合规目标和信息化建设在合规管理体系中也是非常重要的要素。

综上所述，笔者认为企业合规管理体系应包括十一个构成要素，即合规方针与目标、合规制度体系、合规组织、合规风险管理、合规监督、合规审计、合规报告制度、合规文化、违规惩罚、评价改进及信息化建设。

（1）合规方针与目标。企业合规方针与目标是企业合规管理的基本方针和指导思想以及期望达到的目的。表明企业股东和董事会对企业合规的决心、支持和期望，是企业合规价值观的重要内容，是鼓励企业人人合规、建立企业合规文化的纲领，是企业的合规宣言。

《合规管理体系　指南》（GB/T 35770—2017）第4.2.1条规定："企业治理机构和最高管理者（最好与员工协商）宜建立合规方针：适合于组织目的、为设定合规目标提供框架、包括满足适用要求的承诺、包括持续改进合规管理体系的承诺。"企业建立合规方针和合规目标，宜与企业的价值观、目标和战略保持一致，且应当通过治理机构批准。

（2）合规制度体系。合规制度体系是企业合规的制度保障。合规制度体系不仅包括规范合规管理的制度，还包括业务层面合规管理要求，该要求因外部环境变化和企业经营发展新增、修改和补充。不同企业可根据实际情况构建适合的合规制度体系。《企业境外经营合规管理指引》第四条合规管理框架规定："企业应以倡导合规经营价值观为导向，明确合规管理工作内容，健全合规管理架构，制定合规管理制度，完善合规运行机制，加强合规风险识别、评估与处置，开展合规评审与改进，培育合规文化，形成重视合规经营的企业氛围。"第十二条合规管理协调（三）规定："企业应积极与境内外监管机构建立沟通渠道，了解监管机构期望的合规流程，制定符合监管机构要求的合规制度，降低在报告义务和行政处罚等方面的风险。"

（3）合规组织。合规组织是企业实施合规管理的组织保障。企业合规管理组织架构应结合企业实际构建。笔者认为，从职责划分上，合规组织应当包括合规决策机构、合规管理机构、合规执行机构和合规监督机构。有的学者认为合规组织指合规决策机构和合规管理部门，不同合规法律文件也有不同的阐述。《合

规管理体系 指南》（GB/T 35770—2017）规定的合规组织包括五个层级，即治理机构、最高管理者、合规团队、管理层和员工。国资委《中央企业合规管理办法》第二章对合规管理的组织做了明确界定，包括党委（党组）、董事会、经理层、主要负责人、合规委员会、首席合规官、业务及职能部门、合规管理部门以及纪检监察机构和审计、巡视巡察、监督追责等部门。

（4）合规风险管理。合规风险管理是企业合规管理的核心内容，合规风险管理过程包括合规风险识别、合规风险评估、合规风险应对、监测和预警、监督和检查、沟通与协调及持续改进，是循环往复闭环管控的过程。

（5）合规监督。合规监督的目的是通过收集信息评价合规管理体系的有效性，包括但不限于培训、控制、责任分工等方面的有效性，判断合规措施是否得到落实，从而促进合规管理有序开展达到预设之目的。

《合规管理体系 指南》（GB/T 35770—2017）第4.3.2条规定："治理机构和最高管理者的积极参与和监督是有效合规管理体系不可分割的一部分。这有助于确保员工充分理解组织的方针和运行程序，以及如何将其运用在他们的工作中，并确保他们有效地履行合规义务。"

（6）合规审计。企业合规审计是企业内部审计部门对企业合规管理体系运行的适当性和有效性进行的独立的内部审计，其目的在于督促和促进企业合规管理适当、有效开展，按计划落实，保障企业安全、稳健经营。企业合规管理不能游离于企业审计范围之外，应当纳入企业内部审计范畴。

（7）合规报告。合规报告由企业定期编制、全面系统地反映企业合规管理各方面情况。企业应建立定期报告制度，确保企业治理机构和管理层全面了解企业合规管理体系的运行情况，不断提升合规管理水平。

国资委《中央企业合规管理办法》第二十二条提到："中央企业发生合规风险，相关业务及职能部门应当及时采取应对措施，并按照规定向合规管理部门报告。中央企业发生重大合规风险事件，应当按照相关规定及时向国资委报告。"

（8）合规文化。合规管理归根结底是人的合规。相比于其他的管理手段，有合规文化的企业更具有持续的成长能力和广泛的影响力。培育合规文化是对人的意识形态的塑造，通过培育企业合规文化，使人人有责、合规创造价值的观念深入人心，提升员工合规意识，为企业合规经营打下坚实的基础。

国资委《中央企业合规管理办法》第三十一条及三十二条规定："中央企业应当加强合规宣传教育，及时发布合规手册，组织签订合规承诺，强化全员守法诚信、合规经营意识。引导全体员工自觉践行合规理念，遵守合规要求，接受合规培训，对自身行为合规性负责，培育具有企业特色的合规文化。"

（9）违规惩罚。违规惩罚是为了达到"令行禁止"的效果。通过违规责任界定以及违规行为的处罚，对企业全体员工起到警示提醒作用，减少类似违规事件的发生，确保合规规范全面有效执行。

国资委《中央企业合规管理指引（试行）》第二十五条规定："中央企业应当完善违规行为追责问责机制，明确责任范围，细化问责标准，针对问题和线索及时开展调查，按照有关规定严肃追究违规人员责任。"

（10）评价改进。企业合规管理体系建设是一项持续性的闭环管理活动，随着企业内外部环境的不断变化，合规管理体系的有效性和适应性也可能发生变化。因此企业应该定期对合规管理体系的运行情况效果进行评估，查找存在的问题，并做出适当的改进，不断优化完善体系内容，使体系与企业的实际情况始终相适应。

《企业境外经营合规管理指引》第二十八条持续改进规定："企业应根据合规审计和体系评价情况，进入合规风险再识别和合规制度再制定的持续改进阶段，保障合规管理体系全环节的稳健运行。企业应积极配合监管机构的监督检查，并根据监管要求及时改进合规管理体系，提高合规管理水平。"

（11）信息化建设。信息化管理是企业合规管理工作的技术支撑手段。合规管理信息应用系统应当成为企业管理信息系统的重要组成部分，并与企业业务系统有效链接，互为融通，渗入业务活动流程分析数据，从中识别合规风险和合规问题，并结合业务活动过程管控风险，从而提高企业合规工作的效率和准确性。

国资委《中央企业合规管理办法》第三十五条及三十六条规定，"中央企业应当加强合规管理信息系统与财务、投资、采购等其他信息系统的互联互通，实现数据共用共享"，"应当利用大数据等技术，加强对重点领域、关键节点的实时动态监测，实现合规风险即时预警、快速处置。"

基于上述企业合规管理体系构成要素的思考，结合相关合规规范文件要求，归纳总结出企业建立合规管理体系至少应从以下几个方面考虑：建立合规组织，制定合规制度，构建合规运行机制，营造合规文化等。

三、合规管理与其他管理的关系

按照国家及相关部门发布或修订的关于全面风险管理、内部控制、企业合规管理等文件，以及中国共产党制定的健全党和国家监督体系等党内规章制度的要求，国有企业开展了合规管理、风险管理、内部审计、内部控制、纪检监察等工作，这些工作的总体目标都是为了提升企业规范化管理，提升依法治企水平。然而，法律风险管理、合规管理、全面风险管理、企业内控等存在关联但又有所不同，如果不能很好理解，势必会影响公司推进规范化管理的整体效果，因而有必要正确区分各项管理工作，做好工作协同。

（一）合规管理与法律风险管理

1. 风险控制目标及策略不同

由于法律风险与合规风险来源不同，规范范围不同 ❶，合规管理的基本目标是遵循、符合企业内外的强制性规定和自愿性承诺，合规对违规事件是零容忍的态度，没有协商余地。而法律风险管理的主要目标是通过对各种法律风险的有效管控，帮助企业实现战略和经营目标。法律风险的管理策略有避免、降低、转移、接受等多种方式，企业采取何种管理策略需要在收益和风险之间权衡，最终服从于企业的战略目标。合规和法律风险的定位差异，表现在合规工作更多是管理的刚性要求，企业必须执行，对于合规义务本身是否合理，合规后果是否符合企业发展需要，并不是合规关注的重点。当企业开展某项业务存在法律风险时，需要对风险进行评估以确定采取的策略，达到支持企业经营目标的实现，这种态度与合规风险的"规避"控制目的显然是不同的。

2. 责任后果不同

典型的合规工作，与外部监管机构密切相连，外部监管机构对合规工作的内容、评价有直接的影响。重大的合规事件大多来自具有严格外部监管的领域，例如金融、反垄断、环保、质量、出口管制、数据安全等，违反这些法律和监管政策的后果明确具体，除了经济责任以外，更重要的是涉及行政和刑事责任。而法律风险管理侧重在商事活动，主要是依据民商事法律规定，如《民法典》等，与合规相比，外部监管关联性比较弱，其后果主要是民商事责任，可以用金钱来承担违约责任解决大部分纠纷。总体来看，法律风险范畴中的合规责任，比一般意义上的法律风险后果严重。❷

虽然企业合规管理与法律风险管理在各方面有所不同，但是二者在风险识别以及风险管控流程上有相似性。

---

❶ 第二章"二、合规风险与法律风险的区别"已阐述法律风险与合规风险规范范围区别。

❷ 参见搜狐网.合规管理和法律风险管理之间的区别你了解多少？[EB/OL]. https：//www.sohu.com/a/363675702_825373.

（二）合规管理与内部审计

根据国际内部审计协会 2001 年修改后的《内部审计实务标准》中对内部审计的定义，"内部审计"是"一种独立的、客观的保证工作与咨询活动，它的目的是为机构增加价值并提高机构的运作效率。它采取系统化、规范化的方法来对风险管理、控制及治理程序进行评价，提高它们的效率，从而帮助实现机构目标。"我国《审计署关于内部审计工作的规定（2018 年）》对内部审计的定义是"本规定所称内部审计，是指对本单位及所属单位财政财务收支、经济活动、内部控制、风险管理实施独立、客观的监督、评价和建议，以促进单位完善治理、实现目标的活动。"内部审计一般分为重大决策部署落实审计、领导人员经济责任审计、其他审计等。国家审计机关对被审计单位的内部审计工作进行业务指导和监督。

1. 构筑防线的角色不同

合规管理与内部审计均是企业内部控制的重要组成部分，是企业进行风险管理的重要工具和手段，两者之间既相互独立又相互协作。合规管理部门向内审部门提供定期的提示性风险导向和审计方向，内审部门则主动提供合规风险信息或审计风险点。根据 COSO（The Committee of Sponsoring Organizations of the Treadway Commission，美国反欺诈财务报告委员会下属的发起人委员会）与 IIA（The Institute of Internal Auditors，国际内部审计师协会）于 2013 年完成的内部控制"三道防线"模型，第一道防线属于第一线的运营及管理，是对风险和控制责任的分配；第二道防线是对第一道防线的监督、检查，避免疏漏，通过具体到各个部门、各个业务模块协助管理层监控风险，并控制风险；第三道防线属于内部审计，是对董事会和高级管理层所关心的风险和控制的有效性进行独立审计并报告。合规管理的核心是企业内部控制"三道防线"中的第一道及第二道防线，是事前与事中控制关键环节，主要责任是识别并防范风险，而内部审计则是作为事后控制的第三道防线，是事后控制主要环节，为整个系统的反馈调节发挥保障作用。

2. 发挥的作用不同

合规管理部门重点围绕内部制度建设和合规管理程序设计实施开展工作，其职责包括合规组织架构建立、合规政策制定、合规风险识别、监测、评估与管控、合规培训等，而内审部门则更注重查找制度体系建设及执行缺陷，肩负着对企业财务收支、经济活动、内部控制等独立、客观的监督、评价和建议职能，重在为企业资产的保值增值服务，同时企业合规管理的监督检查职能主要由审计部门承担。

3. 管理的方式不同

合规管理负责对合规风险管理的有效性进行持续地考核评价，重点检查和评估合规管理业务部门，保证企业为遵守相关法律、规则及标准而实施的措施是合法、适当、持续以及有效的。而内部审计负责检查、评估内控体系和职责履行方式的有效性及适当性，同时对合规部门合规风险管控实施独立的监督与考核。

（三）合规管理与内部控制、全面风险管理

关于内部控制，2008 年，由财政部、证监会联合其他相关部门发布了《企业内部控制基本规范》，其中强调内部控制是企业领导层、管理者以及全体员工参与，旨在落实控制目标的过程，而控制目标包括资产安全、实现发展战略、提升经营效率和效果，让企业经营管理合法合规，并保证相关信息的真实性和完整性。❶

成立于 1985 年的 COSO 委员会为美国全国舞弊报告委员会提供支持。该组织包括美国会计协会和美国注册会计师协会。COSO 委员会负责制定有关大型和小型企业实施内部控制系统的指南。COSO 委员会对内部控制的定义是"公司的董事会、管理层及其他人士为实现以下目标提供合理保证而实施的程序：运营的效益和效率，财务报告的可靠性和遵守适用的法律法规。"根据 2006 年国务院国资委印发的《中央企业全面风险管理指引》，全面风险管理是指企业围绕总体经营目标，通过在企业管理的各个环节和经营过程中执行风险管理的基本流程，培育良好的风险管理文化，建立健全全面风险管理体系，包括风险管理策略、风险理财措施、风险管理的组织职能体系、风险管理信息系统和内部控制系统，从而为实现风险管理的总体目标提供合理保证的过程和方法。

合规管理、内部控制和全面风险管理都是依法治企的重要内容和组成部分，目标都是合规和风险防范，只不过是通过不同的手段来管控风险。根据《企业内部控制基本规范》，风险管理是内部控制的第二大要素，❷保证企业经营管理合法合规是内部控制的四大目标之一。❸因此，从内涵和外延来讲，风险管理和合规

---

❶ 参见沈春燕.公司治理、内部控制与风险管理在企业中如何实现有效融合 [J].载《全国流通经济》，2021（19）：81-83 页。

❷ 参见《企业内部控制基本规范》第五条（二）。

❸ 参见《企业内部控制基本规范》第三条。

管理都属于大内控范畴。2019 年 10 月 19 日，国务院国资委发布《关于加强中央企业内部控制体系建设与监督工作的实施意见》进一步明确了风险管理、内部控制与合规管理的关系，即①风险管理为导向；②合规管理监督为重点；③内控体系是根本和基础，风险管理和合规管理要求须通过嵌入内控制度流程来实现。三者既相互联系，又有所不同。

1. 实现手段不同

合规管理主要手段是对照规范，旨在对照法律法规、行业规范等规范企业和员工行为，并将外部规范转化为内部制度，确保企业和员工行为合规。内部控制主要手段是通过流程控制、步骤控制、关键点控制以控制风险的发生。全面风险管理是通过识别风险、制定防控措施进而规避、降低或完全化解风险。

2. 针对对象不同

合规管理针对的是企业或员工违反法律法规、监管规定、道德准则等可能遭受处罚的情况；内部控制针对的是企业内部制度缺陷或执行不力的情况；全面风险管理针对的是可能发生的未知损失风险。

3. 侧重点不同

合规管理强调对法律法规、监管规定、道德准则等规则的遵守；内部控制强调对企业和员工行为的限制；全面风险管理强调对风险纳入企业管理的运用。

4. 产生后果不同

企业合规管理不到位意味着企业或员工违反了某个规范，可能受到行政处罚甚至刑事处罚，因此合规管理不到位的后果往往比较严重，企业受到重大甚至毁灭性损失。内控管理不到位一般是企业内部管理出现问题，其影响基本控制在企业内部可弥补范围之内。全面风险管理不到位即企业不能及时识别风险并提前采取防控措施，导致发生风险事件，后果严重性取决于风险事件的大小。

（四）合规管理与纪检监察

《中央企业合规管理办法》《企业境外经营合规管理指引》分别指出："中央企业纪检监察机构和审计、巡视巡察、监督追责等部门依据有关规定，在职权范围内对合规要求落实情况进行监督，对违规行为进行调查，按照规定开展责任追究。""企业可结合实际任命专职的首席合规官，也可由法律事务负责人或风险防控负责人等担任合规负责人。""合规管理部门与其他具有合规管理职能的监督部门（如审计部门、监察部门等）应建立明确的合作和信息交流机制，加强协调配合，形成管理合力。"从中可以看出，多数企业由法律事务部门牵头合规管理工作，纪检监察部门履行合规监督职责，合规管理与纪检监察主要有以下不同。

1. 管理目标不同

合规管理的目标是通过建立合规管理体系使企业合规经营，防范合规风险；而纪检监察工作的目标是通过对党的机构和党员、政府机构和政府系统公职人员在贯彻执行党的路线、方针、政策的执行情况进行监督检查，避免违纪。

2. 工作内容不同

从工作内容来看，合规管理的内容更加广泛，负责公司全方位的规范管理，公司还可以根据内外部环境的变化进行相应调整，而纪检工作是党内监督工作，内容则相对固定，已由《中国共产党章程》及相关的党内法规明确规定。

3. 管理依据不同

合规管理的管理依据主要有国家法律法规、监管规定、行业准则、公司内部规章制度、商业道德等；而纪检监察工作管理依据主要是党的章程及相关的党内法规、党的路线、方针、政策和决议的执行情况等，二者的管理依据不同。

4. 体系模式不同

合规管理没有固定的体系模式，国际上不同法律文献对合规管理的总体要求和工作内容虽然类似，但体系模式不作固定要求，而更强调与企业实际契合的有效性和适用性，从国内合规管理实践看，金融企业、非金融国有企业合规管理也具有鲜明的行业、企业特色，前期开展合规管理试点的五家央企都结合自身情况进行了不同形式和程度的创新设计。而纪检监察工作则有固定的体系和模式，例如纪检工作机构的设置、纪检的领导体制、纪检工作的职责、纪检工作的内容、纪检工作的程序、违纪责任的承担等，都是以《中国共产党章程》和其他党内法规为依据的，体系完整、模式固定，党内法规不允许在上述方面进行创新。

企业持续深入开展合规管理工作时，需要充分厘清两者各自职责界面，既合理分工并行不悖，又互相协同、有机融合，从而开创具有企业特点的合规管理新局面。

（五）合规管理与内部惩罚

内部惩罚是企业对违反企业内部规章制度的员工实施的一种内部处罚，它是企业的内部处分，是为了督促员工遵章守纪的主动性、自觉性，保证企业正常生产、经营、管理活动的有序进行，保障企业各项规章制度的贯彻执行。2008年国务院颁布的《企业职工奖惩条例》（已废止）第十二条规定了企业职工行政处分警告、记过、记大过、降级、撤职、留用察看、开除等七种情形，在给予上述行政处分的同时，可以给予一次性罚款。该条例废止后，企业通过规章制度自行确定对职工惩罚的情形。合规管理中，对员工违规行为也进行处罚，但两者是有区别的。

1. 规范依据不同

合规管理要求企业的经营管理活动遵循内外部各种规范的要求，这其中既包括企业内部规定对全员提出的遵从性要求，也包括外部规范对企业提出的遵从性要求。而内部惩罚则依据企业内部规章制度对于员工的约束，强调的是企业内部设置惩罚的内部规范要求。

2. 严重程度不同

重大违规事件会受制于严格的外部监管，会直接受到法律和监管政策的制裁，合规责任可能涉及企业行政处罚、刑事处罚或者监管部门约谈，也可能是重大经济损失或声誉负面影响，因此触发对员工的处罚。而内部惩罚是为了维持经营秩序，对员工实施的包括通报批评、罚款等形式内部处分主要影响员工薪酬和职业发展，极少数严重的可能解除劳动合同。因此通常情况下，合规责任导致的内部处罚比一般意义上的内部惩戒后果严重。当然，两者存在关联，部分重大违规事件在受到外部规范的处罚的同时，必然引发对企业员工的内部惩罚。例如国资委《中央企业违规经营投资责任追究实施办法（试行）》第四条第一款规定："责任追究工作应当以国家法律法规为准绳，按照国有资产监管规章制度和企业内部管理规定等，对违反规定、未履行或未正确履行职责造成国有资产损失或其他严重不良后果的企业经营管理有关人员，严肃追究责任，实行重大决策终身问责。"第三十一条规定："对相关责任人的处理方式包括组织处理、扣减薪酬、禁入限制、纪律处分、移送国家监察机关或司法机关等，可以单独使用，也可以合并使用。"

3. 强制性不同

目前，企业的内部惩罚制度由企业自行制定，仅在企业内部执行，还未上升到国家立法层面，因此强制执行性远低于合规规范的法律效力。

第四章　国外合规管理实践与启示

一、美国合规管理实践

（一）背景

美国企业的合规管理最早可以追溯到成立于 1906 年的美国食品和药物管理局，该局的成立是为了对食品和医药行业进行严格监督。此后又成立联邦执法机构，并颁布了多项监管法令，涉及反垄断、消费者权益保护等多个领域。但由于在传统美国司法判例中，通常认为企业不需要为高管和雇员的个人行为承担法律责任，因此这些法令的出台并没有对美国企业建立完善合规管理体系带来帮助。直到 1977 年《反海外腐败法》（Foreign Corrupt Practices Act，FCPA）的颁布，这一现象才有了根本的改变。

1974 年，美国总统尼克松因"水门事件"下台。当时，"水门事件"特别检察官的调查结果显示，1972 年总统选举过程中，大量企业进行了非法政治捐献。根据美国司法部网站披露的资料显示，1977 年，证券交易委员会在一份报告中披露，400 多家公司在海外存在非法的或有问题的交易。这些公司承认，自己曾经向外国政府官员、政客和政治团体支付了高达 30 亿美元的巨款❶。款项用途包括行贿高官以达到非法目的、支付以保证基本办公的所谓"方便费用"等。这种严重贿赂情况引起美国民众的担心。为遏制企业贿赂和恢复公众信任，美国于1977 年颁布了《反海外腐败法》，要求上市公司在贿赂、回扣、记账和其他方面执行更为正式的合规政策，尤其是财务记录和资产分配方面。

1991 年，联邦量刑委员会颁布《针对机构实体联邦量刑指南》（Federal Sentencing Guidelines for Organizations，FSGO，简称《量刑指南》），《量刑指南》统一了美国联邦法律刑事判决中违反联邦法律的获罪企业的量刑标准，对违反联邦法律犯罪企业将面临的刑事处罚有明确规定。它首先强调犯罪的企业将面临高

---

❶ 参见胡玭玭．中国企业反腐败合规制度的现状和思考——美国《反海外腐败法》梳理和借鉴 [J]．北外法学，2022（01）：50-67 页，248-249 页。

额罚款，同时规定，对于采取了发现和预防犯罪行为措施的公司可以减轻处罚。

美国安然有限公司 ❶、美国世界通信公司 ❷ 财务欺诈事件的爆发，美国在线时代华纳公司 ❸、美国奎斯特通讯公司（QWEST）❹ 等上市公司相继爆出财务造假事件，接二连三的此类案件，严重打击了投资者的信心。面对这样严峻的形势，美国民众意识到，这不是单个的审计危机事件，而是一场波及整个美国资本市场的灾难，对此美国国会于 2002 年 6 月迅速出台了《萨班斯法案》。

随着企业合规建设的不断推进，为进一步加强外部机构对企业内控监督的有效性评价，美国司法部刑事局于 2017 年 5 月 20 日首次发布《企业合规体系建设有效性评价指南》（Guidelines for evaluating the effectiveness of enterprise compliance system construction），该指南从体系设计、风险评估、奖惩措施、合规培训、政策程序、第三方管理等方面提出了 11 个通用问题，为检察官评估企业合规体系提供考察基础和评估标准。后经 2019 年、2020 年两次改版，目前 2020 年为最新版本。

（二）主要法律规范

1.《反海外腐败法》

《反海外腐败法》由美国司法部和美国证券交易委员会（简称美国证交会）负责执行实施，在 1988 年、1994 年、1998 年经历了三次修改，旨在限制美国公司贿赂国外政府官员的行为，并对在美国上市公司的财会制度作出了相关规定。《反海外腐败法》分为两大部分，主要由反贿赂条款和会计条款组成。反贿赂条款明确了美国海外腐败犯罪的五大构成要件，而会计条款则是在 1934 年《证券交易法》第 13 部分修订的基础上形成。《反海外腐败法》的重点在于行贿目的，而不是具体行贿行为的内容。

反贿赂条款规定，只要政府能够证明存在以下五个要素，就可以认定被指控人有违反《反海外腐败法》的行为。①犯罪主体：适用于任何个人、公司、官

---

❶　美国安然有限公司（Enron Corporation）六年内财务造假 360 亿美元，于 2001 年 12 月申请破产，破产清单所列资产达 498 亿美元，成为当时美国历史上最大的破产企业。

❷　美国世界通信公司（WorldCom）2001 年通过财务造假虚构 38 亿美元的巨额"利润"，造假丑闻爆发 4 个星期后，公司申请破产，破产资金规模是 2001 年 12 月申请破产的安然有限公司的两倍，成为美国有史以来最大规模的企业破产案。

❸　美国在线时代华纳公司因财务造假被判赔偿 26 亿美元。

❹　2002 年，美国奎斯特通讯公司（QWEST）因涉嫌财务欺诈而受到美国证券交易管理委员会、司法部以及众议院能源与贸易委员会等多个机构的调查。

员、董事、雇员、企业代理人或者任何代表公司行事的股东；②行贿意图：个人支付或者授权支付贿赂必须要有行贿意图，该支付必须企图导致受贿人为行贿人或其他任何人滥用职权，谋取利益；③行贿方式：支付、提供、承诺支付或授权第三方支付，或提供金钱或任何有价值的实物；④行贿对象：针对外国官员、政党、党务工作者或者任何外国政府职位候选人；⑤商业目的的检验：为帮助企业获取或者保留、指导某项业务。

会计条款要求证券发行人能够遵守《反海外腐败法》中的会计准则，包括制作并保存准确的账簿和记录，从而设计和维护合适的内部会计控制系统。这里的会计准则也规定"任何人不得故意回避或故意不实施法案规定中所提到的内部会计控制系统或故意伪造任何账簿、记录或账目。"

《反海外腐败法》作为美国国会颁布的法律，起初效力是建立在属地管辖的基础上，其影响力非常有限，突出一点体现在该法案刚颁布时只适用于美国公民和在美国注册的公司，以及在美国证券交易所上市的公司，因而在 1977 ～ 2001 年期间美国证交会仅仅办理了 9 个案件 ❶。《反海外腐败法》自 1998 年颁布的修正案后逐渐实现了国际化，该法案在属地管辖原则的基础上增加了属人管辖原则，反贿赂条款开始适用于三类人：①"发行人"及其管理人员、董事、雇员、代理人和股东；②"国内相关人"及其管理人员、董事、雇员、代理人和股东；③在发行人和国内相关人之外的在美国境内行事的人或实体。"发行人"是指在美国注册或者需定期向证交会提交报告的公司，从该规定来看发行人不必须具有"美国国籍"，在美国上市的外国注册公司也可以成为发行人。"国内相关人"规定是指美国人，或者按照美国法律成立或主营地设在美国的公司。因此，即使没有直接行贿行为，只要是根据以上规定，相关企业、个人或者该企业、个人通过第三人做出了推动贿赂发生的行为，就有可能受到该法案的管辖。

例如，2019 年 12 月，爱立信公司（一家瑞典跨国电信公司）同意向美国证交会支付超过 10 亿美元的罚金，以和解证交会对该企业和其子公司对多个国家的公职人员进行贿赂的指控。美国证交会指控的主要犯罪事实是爱立信公司通过旗下子公司与涉案国的代理公司、顾问公司、第三方服务公司等签订虚假合同走账，并由后者向涉案国官员行贿。爱立信公司承认，曾向吉布提（位于非洲东北部的国家）政府官员行贿约 200 万美元，以获得与该国一家国有电信公司签订合

---

❶ 参见肖扬宇 . 美国《反海外腐败法》的新动向及我国国内法表述 [J], 中国刑事法杂志，2020（02）：158-176 页。

同的机会。在 2019 年美国证交会提起的基于《反海外腐败法》的 17 个案件中，有 4 个案件涉及中国企业。另外，2012 年，来自瑞士并在纽约证券交易所上市的泰科国际有限公司（Tyco International Ltd.）被指控为拓展业务而行贿，泰科国际有限公司及其海外子公司从 1999 年至 2009 年在欧洲、亚洲和中东地区的多个国家有 12 起行贿活动，以获得合约或避免罚款，并从中获益超过 1050 万美元，为掩盖行贿行径，泰科国际有限公司将这些费用列为手续费、商业介绍费和装修费等合法支出，违反了《反海外腐败法》，受到了美国司法部的刑事指控和证交会的民事指控。最终，泰科国际有限公司同意支付超过 2600 万美元来与美国司法部和证交会达成和解，在支付罚款前，泰科国际有限公司承认曾利用第三方向外国公职人员进行行贿、夸大费用报表和伪造未发生的出差和娱乐发票。❶

2.《萨班斯法案》

2002 年在安然有限公司、美国世界通信公司事件等一系列财务丑闻发生后，美国颁布了《萨班斯法案》（Sarbanes-Oxley Act）。《萨班斯法案》的出台有四个目的：①创新规制审计过程和重新构建审计师的职业生涯；②提供对检举揭发人更好的保护；③加强公司董事会的责任和公司高管人员的刑事责任；④强化美国证券交易委员会对市场监督的权力。

其主要内容共 11 章，66 条，包括以下几个方面：①会计准则的制定由"规则"为基础转为以"原则"为基础；②设立独立的上市公司会计监督委员会，更好地监管上市公司的会计行为；③进一步强化注册会计师的独立性；④明确规定上市公司的会计责任；⑤对上市公司财务信息披露义务作出更严格的要求；⑥加大上市公司提供虚假财务报告等违法行为的处罚力度；⑦进一步提高美国证券交易委员会的监管作用等。

《萨班斯法案》对美国《1933 年证券法》《1934 年证券交易法》作了不少修订，在财务管理、公司治理、证券市场监管等方面作出了许多新的规定。作为《萨班斯法案》中最重要的条款之一——404 条款（内部控制的管理评估）明确规定了管理层应承担设立和维持一个应有的内部控制结构的职责，要求上市公司必须在年报中提供内部控制报告和内部控制评价报告；上市公司的管理层和注册会计师都需要对企业的内部控制系统作出评价，注册会计师还必须对公司管理层评估过程以及内控系统结论进行相应的检查并出具正式意见。

---

❶ 参见德衡商法网. 刘学选、陈思瑶：美国《反海外腐败法》（FCPA）介绍与 2020 年新版《FCPA 指引》解读 [EB/OL]，http://www.deheng.com.cn/about/info/19389。

由于《萨班斯法案》404 条款对于公司内部控制情况作出严格要求，投资者可以更加真实地了解公司运作，并确保公司财务报告的可靠性。上市公司的财务运作、内控流程、决策程序及汇报程序无疑会更加严谨。而与此同时，上市公司为了遵循该条款将付出较大的管理成本，包括人力、财力和时间的投入，即财务报表上的管理费用。这将可能影响到公司的净利润及每股收益，进而间接影响公司的股票价格。

根据国际财务执行官（FEI）2005 年对 300 多家企业的调查结果，遵守《萨班斯法案》的美国大型企业，第一年实施 404 条款的总成本将超过 460 万美元。这些成本包括 35000 小时的内部人员投入、130 万美元的外部顾问和软件费用以及 150 万美元的额外审计费用（增幅达到 35%）。全球著名的通用电气公司就表示，404 条款致使公司在执行内部控制规定上的花费已经高达 3000 万美元。❶

3.《企业合规体系建设有效性评价指南》

2017 年 5 月 20 日，美国司法部刑事局首次发布《企业合规体系建设有效性评价指南》（简称《指南》），该指南从体系设计、风险评估、奖惩措施、合规培训、政策程序、第三方管理等方面提出了 11 个通用问题，为检察官评估企业合规体系提供考察基础和评估标准；2019 年 4 月 30 日，美国司法部刑事局对该意见进行了更新和完善，形成了 2019 版《指南》，2019 版《指南》与企业日常经营更为贴合，也更为实际。

2020 年 6 月 1 日，美国司法部刑事局发布了 2020 版《企业合规体系建设有效性评价指南》，2020 版《指南》主要包括三个部分：企业合规机制的搭建（风险评估、政策和程序、培训和沟通、匿名举报机制和调查流程、第三方管理、并购）、企业合规机制的实施（中高层领导的合规承诺、自治和资源、奖惩措施）、企业合规机制的有效性（持续性改善、定期检测和审查、不当行为的调查、潜在不当行为的分析和补救）。该《指南》为美国司法机关评价企业当前合规管理体系的有效性提供了思路和指导，检察官可以借助该指南在企业刑事责任的处理中评估公司合规体系的充分性和有效性。

（三）作用

《反海外腐败法》是一部在合规反贿赂领域最为重要的法律，在美国合规乃至世界发展史上具有标志性意义：一方面是因为该法在反腐败领域具有广泛的域

---

❶ 参见陈赛珍.解析 404 条款：萨班斯法案最大的挑战 [J]. 载《会计师》，2005（07）：11-14 页。

外管辖效力，至今仍对各国跨国企业起到约束作用；另一方面是因为该法要求企业对资金往来进行准确的会计记录，从而直接介入了企业财务内控体系的建设。《反海外腐败法》的颁布促使美国企业第一次清楚地认识到，企业违法违规不仅会受到严厉的处罚，还可能面临刑事追究。这极大地促使了美国企业建立合规管理体系并采取合规措施，以避免因实施贿赂及腐败行为而受到惩处。

按照《萨班斯法案》生效时的规定，数千家大型美国本土上市公司已于2004年11月15日后结束的财政年度中遵守404条款。对于美国本土以外的上市公司（比如中国概念股）及中小型美国企业，遵守日期则定在2005年7月15日。考虑到在美国上市的海外公司和中小型本土公司的执行难度，纽约证券交易所极力游说美国证交会推迟实施该法案。2005年3月，美国证交会同意将原先拟定的生效日期延期至2006年7月15日，该法案目前已完全生效。《萨班斯法案》为公众公司的外部审计师们创建了一个广泛的、新的监督体制，并将对财务报告的内部控制作为关注的具体内容。该法案弥补了安然事件所反映的财务核查体系的严重缺陷，而核查体系原本是用来保护公众公司的股东、养老金受益人和雇员的利益，并保护美国公众对资本市场的稳定、公众的信心的，《萨班斯法案》无疑重塑了公众对会计师行业审慎、诚信的信心。

《企业合规体系建设有效性评价指南》虽不是正式的法律规范，但为美国检方提供了对存在不当行为公司进行量刑和减轻处罚的参考依据，是美国司法部评估企业合规工作的重要指导性文件，同时，该文件也作为公司设计合规体系时的参考标准。

（四）影响

现代合规体系起源于20世纪前半叶的美国，并随着《反海外腐败法》《萨班斯法案》等的出台走向成熟。《反海外腐败法》自实施以来取得了明显成效，据2016年在美国法律数据库Lexisnexis中搜索数据统计，有关该法律的美国案例有157件之多，并且其中相当一部分是涉案金额巨大、影响深远的案件。例如，著名的阿尔斯通案[1]、赛波特案[2]、国际商业机器公司（IBM）案[3]，对海外贿赂行为

---

[1]　法国电力和轨道交通设备供应商阿尔斯通公司2014年12月22日承认其美国分公司存在海外行贿行为，并接受美国司法部7.72亿美元罚款。

[2]　1995年赛波特公司行贿巴拿马政府，目的是得到巴拿马运河的租赁权。犯罪后果是其前总裁被捕并处以2万美元罚金，而公司被处以150万美元的罚金。

[3]　国际商业机器公司在1998～2003年向韩国政府官员行贿，在2004～2009年向中国政府官员行贿，最终公司同意支付1000万美元以和解。

起到了很大的警示作用。同时,《萨班斯法案》的主要内容虽然在于规范公司治理结构方面,但是其对于美国的影响绝不仅限于公司和证券领域,而是对美国社会、政治、经济和法律各个方面都产生了深远的影响。《企业合规体系建设有效性评价指南》经过两次更新,内容更为具体,范围更为全面,从个别表述的更新、不同阶段考量因素及视角的变化、双方角色的"共情"("检察官应努力理解公司为何选择以其现有的方式设立合规计划,以及公司合规计划为何以及如何随着时间的推移而演变"),都可看出美国司法部对企业合规体系的评估标准更加细化,范围更为广阔,考察内容更为全面。

20 世纪 90 年代以后,很多其他国家借鉴美国的合规理念和合规体系,出台了本国的合规规范性文件,要求企业加强合规体系建设。同时,国际组织也参考美国合规体系,发布了自身的合规标准,要求企业成员或者成员国企业执行。

事实证明,美国的合规管理实践在很大程度上推动了全球合规标准的统一化和美国化。20 世纪 90 年代以后,很多发达国家甚至发展中国家逐步跟上了美国合规发展的步伐,借鉴美国的合规理念和合规制度,并结合国情,出台了本国的合规规范性文件,促使本国企业加强合规体系建设。

二、英国合规管理实践

(一)背景

英国是世界上第一个制定反腐败法律的国家,贿赂犯罪治理具有悠久的历史,也具有很强的借鉴意义。在惩罚贿赂犯罪方面,英国先后出台了《公共机构腐败行为法》(1889 年)、《预防腐败法》(1906 年)、《贿赂法案草案》(2003年)、《反贿赂法》(2010 年)、《刑事金融法》(2017 年)。

1889 年,英国颁布了世界第一部反贿赂法《公共机构腐败行为法》,并规定了受贿罪和行贿罪,禁止公共机构人员收受或要求收受以及承诺或实际收受任何形式的礼物、贷款、费用、酬劳或利益。而 1906 年颁布的《预防腐败法》中更是将犯罪主体限定为"代理人",该法案与《公共机构腐败行为法》主要区别就在将打击范围从公共部门扩大到私营部门。该法案在 1916 年的再修订中加入了特定情况下贿赂犯罪的推定规则,较 1906 年的《预防腐败法》来看,《公共机构腐败行为法》将公共机构的范围进一步扩大,包括一切"受皇家或任何政府部门或公共机构雇佣的人"。但这些法案缺乏综合性、明确性及连续性,因此并没有引起企业对于合规管理的重视。

这一现象在 20 世纪 90 年代后有了本质上的改变。1985 年英国发生了轰动全国的 BAE 海外贿赂案，在英国 BAE 系统公司 [由英国航空航天公司（British Aerospace Corporation）和马可尼电子系统公司（Marconi Electronic Systems）合并而成] 的前身英国航空航天公司与沙特阿拉伯王国签署的一份出售价值 430 亿英镑的 120 架战机及相关武器装备的军售合同中，向前沙特驻美大使、沙特王子班达尔·本·苏丹在美国里格斯银行的账户中秘密打入钱款行贿，但海外贿赂行为并未引起立法的重视。直到 20 世纪 90 年代英国公共领域出现大量腐败丑闻，导致贿赂犯罪起诉率增高，引发了公众对贿赂问题的关注。于是英国法律委员会在 1998 年提出了一份报告，全面分析了贿赂立法的不足之处，并建议制定一部统一的贿赂法案，由此促成了 2003 年《贿赂法案草案》的出台。

然而，这一主要制定于 20 世纪晚期和 21 世纪早期的反贿赂法律体系受到了国际社会的强烈批评，因为这一法律体系在打击英国的警察贿赂和腐败方面收效甚微。2007 年，英国政府曾针对英国航天航空公司 BAE 系统涉嫌在沙特阿拉伯行贿一案发起调查，但在来自沙特阿拉伯官员的压力下终止了调查。这一事件引发了英国国内对缺乏强有力的打击英国公司海外行贿执行力度的担忧，也促成了英国新的《反贿赂法》（UK Bribery Act）的诞生。英国当局 2009 年公布了《反贿赂法》草案，2010 年英国国会正式通过该草案，2011 年 7 月正式生效。

随着数字货币的迅速发展，虚拟资产的风险在暗处逐步积聚，各国和国际货币组织需采取措施有效应对与虚拟资产相关的洗钱和恐怖融资风险，并迫切需要采取合法和有效的手段来防止滥用虚拟资产，全球迎来新一轮反洗钱高潮。英国为此于 2017 年 9 月出台了《刑事金融法》（Criminal Finances Act 2017），明确规定从事与英国相关业务的企业如协助逃税将承担刑事责任，涉及域外效力，赋予检察院执法机构更多的权利以追回犯罪所得、打击洗钱、逃税和腐败，以及打击资助恐怖主义行为。

（二）主要法律规范

1.《反贿赂法》

《反贿赂法》具有以下特点：①扩大了各类企业的反腐责任；②适用对象、打击范畴宽泛，包括公共部门和私营部门；③惩罚行贿人的同时追究受贿者责任；④处罚力度更加严格、强制。

《反贿赂法》主要内容包括四类犯罪：

（1）行贿罪，指向他人提供、给予或承诺给予他人经济上或者其他利益，目的是使他人不正当履职。主要包括以下三种行为：一是向他人提供或者给予各种形式的利益意图诱使他人进行不正当行为或者不正当履行相关职责；二是在他人进行不正当行为或者不正当履行相关职责后向其提供各种形式的利益作为报酬；三是向他人允诺给予经济上利益或者其他利益。

（2）受贿罪，指利用职务之便谋取利益。主要包括两类行为：一是通过不正当履行职务谋取利益；二是谋取利益本身就构成不正当履行职务。

（3）贿赂外国公职人员罪，指行为人向外国公职人员提出、允诺或者给予经济的或者其他性质的好处，意图在于影响该公职人员履行公职，包括直接和间接两种贿赂形式。

（4）商业机构未能预防贿赂罪，是《反贿赂法》中"最具鲜明特色"的罪行，是指商业机构不制定、不实施符合《反贿赂法》（2010年）第7条第2款规定的充分程序，疏于建立预防贿赂机制导致行贿行为的发生，而致使与商业组织相关的个人，出于特定目的实施了符合上述行贿罪与贿赂外国公职人员罪的行为。

2011年3月，根据《反贿赂法》第九章规定，英国司法部正式发布了《反贿赂法案施行指引》，这个指引的颁布，旨在帮助商业机构理解立法内容以及处理贿赂的风险，清晰阐述法律是如何运作的。通过六项原则告知希望防贿赂的商业机构建立适当的程序：一是相称程序（适当的程序），指商业组织的合规程序应当与其经营活动所面临的贿赂风险的性质、范围及复杂程度相适应，这些程序应当是清晰的、可获取并可操作的。二是高层的承诺，公司高层管理人员（董事会，公司所有者或任何其他同等地位的组织或个人）要承诺积极反贿赂，这将在公司内部建立起反贿赂的文化。三是风险评估，公司需要评估它所面临的内外部贿赂风险的性质和程度，评估要定期进行，用文件记录详尽信息。四是尽职调查，要采取恰当的态度和具备风险意识，对为公司服务，或将为公司服务，或代表公司的个人进行尽职审查，减少贿赂风险。五是传达（包括培训），商业机构应当通过培训等全面的传达方式，使该机构基于风险制定的预防贿赂政策和程序深入到整个机构且得到理解。六是监控和检查，公司需要定期监控和评估反贿赂政策和程序，并采取必要的改进措施。

2.《刑事金融法》

《刑事金融法》（Criminal Finances Act 2017）于2017年9月30日起生效，纳入了两项新罪行：未能防止帮助他人在英国逃税罪、未能防止帮助他人在海外逃税罪。该两项均为企业犯罪，犯罪主体不包括个人，即仅在某人代表公司行事时凭借相应身份帮助他人逃税的情况下发生。

《刑事金融法》规定必须满足三个要件才能构成犯罪，即纳税人犯逃税罪、公司相关人帮助他人逃税、公司未能防止帮助他人逃税。其中，相关人指作为公司员工，以其员工身份行事的人。根据英国法律，逃税和帮助他人逃税均为刑事犯罪。

《刑事金融法》新的地方在于引入公司刑事犯罪，公司对其员工或其他被认为是其代表人的行为负责，进而被追责。公司无论设立在何处，只要未能防止帮助他人在英国逃税，就犯下了前述第一条罪行。但要认定犯有未能防止帮助他人在海外逃税的罪行还需满足一些额外要求，即"双重犯罪"以及与英国有联系。

"双重犯罪"指逃税和帮助他人逃税在行为发生国均构成犯罪。例如，如要认定一家在新加坡经营的银行犯有新罪行，那么逃税和帮助他人逃税必须是新加坡法律规定下的犯罪行为。此外，如果在新加坡犯下的罪行也发生在英国，那么该等行为也必须是英国法律规定下的犯罪行为。

与英国有联系，即未能防止帮助他人在海外和英国逃税之间必须有联系。联系的方式有以下三种：①公司在英国设立，其海外分支机构（非子公司）未能防止帮助他人在海外逃税。例如，在英国设立的银行，其在澳大利亚的分支机构未能防止帮助他人在澳大利亚逃税，即视为与英国有联系。②在英国境外设立的公司未能防止帮助他人在海外逃税，且该公司在英国设有分支机构（非子公司）。例如，在瑞士设立的银行，其在瑞士的分支机构未能防止帮助他人逃税，则其必须在英国设有分支机构方可视为与英国有联系。③帮助他人在海外逃税的罪行的任何一部分发生在英国。例如，即便没有英国分支机构，如果一家美国公司向在英国出差的员工支付现金以逃避美国税负，也视为与英国有联系。

《刑事金融法》规定的处罚包括无限额的经济处罚和配套命令，如没收令或重罪预防令。此外，《刑事金融法》还新增了有关不明来源财富令的规定，自2018年1月起生效。不明来源财富令要求个人对其在特定财产中的利益以及获得该财产的财富来源进行解释。《刑事金融法》具有溯及力，法院有权针对《刑事金融法》生效前获得的财产发出不明来源财富令。

在英国国内的犯罪由英国税务海关总署负责调查，如需要起诉，由英国皇家检控署提起公诉。在海外犯罪由英国国家打击犯罪调查局或重大诈骗调查局负责调查。

（三）作用

《反贿赂法》被称为"世界上最为严厉的反腐败立法"，相比之前颁布的法律，它更顺应新时代，框架更加完善健全。它不仅涵盖了英国境内所有的企业与个人，也约束所有对英国出口的企业以及有关联性的企业。该法案同时具有有史以来最大的宽泛管辖权，不论犯罪发生在哪里，只要与英国有关联的个人或公司均可被起诉，同样面临着严厉的处罚。《反贿赂法》不仅明确了贿赂罪名，更在此基础之上创制了"商业组织预防贿赂失职罪"这一贿赂新罪名，并辅以《反贿赂法案施行指引》，以高压、严厉的反腐败态势促使企业建立一种有效的合规模式，确保在商业实体中贯彻一个较高的商业道德标准。

《刑事金融法》规定了"信息披露法令"，为执法机构快速掌握相关信息提供了方便。反洗钱执法机构向法院申请"信息披露法令"后，犹如获得尚方宝剑，可以在同一宗调查中重复使用该法令，要求涉案人员以及第三方披露相关信息，大大地简化了既有程序，使调查人员能够更专心于反洗钱案件事实的调查。

（四）影响

《反贿赂法》围绕"解决商业机构在经营环境中可能面临的贿赂问题"这一基本目标展开，取得了良好的实践效果。即使在现在，仍被普遍认为是世界上最为严厉的反贿赂法之一。在立法体例方面，虽然《反贿赂法》只有短短20个条款，但开创了一体化的贿赂犯罪治理立法模式，除涉及贿赂犯罪的一般规定外，还包含追诉程序、管辖范围、预防措施等方面的内容。《反贿赂法》融合了英国其他法律中关于腐败的条款，遵循了英国加入的各类国际性反腐败公约，在一定程度上推动了反腐败立法的创新发展，也让整个英国乃至世界的企业认识到了英国反腐的决心以及企业建立合规体系的刻不容缓。

《刑事金融法》在全球反洗钱大背景下，在短时间内已成为英国反洗钱领域的一部行之有效的立法，将协助他人逃税确立为企业犯罪的一种罪名，凸显了刑法对商业环境的进一步影响。

三、德国合规管理实践

（一）背景

德国企业的合规管理问题，因德国西门子股份公司丑闻事件而受到关注。对于西门子股份公司商业贿赂的调查，始自20世纪90年代中期，直到2006年底，希腊、美国同时展开的调查突然先后取得突破性进展。合力汇聚之下，几个月时间里，西门子股份公司贿赂案的规模、范围和涉案人级别不断刷新，最终形成令国际社会瞩目的反商业贿赂浪潮。2008年底，西门子股份公司以支付约13亿美元罚金了结困扰两年多的贿赂案，创有史以来最大商业贿赂罚单。在德国，像西门子股份公司的丑闻其实并不少见，戴姆勒—克莱斯勒公司的高层管理人员也曾涉嫌参与了灰色市场的交易；此外，大众汽车公司、奥迪公司和保时捷公司的采购人都分别收取过一家法国汽车零配件供应商提供的好处费等。由于德国政府对于企业设立秘密账户一直疏于监管，也因此致使西门子股份公司被陆续查出多起巨额贿赂事件，从 20 世纪 90 年代中期一直到 2011 年为止，西门子股份公司为获得伊拉克政府的联合国石油—粮食计划、委内瑞拉的通勤铁路项目、孟加拉国的网络移动电话、以色列的电厂和俄罗斯的交通控制系统等合同，不惜巨额贿赂上述各国的高层官员。

据了解，在 1999 年以前，德国对本土企业为打通政府关节而向政客支付"咨询费"的做法没有明确禁止，而是允许企业将这部分所谓的"咨询费"在企业计税时预先扣除，此举大长了商业贿赂之风。直到 1999 年，世界经济合作与发展组织（OECD）签署的《反腐败公约》生效之后，德国与其他欧盟国家一道开始采取严格的制度规定打击海外腐败，规定贿赂外国政界人士和公务员是违法行为。三年后，德国政府把这一政策的适用对象范围扩展到国外私人企业员工。也就是说，在 2002 年后所有德国跨国企业的国外机构就已经被明令禁止从事商业贿赂活动。

与美国、英国相比较而言，德国的反贿赂立法比较落后，因而德国企业的合规管理起步较晚。1997 年 8 月 13 日，德国联邦议会通过了《反腐败法》，《反腐败法》规定无论企业或员工主动还是被动行贿，无论其行贿行为是否扭曲了市场竞争，均被认定为腐败犯罪，其中提高了贿赂罪的量刑幅度，将原来一年以内的自由刑改为三年以内的自由刑，还对公职贿赂罪规定了从重处理的情况等。在立法层面，德国在 2015 年对《刑法典》反贿赂部分作了修订，并于当年生效。此次修订，覆盖了更多商业活动，进一步防范商业领域反腐败现象，其中有关贿赂罪的条款是确定腐败行为法律后果的主要依据。目前，德国治理商业贿赂的法律主要有《反不正当竞争法》《刑法典》和《反腐败法》。这些法律对各种形式的贿赂作了界定，并规定了相应的惩治措施。在德国，制止贿赂行为主要是通过司法手段而不是行政手段，以排除行政机关的不适当干预。

（二）主要法律规范

1.《反不正当竞争法》

德国规制商业贿赂的立法始于《反不正当竞争法》[Gesetz gegen den

unlauteren Wettbewerb（UWG）]。该法在 1896 年制定之初尚未规定商业贿赂的刑事法律责任，这使得经济领域内的企业职员收受好处和非法佣金的行为泛滥，1905 年帝国议会上就有人提议加强商业贿赂的法律制裁，1909 年修订后的《反不正当竞争法》引入了刑事责任条款。该法第 12 条第 1、2 款分别对商事交易中的行贿和受贿的构成要件作出了规定，且对两者均可处以 1 年以下自由刑或者罚金。具体条文如下："在商事交易中，为竞争目的向商事企业的雇员或受托人本人或第三人提供利益、允诺给予利益或者给予利益，作为回报，使其同意在有关商品或商事服务的竞争中，以不法方式使自己或他人获得优待的，处 1 年以下自由刑或罚金。在商事交易中，商事企业的雇员或受托人为自己或第三人向他人索要利益、让其允诺给予利益或者收受利益，作为回报，在有关商品或商事服务的竞争中，以不法方式使他人获得优待的，处与前款相同之处罚。"

2. 德国《刑法典》

德国《刑法典》（Strafgesetzbuch）对公共部门和私营部门的贿赂行为作出不同规定。在公共部门，无论是否出于获取利益的目的，禁止向公职人员、从事特殊公务的人员或联邦国防军士兵行贿，上述人员亦不得收受贿赂。在私营部门，公司雇员或其代理人在商业交往中，不得以在有相关商品或商业服务的竞争中提供不公平优惠为回报，为自己或第三人向他人索要利益、让其允诺给予或收受好处。同时，禁止任何人出于同样目的向上述人士提供、允诺或给予好处。考虑到公司董事与法人实体的情况，私营部门的贿赂行为同样被列入行政违法行为适用法律的范畴。因此，如果一名雇员或公司代表公司贿赂另一名雇员或任何公职人员，并且公司董事蓄意或因疏忽而监管不力，上述董事或将承担责任，公司也可能将承担责任。

在抗辩理由上，如果公司可以证明自身已具备充分的程序以防止行贿和受贿，则可不被认定为构成商业贿赂罪。例如，公司可以赠予他人一定价值以下的礼品（以约 50 欧元为上限，但需逐例评估）。处罚方面，德国《刑法典》规定，犯贿赂罪的个人将处以罚金（数额视犯罪所得收益而定）或三年以下监禁，情节严重的处以十年以下监禁。对公司处以 1000 万欧元以下行政罚款，对企业作案人、董事或其他授权代表处以 100 万欧元以下行政罚款。

3.《反腐败法》

1997 年 8 月 13 日，德国议会通过了《反腐败法》（Gesetz zur Bekämpfung

der Korruption）。这部法律不是一部独立的法律，并未列入德国法律汇编，实际上是一部修正案法，只是对《刑法典》《法院法》《刑事诉讼法》《反不正当竞争法》《国防罪法》《违法行为法》《压制竞争法》《公务权利法》《联邦公务员法》《联邦惩戒条例》《兵役法》《国防纪律法》《能源消费标识法》等法律的有关条款规定了修正案。其中提高了贿赂罪的量刑幅度；对公职贿赂罪则规定了从重处理的情况等。通常情况下，刑法对贿赂等涉及腐败行为的制裁有两个：有期徒刑和罚金。有期徒刑最短 3 个月，最长 10 年。对法官的处罚重于对一般公务员的处罚。对于罚金的规定更体现了可操作性的特点。如把受贿处罚金额定为 5 欧元，连续三次受贿 5 欧元就要开除公职，并且对行贿与受贿者的处罚是对等的。公务员法律专门规定，任何公务员接受礼品包括公务礼品都必须申报上交，征得上级同意才能留给个人。如果不是礼品而是金钱，50 ～ 80 欧元之内，交机关内部处理，超过这一限额的交上级机关组织和人事部门处理。❶

（三）作用

德国的经验证明，外部监督机制和有限的舆论监督远不及反腐败立法来得彻底，而且立法越完善、越规范，就越有成效。行政监察理论认为，真正从源头上遏制腐败必须依靠专项的法律法规，让反腐败工作在法治的轨道上进行，从行为界定、立案审查到证据收集、权益保护等各方面都得到法律的确认。❷

有了法律规范的监督，企业就会真正重视内部的合规管理，避免发生合规风险。例如西门子股份公司虽然为此次商业贿赂事件付出了昂贵的代价，但由于其迅速地作出调整，建立起一套完善的合规体系，使其并未被排除在美国政府采购和公共招标市场之外，公司也因此次事件收获了更多管理上的宝贵经验。

四、国际组织关于合规管理公约

（一）《联合国反腐败公约》

随着经济全球化的发展和国家间交往的密切，腐败犯罪日益呈现跨国、跨地区的特点，对各国的社会稳定与民主政治造成巨大威胁。通过开展国际合作来预防和打击腐败犯罪，成为世界各国的一项共同历史使命。20 世纪 90 年代以来，一些区域组织陆续制定了专门的反腐败法律文书，为国际反腐败合作积累了

---

❶　参见中国商务部.德国商业贿赂形式及治理经验 [EB/OL]. http：//de.mofcom.gov.cn/article/ztdy/200603/20060301771996.shtml。

❷　参见邓杰、胡廷松：反腐败的逻辑与制度（2015 年版）[M].北京大学出版社，224 页。

经验。与此同时，制定全球性国际反腐败法律文书的呼声也日益高涨。2000 年，联合国大会通过决议，决定制定一项专门的反腐败国际法律文件。2003 年 10 月 31 日，第五十八届联合国大会通过了《联合国反腐败公约》(United Nations Convention Against Corruption)，并于 2005 年 12 月 14 日正式生效。中国政府 2003 年签署、2005 年批准了该公约。

《联合国反腐败公约》内容丰富，结构体系完备，除序言外共分 8 章、71 项条款，包括总则、预防措施、定罪和执法、国际合作、资产的追回、技术援助和信息交流、实施机制、最后条款，并确立了反腐败五大机制：预防机制、刑事定罪和执法机制、国际合作机制、资产追回机制、履约监督机制。公约涉及预防和打击腐败的立法、司法、行政执法及国家政策和社会舆论等方面，是一个重要、全面、综合性的反腐败国际法律文书。公约对如下问题进行了法律上的规范："腐败"的概念、"公职人员"的概念和其他相关的概念、挪用或转用犯罪、财产非法增加罪、贿赂外国官员和国际组织官员行为的定罪、"双重犯罪原则"的适用、在引渡合作中不将腐败犯罪视为"政治犯罪"、被非法转移国外资产的追回机制、被追缴资产的返还或处置、被追缴资产的"分享"等。

《联合国反腐败公约》为世界各国政府执行对各种腐败行为的定罪、惩处、责任追究、预防、国际法律合作、资产追回以及履约监督机制提供了法律依据，是联合国历史上通过的第一项具有法律约束力的反腐败公约，它对各国加强国内的反腐败行动、提高反腐败成效、促进国际反腐败合作具有积极而重要的意义。

（二）《世界银行集团诚信合规指南》

世界银行以项目方式向发展中国家或地区提供贷款和投融资支持，要求所有项目参与者在前期招投标及后期履行项目的过程中都必须遵守最高诚信合规要求，对违反合规要求的行为进行调查和制裁，以此杜绝腐败，保障项目的公平公正以及目标地区的可持续稳健发展。在过去 20 年间，世界银行各个部门和机构颁布了数十份重要文件和制度，对合规的具体要求以及调查制裁的程序进行了详细规定，其中较为重要的文件包括《世界银行集团诚信合规指南》(World Bank Group Integrity Compliance Guidelines)，该指南在吸纳了被许多机构和组织认为是良好治理和反欺诈与腐败的良好实践的标准、原则和内容的基础上，为一套有效的合规体系罗列出十一项要素，包括明令禁止不当行为、合规职责明确、以风险评估为基础、详尽而明晰的内部合规政策、将业务伙伴纳入合规体系、内控制度、培训制度、奖惩激励机制、举报制度、补救措施及企业上下共同行动。

《世界银行集团诚信合规指南》尤其对于经常参与世界银行项目的企业，在建立其合规体系时具有极其重要的参考意义。根据世界银行制裁程序，在制裁决定作出前，被调查企业具有抗辩机会，此时被调查企业应该聘请有经验的律师顾问，积极主动与世界银行进行沟通，陈述企业合规体系建设情况，并积极采取纠正措施，这将使企业有可能避免被列入制裁黑名单或者被减轻制裁等级。如果已被列入黑名单，企业就需要切实建立和完善令世界银行满意的合规体系，以尽快满足解除条件，争取提前从黑名单中移除出去。

（三）OECD《关于反对在国际商务活动中贿赂外国公务人员行为的公约》

早在 1997 年，世界经济合作与发展组织（OECD）理事会号召采取有效措施来制止、预防和反对国际商务活动中贿赂外国公务人员的行为，特别是号召各国采取有效合作的态度，尽快使贿赂外国公务人员的行为非法化。同时，许多国际组织也积极开展行动反对商业贿赂，一些非政府组织为反对贿赂做出了大量的努力，国际社会普遍意识到贿赂已成为国际商务活动中的一种普遍现象，不仅损害了政府形象，影响了经济发展，而且破坏了正常的国际竞争环境，在道德和政治领域引起了广泛关注。鉴于所有国家都有责任反对国际商务活动中的贿赂行为，就需要国际社会加强合作与监督。1997 年 12 月，OECD 签署了《关于反对在国际商务活动中贿赂外国公务人员行为的公约》（OECD Convention on Combating Bribery of Foreign Public Officials in International Business Transactions，简称《公约》），目前中国暂未加入该《公约》。

《公约》要求缔约国均应依法认定，任何人在国际商务活动中，为了谋取（或保持）商业利益或其他不正当利益，故意直接或间接向外国公务人员表示、许诺或给予不正当金钱或其他好处，以使其或第三方利用职务之便，进行或终止某项公务行为，均为违法行为。《公约》规定，无论任何人，即使是最佳投标人或最佳买主，为了谋求获得或保持生意或其他不正当利益而进行贿赂均属违法行为。《公约》规定，只要表示、许诺或直接给予金钱或其他好处的行为都是违法行为，通过中间方行贿也是违法。不管贿赂的价值、结果、各地习俗、政府态度以及有无必要，为了获取或保持生意或其他不正当利益而贿赂的行为都是违法行为。《公约》要求缔约国均应采取必要措施，确保依法认定参与共谋贿赂外国公务人员的行为是犯罪行为。图谋贿赂外国公务人员的行为，在性质上视同图谋贿赂本国公务人员的犯罪行为。

《公约》协调了不同法系国家之间法律规定的不同，确立了调整国际商事交易中向外国官员行贿行为的最低标准，它的签订和生效意义重大，标志着国际反贿赂合作进入了新阶段。此外，《公约》详细规定了国际商业交易活动中贿赂的定义、方式、处罚等，为各国和国际组织制定反商业贿赂规则提供了立法技术上的参照，《公约》的态度鼓励了经济合作与发展组织以外的其他国家和地区采取类似行动。

（四）《巴塞尔协议》

《巴塞尔协议》（《Basel Accord》）是巴塞尔银行监督管理委员会制定的在全球范围内主要的银行资本和风险监管标准，规定了银行所必须遵循的合规政策和程序，其中不仅包括基本的市场行为准则，还包括反洗钱和反恐怖融资等特定领域以及与银行有关的税收方面的法律。巴塞尔委员会由 13 个国家的银行监管当局组成，是国际清算银行的四个常务委员会之一。由巴塞尔委员会公布的准则规定的资本要求被称为以风险为基础的资本要求。

1988 年 7 月，巴塞尔委员会颁布第一个准则文件，称"1988 资本一致方针"，又称"巴塞尔协议"（即《巴塞尔协议 I 》），主要目的是建立防止信用风险的最低资本要求。1996 年，《巴塞尔协议 I 》作了修正，扩大了范围，包括了基于市场风险的资本要求。1998 年，巴塞尔委员会讨论了操作风险作为潜在金融风险的重要性，并在 2001 年公布了许多准则和报告来解决操作风险。2004 年 6 月，巴塞尔委员会颁布新的资本要求准则，称"新巴塞尔协议"或《巴塞尔协议 II 》，内容针对 1988 年的旧巴塞尔协议（即《巴塞尔协议 I 》）作了大幅修改，以期标准化国际上的风险控管制度，提升国际金融服务的风险控管能力，目的是通过引入与银行所面临风险更加一致的以风险为基础的资本要求，来对《巴塞尔协议 I 》进行改进。2010 年通过的《巴塞尔协议 III 》为目前最新版本，新资本协议作为一个完整的银行业资本充足率监管框架，由最低资本要求、监管当局对资本充足率的监督检查、银行信息披露（即市场纪律）三大支柱组成。

《巴塞尔协议》要求大银行建立自己的内部风险评估机制，运用自己的内部评级系统，决定自己对资本的需求。另外，委员会提出了一个统一的方案，即"标准化方案"，建议各银行借用外部评级机构特别是专业评级机构对贷款企业进行评级，根据评级决定银行面临的风险有多大，并为此准备多少的风险准备金。一些企业在贷款时，由于没有经过担保和抵押，在发生财务危机时会出现还款困难。通过评级银行可以降低自己的风险，事先预备相应的准备金。此外，巴塞尔协议还要求银行提高信息的透明度，使外界对它的财务、管理等有更好的了解。

《巴塞尔协议Ⅲ》第一次引入了市场约束机制，让市场力量来促使银行稳健、高效地经营以及保持充足的资本水平。稳健的、经营良好的银行可以以更为有利的价格和条件从投资者、债权人、存款人及其他交易对手那里获得资金，而风险程度高的银行在市场中则处于不利地位，它们必须支付更高的风险溢价、提供额外的担保或采取其他安全措施。市场的奖惩机制有利于促使银行更有效地分配资金和控制风险。《巴塞尔协议Ⅲ》要求市场对金融体系的安全进行监管，也就是要求银行提供及时、可靠、全面、准确的信息，以便市场参与者据此作出判断。根据《巴塞尔协议Ⅲ》，银行应及时公开披露包括资本结构、风险敞口、资本充足比率、对资本的内部评价机制及风险管理战略等信息。

《巴塞尔协议》的颁布，对全球金融监管当局产生了深远的影响，使金融监管视角由银行体外转向银行体内，迫使各国商业银行树立资本风险经营意识，建立资本与风险相匹配的经营机制，使全球各国银行资本监管有了统一的"法定"依据，使各国银行可有效规避因资本不足而发生资金流动性风险的危机，有利于消除减少全球银行因资本不足而导致破产倒闭的风险，进而保障广大金融消费者的权益不受侵害。

（五）《合规与银行内部合规部门》

2005年4月29日，巴塞尔银行监管委员会发布《合规与银行内部合规部门》专门文件，要求商业银行设立专门的合规部门对合规风险进行管理，对合规风险进行识别、评估、通报、监控并报告，敦促并指导国际银行业金融机构建立起有效的合规政策和程序，在发现违规情况时银行管理层能够采取适当措施予以纠正。

在《合规与银行内部合规部门》的高级文件中，巴塞尔银行监管委员会明确指出：①合规应从高层做起，应成为银行文化的一部分。当企业文化强调诚信与正直的道德行为准则，并由董事会和高级管理层作出表率时，合规才最为有效。②合规并不只是专业合规人员的责任，合规是银行内部一项核心的风险管理活动，与银行内部的每一位员工都相关，合规应被视为银行经营活动的组成部分。③合规法律、规则和准则有多种渊源，包括立法机构和监管机构的基本的法律、规则和准则，市场惯例，行业协会制定的行业规则和适用于银行职员的内部行为准则，以及更广义的诚实守信和道德行为准则等。④银行在开展业务时应坚持高标准，并始终力求遵循法律的规定与精神。如果疏于考虑银行的经营行为对其股东、客户、雇员和市场的影响，即使没有违反任何法律，也可能导致严重的负面影响和声誉损失。⑤银行应明确董事会和高级管理层在合规方面的特定职责，以及合规部门的地位、职责和工作程序，确保合规部门的独立性，并给予其足够的资源支持，合规部门工作应受到内部审计部门定期和独立复查。

《合规与银行内部合规部门》的发布，标志着银行合规管理新模式在国际社会的基本确立。

五、国外合规管理实践的启示

西方国家企业的合规管理始于诚信合规，逐步发展为全面合规。从发展进程讲，先出现企业自我约束、自行管理的内部道德性质的管理模式，后有政府颁布法律性质文献督促企业建立内部控制体系依法经营的法治方式。从法律角度讲，先有国家立法，使企业被动遵循市场规则，遵守法律与社会公共秩序；后有严格执法，进一步加强行政监督，使企业畏惧高昂的违法成本，主动加强合规管理。

回顾美国、英国、德国等国家合规管理发展过程，美国"水门事件"让民众意识到仅仅依靠企业自我管理抵御违规风险还是不够，为遏制企业贿赂和恢复公众信任，美国于 1977 年颁布了《反海外腐败法》；安然有限公司事件、世界通信公司事件等财务造假事件促使美国《萨班斯法案》出台。英国 20 世纪 90 年代英国公共领域出现大量腐败丑闻，导致贿赂犯罪起诉率增高，引发了公众对贿赂问题的关注。于是法律委员会在 1998 年提出了一份报告，全面分析了贿赂立法的不足之处，并建议制定一部统一的贿赂法案，由此促成了 2003 年《贿赂法案草案》的出台。德国西门子股份公司贿赂案及大众、奥迪等大型汽车企业相继爆出贿赂丑闻，直到 1999 年 OECD《反腐败公约》生效之后，德国与其他欧盟国家一道开始采取更严格的立法打击海外腐败，规定贿赂外国政界人士和公务员是违法行为。这些国家都是因为贿赂成风，为了维护公平诚信的经营环境和重塑民众的信任，国家重视立法，同时共同推进国际组织制定公约、指南等规范性文件，通过执法敦促企业严格遵守，否则将严重处罚，以此来监督企业合规经营。

从美国、英国、德国等国家合规管理发展过程来看，一个国家的合规管理首先以国家立法为主，因为法律法规具有最高的执行效力，企业如果不遵守将受到国家的严厉处罚，为了避免巨大损失，企业不得不遵守。其次是国际组织的公约、行业规范等，只要国家确定加入该公约，那么该国内的所有企业都必须遵守公约规范，否则也将受到相关处罚。最后是企业内部制定相关合规规范，将法律法规和监管要求落实于企业经营过程，从而达到企业内部规章制度对企业合规的约束作用。企业通过建立合规管理体系，可以提前防止违规行为的发生，规避合规风险，属于事前控制。以"西门子案件"为例，遭到处罚后，西门子股份公司建立了独立而全面的内部合规管理体系，建设分为了三个阶段。首先，依据合规政策及内外部调查中发现的合规管理漏洞，制定了一整套合规管理制度，并以此建立相应的控制流程。与此同时，成立专属合规部门，自上而下覆盖全公司。其次，配备专属合规人员并开展全方位合规培训，深入宣传合规理念，使从管理层到基层业务人员的所有员工共同推进诚信合规体系的建设，将合规变成公司文化的一部分。最后，定期评估合规管理运行情况，根据反馈的主要问题，不断的加以完善，形成一套健全的合规管理体系。西门子股份公司通过在审批程序加入合规官员，避免了很多风险的发生，从 2008 年第二季度开始，已经有 460 多个举报被查实，这套花费巨大成本建立起来的合规体系赢得美国司法部的高度评价。❶

---

❶　参见网易财经.西门子 20 亿欧元重建合规体系 [EB/OL]. https：//3g.163.com/money/article/5NNEN9LL0025263.html。

第五章 国内合规管理探索

一、国内企业开展合规管理背景

（一）适应国际经贸环境的必然选择

1. 银行业合规规则对我国企业的影响

20世纪90年代，国际贸易的快速发展推动金融业的快速发展，许多大型国际金融机构相继曝出了银行洗钱、违规操作等导致重大损失的风险事件，如纽约银行洗钱70亿美元❶、英国巴林银行操作不当倒闭❷等。2002年，中国银行纽约分行因涉嫌虚假贸易巨额骗贷，被美国财政部货币监理署（OCC）和中国人民银行处以千万美元罚款。这些违规案件在损害银行自身信誉、导致银行巨额损失甚至破产的同时，也在一定程度上影响了所属国家的形象，因此银行机构开始意识到合规经营的重要性。

在上述背景下，巴塞尔银行监督管理委员会发布了两份重要文件：一是在2003年发布的《银行的合规职能》（The Compliance Function In Banks）指引性文件，指出合规管理已经作为一项日趋重要并且高度独立的风险管理职能而存在；二是在2005年发布的《合规与银行内部合规部门》（Compliance And Bank Internal Compliance Department），向各国银行业金融机构及其监管当局推荐有效管理合规风险的最佳做法，促进各国银行业和监管机构对有效合规管理的重视。该文件指出银行业金融机构必须遵循有效的合规政策和程序，要求银行管理层在发现有违规情况发生时采取适当的纠正措施。《合规与银行内部合规部门》的发布，在世界范围内产生了巨大影响，至此，国际社会基本确立了银行业合规管理的新模式。

2006年以前，我国银行业金融机构发生多起大案要案，各类违法违规和经

---

❶ 在1996～1999年，纽约银行组织实施非法洗钱活动，给俄罗斯联邦造成225亿美元的损失。

❷ 1995年2月26日，巴林银行驻新加坡巴林期货公司总经理尼克·里森投资日经225股指期货失利，导致巴林银行遭受巨额损失，合计损失达14亿美元，英国巴林银行最终无力继续经营而宣布破产。

济犯罪案件涉案金额达到上千万元，甚至上亿元。例如，2000～2004年，中国银行黑龙江省分行哈尔滨河松街支行原行长高某伙同他人采取不法手段，占用26家存款单位存款276笔，共计人民币28亿余元，造成6家存款单位实际损失人民币8亿余元。[1]2000年7月～2002年5月，光大银行广州越秀支行原副行长陈某群利用职务之便挪用公款用于个人营利活动，并采用虚假担保手段，骗取银行发放巨额贷款，涉案金额9500万元。[2]2003年7月2日～2004年6月4日，中国农业银行包头市分行汇通支行、东河支行在办理个人质押贷款和贴现业务中，个别工作人员与信用社及社会不法分子相互勾结，骗取银行贷款，涉案金额11498.5万元。[3]大量事实证明银行业金融机构正面临着巨大的合规性挑战与压力，合规风险正成为银行业的主要风险。自2006年起，中国银行业监督管理委员会、中国保险监督管理委员会、中国证券监督管理委员会参考《合规与银行内部合规部门》，相继发布行业合规管理指引，2006年中国银监会颁布《商业银行合规风险管理指引》，2007年中国保监会颁布《保险公司合规管理指引》，2008年中国证监会颁布《证券公司合规管理试行规定》，我国的金融行业开启了全面合规体系建设时代。

2. 美国"长臂管辖"与经济制裁不容忽视

"长臂管辖"（long-arm jurisdiction）是美国民事诉讼中的一个重要概念，指在国际民事诉讼中，对作为非法院地居民且不在法院地，但与法院地有某种联系，同时原告提起的诉讼又产生于这种联系时，法院对于被告所主张的管辖权。美国立法机关通过立法赋予法律域外效力。由于美元在全球金融与贸易领域仍然处于主导地位，全球大多数贸易和投资都是以美元计价，并通过纽约的美元清算体系结算，美国行政及司法机构利用法律行使一定程度的"治外法权"，因为美国司法机构认为用美元进行结算就意味着与美国有关联，可以援引美国法律起诉利用美元清算的外国公司。外国企业即使没有和美国有任何直接的商业往来，但只要使用美元结算，甚至使用美国的快递即被认为与美国存在关联。然而在现实的国际贸易中，完全放弃用美元结算是比较困难的，因此很多外国企业不得不遵

---

[1] 参见人民网.哈尔滨开审李东哲高山票据诈骗挪用公款案 [EB/OL]. http://www.people.com.cn/24hour/n/2013/0930/c25408-23080830.html。

[2] 参见中国新闻网.光大银行越秀支行女副行长为情夫骗贷近亿判无期 [EB/OL]. https://www.chinanews.com/news/2005/2005-11-04/8/647197.shtml。

[3] 参见搜狐财经.银监会查处农业银行包头分行重大违法经营案件 [EB/OL]. https://business.sohu.com/20050324/n224846345.shtml。

循美国法律。

《反海外腐败法》是其"治外法权"的一大体现。《反海外腐败法》的初衷是为了禁止美国企业和与美国有经贸往来的企业直接或者间接（通过代理商）向外国政府公务人员行贿。但该法修订以后，只要一家企业与美国关联（哪怕是在美国证交所上市，或者使用美元交易）都能成为美国商务部、司法部援引《反海外腐败法》展开调查的理由。

2008年以来，美国利用"长臂管辖"，司法部、商务部下属的工业与安全局、财政部下属的海外资产控制办公室、国土安全部下属的海关及边境保护局强迫劳动局等多部门针对非美国的跨国公司调查案例越来越多，据《美国陷阱》❶统计，截至2014年，美国司法部海外反腐调查案中，仅30%涉及外国（非美国）公司，但这些公司贡献了67%的罚款总额；罚款逾1亿美元的26个案例中，21个是外资公司，包括西门子股份公司、道达尔能源公司和戴姆勒—克莱斯勒公司等。美国通过"长臂管辖"对中国进行次级制裁的强度和频度也是很大的，涉及出口管制、反垄断、网络安全等方面。2017年，我国被制裁的实体和个人超过150起，2018～2021年6月，我国被制裁的实体和个人超过840起（包括重复制裁），对我国经济安全和法律安全影响深远。对于参与国际贸易往来的中国企业来说，不得不重视美国司法的治外法权。例如，美国商务部制裁中兴通讯股份有限公司，认为中兴通讯股份有限公司涉嫌违反美国对伊朗的出口禁令；美国财政部制裁中国远洋海运集团有限公司等6家中国公司，认为上述6家中国公司违反了美国对伊朗的石油购买禁令；华为技术有限公司首席财务官孟晚舟曾经在加拿大转机时被加拿大当局代表美国政府临时扣留，拘捕孟晚舟女士的理由就是华为技术有限公司违反美国禁令和伊朗开展贸易往来。因此，在当今中美贸易摩擦不断的背景下，我国企业需要进一步认清美国司法的"长臂管辖"可能给企业以及企业的高管带来的风险，同时采取相应的应对措施，避免遭受不必要的损失。

3.WTO规则对我国企业的影响

改革开放以来，随着经济贸易全球化，我国与外界交往日益增多，为更好地融入世界经济体系，与世界经济接轨，2001年中国正式加入世界贸易组织（World Trade Organization，WTO）。加入WTO后，中国可以享受40多年来关贸

---

❶ 《美国陷阱》是弗雷德里克·皮耶鲁齐和马修·阿伦创作的经济学著作，首次出版于2019年，该书以皮耶鲁齐的亲身经历揭露美国政府打击美国企业竞争对手的内幕。

总协定各缔约国在开放贸易，尤其是降低关税方面所取得的成果，并可取得大多数成员方无条件贸易最惠国待遇。相应地，我国在非关税壁垒、关税减让、贸易权、流通、特许经营等领域作了承诺：①非关税壁垒，进口许可证要求及招标要求将于 2005 年被取消，所有的进口配额在 2005 年以前逐步被取消；②关税减让，信息技术产品关税最迟将于 2005 年被取消。

从 2001 年加入 WTO 至 2020 年 10 月 21 日，中国因为 WTO 争端共被诉 44 起，其中美国 23 起、欧盟 9 起。在已经结案的 29 起案件中，中国企业大多数被裁定败诉或主动调整政策以达成和解。[1] 从这个角度来看，中国在履行加入 WTO 时的承诺方面仍有不足。如果中国企业没有进一步加强对 WTO 相关政策研究、遵循，以及成员国之间协调，很有可能被更多国家起诉，为此将付出巨大的经济成本和时间成本。

4. "一带一路" 经贸合作中的合规风险

"一带一路"（The Belt and Road，B&R）是 "丝绸之路经济带" 和 "21 世纪海上丝绸之路" 的简称，2013 年 9 月和 10 月，国家主席习近平提出建设 "新丝绸之路经济带" 和 "21 世纪海上丝绸之路" 的合作倡议。依靠中国与有关国家既有的双边多边机制，借助既有的、行之有效的区域合作平台，"一带一路" 旨在积极发展与沿线国家的经济合作伙伴关系，共同打造政治互信、经济融合、文化包容的利益共同体、命运共同体和责任共同体。截至 2020 年 11 月，我国已经与 138 个国家、31 个国际组织签署 201 份共建 "一带一路" 合作文件。2013 年到 2022 年，我国与 "一带一路" 沿线国家货物贸易额从 1.04 万亿美元扩大到 2.07 万亿美元，中国企业在海上丝绸之路沿线的投资项目超过了 100 个，截至 2022 年底，全国中欧班列累计开行突破 6.5 万列。

近几年来，在 "一带一路" 倡议的背景下，中国企业 "走出去" 开拓国际市场、发展海外业务的同时，也面临 "一带一路" 部分沿线国家法律体系差异的挑战。首先，这些国家与中国有不同的法律传统和体系，而且在经济、政治、文化等方面也存在诸多差异，其中有些转型中的发展中国家法律制度并不健全。其次，除了法律制度本身差异外，部分 "一带一路" 沿线国家的法律体系很大程度上还受到宗教的影响。即使拥有同样宗教信仰的国家，法律体系也有比较大的差异。再次，从产业投资立法看，部分 "一带一路" 沿线国家存在通过立法对本国

---

[1]　参见屠新泉，杨丹宁，李思奇. 加入 WTO 20 年：中国与 WTO 互动关系的演进 [J]. 载《改革》，2020（11）：23-36 页。

产业进行特别保护的情况。例如，有的国家通过颁布法律，对境外投资者的跨国并购设置了特别条件和程序对本国企业与产业进行保护。此外，有些国家和中国没有签订司法协助条约或协定，有的国家不是世界贸易组织成员，存在争端解决及仲裁裁决难以执行的风险。中国企业如果对投资的"一带一路"沿线国家法律体系及执法形势研究不足，在这些国家投资运营存在较大的合规风险。

国家主席习近平在 2018 年推进"一带一路"建设工作五周年座谈会上指出："企业要规范投资经营行为，合法合规经营，注意保护环境，履行社会责任，成为共建'一带一路'的形象大使。"❶我国企业要在"一带一路"建设中保持国际竞争优势，实现健康可持续发展，依法合规经营是必然的选择。

5. 世界银行合规要求对我国的影响

2006 年 2 月，非洲开发银行、亚洲开发银行、美洲开发银行、欧洲投资银行、欧洲复兴开发银行、国际货币基金组织及世界银行宣布成立国际金融组织反腐败工作组（International Financial Institutions Anti-Corruption Task Force），旨在统一协调各国际金融组织的行动举措以更加有效地打击腐败行为。同时签署了防范和打击欺诈与腐败的统一框架（Uniform Framework for Preventing and Combating Fraud and Corruption）。在国际反腐败工作组成立四年后，2010 年 4 月 9 日五家传统多边开发银行（非洲开发银行、亚洲开发银行、欧洲复兴开发银行、美洲开发银行和世界银行）的负责人在卢森堡共同签署了具有里程碑意义的《共同实施制裁决议的协议》（Agreement for Mutual Enforcement of Debarment Decisions，AMEDD），即业内通常所称的交叉制裁或联合制裁（Cross-Debarment），标志着多边开发银行联合制裁机制的正式形成。世界银行的制裁制度是世界银行对参与世界银行资助项目、从事符合定义形式的欺诈、腐败、共谋、胁迫或妨碍行为（通称"欺诈和腐败"）的个人和实体进行制裁的安排。根据《反腐败指导方针》（The World Bank's Anti-corruption Guidelines），"应制裁行为"包括腐败、欺诈、共谋、胁迫和妨碍行为。针对这些行为，世界银行通过两级行政程序予以制裁。世界银行独立制裁体系的第一层级为资格暂停与取消办公室（The Office of Suspension and Debarment，OSD），第二层级为制裁委员会（The World Bank Group Sanctions Board）。世界银行的制裁措施有谴责信、恢复原状、附条件的免予取消资格、附解除条件的取消资格、取消资格或永久取消资

---

❶ 参见中国政府网.发展改革委有关负责人就《企业境外经营合规管理指引》答问 [EB/OL]. http://www.gov.cn/zhengce/2018-12/31/content_5353736.htm?trs=1。

格 5 种。企业或者个人一旦受到世界银行制裁超过一年，该企业或个人将同时被签约的其他几家银行联合制裁，失去这些机构资助的项目的投标资格。联合制裁的做法加大了对违规企业和个人的惩罚力度，也加大了企业和个人的违规成本。一些中国企业对世界银行等多边开发银行组织合规体系不熟悉，导致在境内境外的多边开发银行项目中出现员工的不当行为或违规事件被调查或制裁，其中甚至包括一些知名的国有企业。例如，2019 年 6 月 5 日，世界银行宣布对中国铁道建筑集团有限公司（CRCC，简称中国铁建）及其全资子公司中铁二十三局集团有限公司（CR23，简称中铁二十三局）、中国铁建国际集团有限公司（CRCC International，简称铁建国际）就格鲁吉亚东西高速走廊改善项目存在的不当行为实施为期 9 个月的制裁。根据和解披露的信息显示，在格鲁吉亚东西高速走廊改善项目的资格预审和招标过程中，上述三家公司编制并提交了中铁二十三局人员和设备虚假陈述信息，以及使用中国铁建内其他单位业绩的资料，在世界银行的制裁体系中，这些行为被视为世界银行采购指南所定义的欺诈行为，因此对其作出 9 个月的制裁处罚。根据截至 2021 年 7 月 8 日世界银行官方数据，已有 142 个中国（包括港澳台地区）主体（包括企业和个人）被世界银行列入除名制裁名单（List of Debarred Firms and Individuals）。根据世界银行《制裁和和解程序》第 9.01（c）条，被宣布除名制裁的企业和个人将会在规定时间内（甚至永久）被取消投标和参与世界银行融资项目的资格。❶

世界银行的诚信合规要求已成为中国企业，尤其是"走出去"企业不可忽视的合规管理事项。建立和完善符合《世界银行诚信合规指南》的全面合规体系，不仅对面临制裁企业及接受世界银行调查的企业至关重要，而且有利于企业更好地适应国际化合规环境，避免违规对业务发展带来的风险。

（二）国内营商环境建设的需要

1. 国家营商环境建设新要求

国家主席习近平强调，法治是最好的营商环境。国务院于 2019 年 10 月 22 日发布了《优化营商环境条例》。制定出台该条例的目的在于加快建立统一开放、竞争有序的现代市场体系，依法促进各类生产要素自由流动，保障各类市场主体公平参与市场竞争，体现在三个方面：①增强微观主体活力，经济社会发展的动

---

❶　参见中伦网. 中国企业海外项目，如何应对世行合规调查和制裁？[EB/OL]. http://www.zhonglun.com/Content/2021/07-21/1523005151.html.

力，源于市场主体的活力和社会的创造力。通过法治化手段持续优化营商环境，最大限度激发微观主体创业创新创造的活力，有利于把微观主体发展动力更好转化为经济发展的新动能，对于稳定经济增长、促进就业都具有重要意义。②持续深化改革，我国营商环境还存在不少突出问题和短板，必须在"放管服"改革上有更大突破、在优化营商环境上有更大进展，才有利于加快营造市场化法治化国际化营商环境。③巩固改革成果，把解决体制性障碍、机制性梗阻、政策性创新取得的改革成果，把实践证明行之有效的改革举措，用法规制度固定下来，有利于为深化改革提供法治支撑和保障。❶

《优化营商环境条例》在强调各级人民政府应当加强对优化营商环境工作组织领导，完善优化营商环境政策措施，建立优化营商环境相关机制，及时协调、解决优化营商环境工作重大问题，为市场主体提供政务服务的同时，也强调了市场主体的责任：遵守法律法规，恪守社会公德和商业道德，诚实守信，公平竞争，履行安全、质量、劳动者权益保护等方面的法定义务，在国际经贸活动中遵循国际通行规则。《优化营商环境条例》还强调了对市场主体垄断和不正当竞争行为的打击力度，坚决制止市场经济活动中的垄断行为、不正当竞争行为以及滥用行政权力排除、限制竞争的行为。对于供水、供电、供气、供热等公用企事业单位，特别强调应当向社会公开服务标准、资费标准等信息，为市场主体提供安全、便捷、稳定和价格合理的服务，不得强迫市场主体接受不合理的服务条件，不得以任何名义收取不合理费用。公共服务行业应当优化报装流程，在国家规定的报装办理时限内确定并公开具体办理时间。因此，优化营商环境不能片面理解为是政府单方面"作为"，而应当理解为包括市场主体的"共同作为"。《优化营商环境条例》对市场主体的要求，正是市场主体应当遵循的合规义务。

国务院发布《优化营商环境条例》后，地方加强营商环境地方性法规立法工作，营商环境法治化、规范化建设提速明显。其中，《上海市优化营商环境条例》自 2020 年 4 月 10 日起施行，经 2021 年 10 月修正，该条例推进政府治理体系和治理能力现代化建设，将上海建设成为卓越的全球城市、具有世界影响力的社会主义现代化国际大都市。其中，"免罚清单"这一优化法治化营商环境的制度性举措被正式写入该条例：本市建立健全市场主体轻微违法违规经营行为包容审慎监管制度，明确轻微违法违规经营行为的具体情形，并依法不予行政处罚。免

---

❶ 参见中国国务院新闻办公室．颁布《优化营商环境条例》为深化和巩固改革成果提供法治保障 [EB/OL]. http：//www.scio.gov.cn/32344/32345/39620/41965/zy41969/Document/1666885/1666885.htm。

罚清单推动了企业主动提升守法合规意识。每一份免罚清单，不仅仅是简单的免罚，而是要求行政执法单位通过批评教育、指导约谈等措施，促进经营者依法合规开展经营活动。监管者通过行政指导这种柔性方式，使企业进一步了解相关法律规定，提高其守法合规意识，避免再次犯错。

2019 年 6 月 25 日，国务院前总理李克强在全国深化"放管服"改革优化营商环境电视电话会议上发表重要讲话，部署深化"放管服"改革，加快打造市场化法治化国际化营商环境。2022 年 3 月 11 日，第十三届全国人民代表大会第五次会议闭幕后，李克强在记者会上强调，"放""管"是并行的，"放"不是放责，"管"是政府必须履行的职责。"放"也不是放任，对那些假冒伪劣、坑蒙拐骗等行为要坚决打击，尤其是对一些涉及人民生命健康和群众利益的，像食品药品、安全生产、金融等领域，要加强监管，违规违法的必须惩处。现在新业态新模式也在不断变化发展，我们要不断完善监管规定和方式，使市场主体真正在公平公正的环境中竞争和发展。❶

2. 企业自身经营和发展的需要

（1）规范公司治理。传统的公司治理结构理论强调公司治理是平衡股东大会、董事会、监事会和经营层相互制衡关系。但是，出于合规风险防范需要，合规机制不得不纳入公司治理结构中。各行业、各类型的公司客观上面临着来自行业监管机构、行政执法机关、司法机关等多主体的直接强制性要求、间接的执法压力或激励措施，促使其不得不合规管理已是不争的事实。从公司健康经营存续发展角度，在公司内部建立合规管理组织体系并赋予一定职责的出发点是为了提升公司治理水平、规避经营风险和提高管理绩效。二十国集团 / 经合组织《公司治理原则》（G20/OECD Principles of Corporate Governance）❷ 就在公司董事会应当履行的关键职能中，明确要求"确保适当的管理控制系统到位，特别是风险管理系统、财务和经营控制系统，以及合规系统"，经合组织《跨国企业准则》（OECD Guidelinesfor Multinational Enterprises）❸ 建议，企业应采用源自《公司治理原则》的公司治理做法。《公司治理原则》呼吁保护股东的权利，方便股东行使权利，包括股东享有公平待遇。企业应承认利益攸关方依据法律或双方协议享

---

❶ 参见北京商报.李克强谈"放管服"：政府必须进行刀刃向内的改革，让市场主体层出不穷、生机勃勃 [EB/OL]. https://baijiahao.baidu.com/s?id=1726974972835476916&wfr=spider&for=pc。

❷ 1999 年发布，2004 年和 2016 年两次修订。

❸ 1976 年发布，2000 年和 2011 年两次修订。

有的权利，并鼓励与之开展积极合作，共同创造财富和就业岗位，实现财务健全企业的可持续发展。《中央企业合规管理办法》在"组织和职责"中也强调了公司治理机构合规要求，在第八条、第九条等条款中作了具体阐述❶。在一定程度上，合规管理与业务管理、财务管理，并称为企业管理的三大支柱，成为当代公司治理的重要组成部分❷。越来越多的企业逐步意识到合规管理不仅是应对外部监管所必须采取的措施，更是提升公司治理、防范风险的工具。合规管理已成为世界范围内各国企业普遍采用的经营管理制度的一部分。❸

（2）确保国有资产保值增值。对于国有企业来说，国有资产保值增值是指以生产经营为主要方式使国有资产价值超出原有价值，其中保值是基础，增值是延伸。国有资产保值应确保国有资产不存在数量减少或价值降低的情况，国有资产增值是指通过生产运营来提升价值、提高质量或增加数量。国务院前总理李克强曾经强调过："国有企业首要的职责，就是实现国有资产保值增值。这是衡量国企工作优劣的关键。"❹如果国有企业因为违规经营行为造成国有资产流失，国家将对其开展调查和责任追究。国资委于 2018 年 7 月 13 日印发的《中央企业违规经营投资责任追究实施办法（试行）》进一步明确了中央企业违规经营投资责任追究的范围、标准、责任认定、追究处理、职责和工作程序等，责任追究的范围包括集团管控，风险管理，购销管理，工程承包建设，资金管理，转让产权、上市公司股权、资产等，固定资产投资，投资并购，改组改制，境外经营投资十个方面。中央企业经营管理有关人员任职期间违反规定，未履行或未正确履行职责造成国有资产损失或其他严重不良后果的，应当追究其相应责任。由此可见，国有企业必须高度重视合规管理工作，合规管理是避免企业资产流失、保值增值的重要手段。

---

❶ 《中央企业合规管理办法》第八条规定，中央企业董事会发挥定战略、作决策、防风险作用，主要履行以下职责：（一）审议批准合规管理基本制度、体系建设方案和年度报告等。（二）研究决定合规管理重大事项。（三）推动完善合规管理体系并对其有效性进行评价。（四）决定合规管理部门设置及职责。第九条规定，中央企业经理层发挥谋经营、抓落实、强管理作用，主要履行以下职责：（一）拟订合规管理体系建设方案，经董事会批准后组织实施。（二）拟订合规管理基本制度，批准年度计划等，组织制定合规管理具体制度。（三）组织应对重大合规风险事件。（四）指导监督各部门和所属单位合规管理工作。

❷ 参见陈瑞华.企业合规基本理论 [M].北京，法律出版社，2020：5 页。

❸ 参见赵瑜.合规管理_现代公司治理内在需求 [J].载《法人》，2021（04）：74-76 页。

❹ 参见中国政府网.李克强：国企首要职责是实现国有资产保值增值 [EB/OL].http：//www.gov.cn/xinwen/2016-12/01/content_5141420.htm?_k=hjtkno。

（3）提升企业防范风险能力。企业通过建立一套合规管理体系可以达到防范、控制、化解合规风险的目的：一方面，随着法律法规体系的不断完善，世界各国对企业的法律监管要求日趋严格，特别是上市公司面临的法律监管环境更为严苛，企业合规管理不到位，员工合规意识、风险意识、底线意识薄弱，一旦发生合规风险事件，将可能给企业造成巨大损失；另一方面，一套科学有效的合规管理体系，通常包含一套明确的合规制度体系及违规惩罚制度，有了合规制度，企业经营活动和员工日常行为就有章可循，加上相关惩罚制度的震慑作用，合规制度禁止的行为员工将尽量避免，这大大降低了企业发生违规事件的概率。因此，建立科学有效的合规管理体系，有利于提升企业防范风险能力。

二、国内企业合规管理探索

（一）中兴事件带来的思考

中兴通讯股份有限公司（简称中兴通讯），是全球领先的综合通信解决方案提供商，中国最大的通信设备上市公司，为全球 160 多个国家和地区的电信运营商提供创新技术与产品解决方案。中兴通讯于 2012 年与伊朗电信（TCI）签订了合同，约定向这个伊朗国内最大的电信运营商出售一批搭载了美国元器件和软件的产品。而在此之前伊朗因为核问题遭到了美国的制裁，包括技术、设备的禁运等，中兴通讯的做法违反了美国出口限制法的规定，因此美国商务部以中兴通讯在购买美国产品之后将其迂回转售给伊朗违反了出口限制令为由，对中兴通讯开展了专项调查。❶2017 年 3 月 7 日，中兴通讯与美国达成和解。事件的处理结果是，中兴通讯认罪，承认其违反了美国相关的出口管制规定，被美国三个机构共处以 8.92 亿美元的罚款，另有 3 亿美元缓期执行。

然而仅仅一年之后，2018 年 4 月 16 日，美国商务部工业与安全局（BIS）重启对中兴通讯下达的限制令，原因是中兴通讯并未遵守承诺处罚涉及违规行为的员工，而且中兴通讯在 2016 年 11 月 30 日和 2017 年 7 月 20 日两次发给美国商务部的函件中均作了虚假陈述。经过中国政府和中兴通讯的共同协调，2018 年 6 月 7 日，美国商务部宣布与中兴通讯达成新的和解协议。但中兴通讯需要支付 10 亿美元罚款，同时准备 4 亿美元交由第三方保管，此外美国选择合规团队进驻中兴通讯，并要求中兴通讯在 30 天内更换董事会和高管团队。自此，中兴

---

❶　参见尹潇潇 . 基于合规视角的跨国经营企业内部控制研究——以中兴通讯为例 [D]. 2019 年，安徽财经大学 。

事件暂时告一段落，留给中兴通讯的是深深的反思。

中兴通讯作为我国最大的国有控股通信设备上市公司，被美国处罚一事对我国通信行业和其他国有企业带来了负面影响。中兴事件暴露了其合规管理缺失的问题。首先，中兴通讯对出口管制合规风险的管理的重视程度不够，缺乏对出口管制合规风险的正确评估、认识和防范。在美国 2012 年立案调查后，中兴通讯没有采取必要的出口管制合规风险管理措施。其次，中兴通讯在已经受到美国政府调查的情况下，仍然没有能够把握时机及时堵住合规管理的漏洞，反而采取了不配合的态度，导致公司面对的出口管制合规风险进一步升级，最终导致公司在出口管制合规风险管理完全失控。第三，中兴通讯的合规管理体系存在重大缺陷。中兴通讯的合规管理部门没有向董事会直线报告的渠道，而 CEO 或者销售部门拥有决策的权力可以轻易突破合规管控。因此，合规部门需要独立的架构和汇报线，否则风险无法传递给公司高层领导，导致合规管理形同虚设。❶

纵观中兴事件的整个过程，不难发现，从最初涉嫌违规操作到应对调查期间，再到后期应对监管整改阶段的行为，企业均存在一定侥幸心理。这种做法反映了我国企业在经营活动及市场竞争中合规管理方面存在共性问题。

（二）国有企业合规管理探索

1. 中央企业试点推进合规管理

2015 年 12 月，国务院国资委印发《关于全面推进法治央企建设的意见》，提出了"到 2020 年，中央企业依法治理能力进一步增强，依法合规经营水平显著提升，依法规范管理能力不断强化，全员法治素质明显提高，企业法治文化更加浓厚，依法治企能力达到国际同行业先进水平，努力成为治理完善、经营合规、管理规范、守法诚信的法治央企"的目标。2016 年 3 月，国务院国资委选择中国石油天然气集团有限公司、中国移动通信集团有限公司、招商局集团有限公司、中国中铁股份有限公司和东方电气集团有限公司五家央企开展央企合规体系建设的试点工作，其他少数央企也同步实施。

（1）招商局集团有限公司。招商局集团有限公司（简称招商局集团），总部位于香港，是一家业务多元的综合企业，业务主要集中于综合交通、特色金融、城市与园区综合开发运营三大核心产业。❷ 作为一家典型的多元化央企，招商局

---

❶ 参见新浪财经.中兴事件始末，比罚单更沉重的反思[EB/OL]. http://finance.sina.com.cn/chanjing/gsnews/2018-04-18/doc-ifyuwqfa3582878.shtml。

❷ 参见招商局集团官网.https://www.cmhk.com/main/a/2019/c08/a37659_38316.shtml。

集团挑选几家处于不同行业且较易出现合规风险问题的下属企业作为试点单位，再在集团内全面推开。先由集团总部统一制定合规管理的原则性规章制度，各下属企业在此基础上根据自身的经营特点和实际需要再制定实施细则。以金融和地产行业内部关联交易为例，招商局集团制定了《关联交易合规指引》，集团下属金融和地产企业，则根据集团制定的《关联交易合规指引》将企业与个人之间的关联交易列入重点监管范围，其重点监管人员包括企业高级管理人员和关键岗位人员。招商局集团自 2016 年 6 月起，先后分业务领域分三批开展试点。

（2）中国石油天然气集团有限公司。中国石油天然气集团有限公司（简称中国石油）是国有重要骨干企业和全球主要的油气生产商和供应商之一，是集国内外油气勘探开发和新能源、炼化销售和新材料、支持和服务、资本和金融等业务于一体的综合性国际能源公司，在全球 32 个国家和地区开展油气投资业务。自2014 年开始部署合规管理工作。中国石油采用构建大合规的管理格局，将合规管理纳入公司战略，对违规行为"零容忍"。制定《诚信合规手册》明确规定了其员工对外交往、职业操守、内部关系处理、维护公司利益、承担社会责任等方面的基本要求、行为准则和禁止性事项，员工签订书面承诺遵守《诚信合规手册》。开展对供应商、承包商的合规审查评价，将合规审查纳入选商环节，开展合资合作、收购兼并等重大项目交易对象的合规尽职调查，将合规要求纳入合同条款。

（3）中国移动通信集团有限公司。中国移动通信集团有限公司（简称中国移动）主要经营移动语音、数据、宽带、IP 电话和多媒体业务，并具有计算机互联网国际联网单位经营权和国际出入口经营权。❶实施合规管理"六步法"，即完善制度、优化流程、制定指南、防控风险、开展培训、搭建平台。将合规管理要求以制度形式固化，转化为公司经营管理遵循的行为准则和规范。中国移动在反垄断、反不正当竞争、消费者权益保护、信息安全、招标采购、工程建设、合作伙伴、劳动用工 8 个重点领域全面推行合规管理。将合规审查嵌入业务流程、将合规要求融入业务内容，实现合规管理与经营活动的有机融合。根据公司生产经营实际，区分重点领域、关键环节动态更新风险防控清单，制定风险控制措施防范合规风险，实现重点领域合规要求标准化，发布系列合规指南。建立电子化合规信息平台，固化合规管理制度流程，通过平台固化合规要求重塑业务流程。

---

❶ 参见中国移动官网 .http://www.10086.cn/aboutus/culture/intro/index/index_detail_1452.html。

（4）中国中铁股份有限公司。中国中铁股份有限公司（简称中国中铁）是集勘察设计、施工安装、工业制造、房地产开发、资源矿产、金融投资和其他业务于一体的特大型企业集团。●2016年7月印发了《中国中铁股份有限公司合规管理体系建设实施方案》，制定了《合规管理制度（试行）》，以体系融合为主线、以规章制度为抓手、以合规审核为重点、以"法治中铁"为目标，建立了全员参与、全过程监控、全领域覆盖的"大合规"管理体系。"大合规"融合了八大体系，包括党内监督体系、法律风险防范体系、企业内部控制体系、全面风险管理体系、贯标认证体系、企业内部监督体系、合规管理制度体系以及合规管理组织体系。

（5）中国东方电气集团有限公司。中国东方电气集团有限公司（简称东方电气）是全球最大的发电设备制造和电站工程总承包企业集团之一，发电设备产量累计超过6亿千瓦，已连续17年发电设备产量位居世界前列。●根据多产业板块和母子公司架构的特点，东方电气遵循"总部搭建、专项试点、逐步推进"的原则，结合资源统筹和职能整合，形成"统一平台、重点推进"的合规管理体系模式。印发《合规管理办法》推进合规管理制度化、流程化和规范化，发布《诚信合规准则》作为东方电气合规管理制度体系的纲领性制度，以手册方式印发给全集团每位员工学习和贯彻执行。选择东方汽轮机有限公司和东方电气集团财务有限公司作为重大装备制造和非银行金融机构开展合规管理试点工作。其中东方汽轮机有限公司以"供应商合规管理"和"利益冲突管理"两个专项为重点，探索出适合重大装备制造业的、可推广借鉴的经验和做法。

2. 中央企业全面实施合规管理

结合五家央企的试点工作经验，国务院国资委在公开征求意见后，于2018年11月正式印发《中央企业合规管理指引（试行）》，明确了企业合规管理基本原则、职责、运行规则和主要内容，要求央企加快建立健全合规管理体系，为企业开展合规体系建设和相关工作提供了政策指导。同年12月，发展改革委、外交部、商务部、人民银行、国资委、外汇局六部委和全国工商联联合下发了《企业境外经营合规管理指引》，对"走出去"中国境内企业及其境外子公司、分公司、代表机构等境外分支机构，从"对外贸易""境外投资""对外承包工程""境外日常经营"四个方面提出合规要求。随后各大央企、省属国有企业相

---

❶ 参见中国中铁官网 .http：//www.crecg.com/chinazt/1116/1120/1124/index.html。

❷ 参见东方电气官网 .http：//www.dongfang.com/data/l/9.html。

继推进合规管理试点工作。2019年，各大央企集团完成集团总部的合规管理体系建设，发布实施合规管理基本制度（即《合规管理办法》）。有些集团还根据本企业特点和需求，发布实施了《诚信合规手册》。各大央企集团陆续发布实施本集团合规管理体系建设实施办法，全面推动各子集团、子公司、分公司的合规管理体系建设工作。例如，国家电网有限公司对照国资委《中央企业合规管理指引（试行）》，在开展合规学理研究和扩大12家单位深化合规管理实践探索基础上全面启动合规管理体系建设工作。2019年印发了《合规管理体系建设五年规划》《合规管理办法（试行）》确立了公司近期、中期和远期合规目标，明确了合规管理原则、管理职责、机制运行和重点业务要求以及合规管理保障。2020～2021年发布了《反垄断合规管理实施办法》等多项业务领域合规要求，2022年开展合规管理强化年专项行动，深耕"三道防线"协同运作，构建多层级制度体系，逐步完善合规管理数字化系统。国家电网有限公司所属子公司和分公司按照总部要求逐步建立合规管理体系。

3. 地方国有企业推进合规管理

自国务院国资委于2018年11月公布实施《中央企业合规管理指引（试行）》以来，截至2020年12月，先后已有上海、重庆、江苏等8个省级国资委和青岛市等3个市级国资委发布了针对各自出资监管企业的合规管理指引或指导意见。2018年12月，北京市国资委印发实施《市管企业合规管理工作实施方案》，并选定北京汽车集团有限公司（简称北汽集团）等5家市属企业开展首批合规管理工作试点，目前各试点企业已根据要求分别建立了合规管理体系并完成了合规试点工作验收。2020年，江苏省国资委和广州市国资委分别选定10家和6家省属企业开展合规管理试点工作。❶

（1）北汽股份合规管理体系实践❷ 北京汽车股份有限公司（简称北汽股份）自2014年起就在国资委、北汽集团的指引和戴姆勒—克莱斯勒公司的帮助下，开始探索既适合本土也符合国际趋势的企业合规管理体系建设之路。2018年5月，北汽集团和北汽股份受邀作为理事单位加入了中国贸促会全国企业合规委员会。经过广泛调研、多方借鉴，形成一套行之有效的合规管理体系：设立诚信合

---

❶ 参见严珍蓉，杨洁，郭青红. 2020：中国企业合规管理回顾与展望 [EB/OL]，http：//www.huiyelaw.com/news-2133.html。

❷ 参见温丹阳. 企业合规典型案例：北汽股份合规管理体系 [EB/OL]. https：//www.bizchinalaw.com/archives/29901。

规委员会，并以中心为单位设立专业诚信合规委员会，各专业诚信合规委员会在诚信合规委员会的指导下开展工作；密切关注包括反商业贿赂、反垄断、反不正当竞争、规范资产交易、招投标等在内的市场交易、安全环保、产品质量、劳动用工、财务税收、知识产权、商业伙伴等重点领域，发布了《北京汽车合规手册》，提出合规管理要求并提示合规风险；建立了全流程合规运行机制，形成组织体系、制度体系、运行机制和文化建设合规体系四大支柱。为地方国有企业如何开展合规管理工作探索出一条可借鉴的道路。

（2）湖南建筑工程集团（简称湖南建工）合规管理体系实践。湖南建工是一家具有建筑安装、路桥施工、勘察设计、科学研究等综合实力的大型企业集团。该集团连续 8 年入选"中国企业 500 强"。2013 年湖南建工在参加世界银行的招投标项目中，因提供了重大资格奖励等方面不实信息被世界银行认定为存在欺诈、腐败等 5 个重要违规行为，受到附解除条件的取消资格的制裁（Debarment with Conditional Release）。经过 2 年重建合规管理体系，世界银行于 2017 年解除了该项制裁，恢复了湖南建工的相应资格，将湖南建工从世界银行、美洲开发银行、欧洲复兴银行、非洲开发银行、亚洲开发银行黑名单中删除。

湖南建工吸取教训，注重诚信体系建设。先后颁布了《诚信合规政策和程序》《诚信合规管理办法》等合规管理核心文件，制定了一系列诚信合规工作流程和管理细则，成立了诚信合规委员会，建立了自上至下的诚信合规管理体系。以"诚信、进取、和谐"作为企业文化理念，秉持"诚信、合规是湖南建工的文化基石、立业之本，也是湖南建工人必须坚守的底线"的精神内涵，将"讲规则、守信用、说真话、办实事"作为集团诚信合规文化的道德尺度和行为准则，在项目投资、设计、建设、营运过程中，恪守"守法合规"的信念，重合同、守信用、规范有序、公平竞争，塑造良好的企业形象。至此，湖南建工建立了国内第一个符合国际标准的合规管理体系。

（三）民营企业合规管理探索

对大部分民营企业而言，系统化的合规建设并没有成为企业管理的重点。近年来，民营企业及企业家因合规管理缺陷而面临行政处罚或刑事风险的案件频见报端，企业合规风险似乎已成为民营企业司空见惯的"灰犀牛"——尽管知道风险的存在，但是却没有更为针对的解决方案。目前我国民营企业合规管理主要存在以下困难：①缺乏针对民营企业合规管理的规范性文件，民营企业的组织架构、经营模式、运营模式等方面与国有企业存在较大差异，国有企业的合规管理指引和合规实践对民营企业参考价值有限。②民营企业普遍缺乏合规风险意识。未充分意识到合规工作对企业的价值，对合规工作缺乏内在动力和主观需求。③民营企业开展合规管理的外在推动力不够，与国有企业不同的是缺乏上级行政主管部门强制性指令。即使有行业监管部门，有行业协会，这些监管部门和行业协会，也没有足够的强制力要求企业建立合规制度。④民营企业治理结构往往基于决策权集中，即使企业制定了合规管理制度，在实际执行过程中也难以发挥合规实效。❶

2019 年 12 月 22 日，中共中央和国务院联合发布了《中共中央 国务院关于营造更好发展环境支持民营企业改革发展的意见》。该意见第十九条指出，"民营企业要筑牢守法合规经营底线，依法经营、依法治企、依法维权，认真履行环境保护、安全生产、职工权益保障等责任。"民营企业走出去要遵法守法、合规经营，塑造良好形象，民营企业合规管理应当且已经提上日程。

华为技术有限公司（简称华为）合规管理值得民营企业借鉴学习。华为创立于 1987 年，是全球领先的信息与通信技术（ICT）解决方案供应商，在 2013 年首次超越全球第一大电信设备商爱立信公司。截至 2022 年，华为提供的产品已经涉及全球 170 多个国家、全球运营商 50 强中的 45 家和全球三分之一的人口。华为的业务布局呈现高度集中的特点，具体包括 ICT 基础设施、无线接入、固定接入、核心网、传送网、数据通信、安全存储等。根据华为 2018 年年度报告，华为当年实现净利润 593 亿元，同比增长 25.1%，支撑华为的合规管理体系，是保证其净利润快速增长的重要原因。坚持诚信经营、恪守商业道德、遵守所有适用的法律法规是华为管理层一直秉持的核心理念。华为长期致力于通过资源的持续投入建立符合业界最佳实践的合规管理体系，坚持将合规管理端到端地落实到业务活动及流程中，重视并持续营造诚信文化，要求每一位员工遵守商业行为准则。合规管理具体表现为❷：①首席合规官统一管理公司合规并向董事会汇报。在各业务部门、全球各子公司设置合规官并成立合规组织，负责本领域的合规管理。②根据适用的法律法规并结合业务场景，识别与评估风险，设定合规目标，制定相应管控措施并落实到业务活动及流程中，实现对各个业务环节运作的合规管理与监督。同时，通过检查与审计检验合规管理体系的有效性，并通过回溯与

---

❶ 参见搜狐网.企业刑事合规系列民企篇之（一）——民营企业刑事合规的"灰犀牛"困境[EB/OL]. https：//www.sohu.com/a/456432955_120059524。

❷ 参见华为技术有限公司官网.合规与诚信. https：//www.huawei.com/cn/compliance。

改进实现合规管理体系持续优化。③重视并持续提升员工的合规意识及能力，通过培训、宣传、考核、问责等方式，使员工充分了解公司和个人的合规遵从义务和责任，确保合规遵从融入每一位员工的行为习惯中。④与客户、合作伙伴及各国政府监管机构等利益相关方展开积极、开放的交流与合作，沟通华为的合规理念与实践，持续增强彼此的理解与互信。

三、国内合规规则的建设

（一）主要合规规范介绍

1.《合规管理体系　指南》（GB/T 35770—2017）（简称《指南》）

2014年12月15日，国际标准化组织（International Organization for Standardization）发布《ISO 19600：2014合规管理体系　指南》，其目的是为公司、企业或其他任何一个组织建立一套行之有效的合规管理体系并对该体系的实施、评估、维护和改善提供指导。2017年12月29日，国家标准《指南》也经原国家质量监督检验检疫总局、国家标准化管理委员会正式批准、发布，并于2018年7月1日起实施，该标准等同采用《ISO 19600：2014合规管理体系　指南》。

《指南》以良好治理、比例原则、透明和可持续性原则为基础，给出了合规管理体系的各项要素，可以指导未进行合规管理的组织建立、实施、评价和改进合规管理体系，也可对已建立合规管理体系的组织改进合规管理提供指导。它的实施与应用，不仅能够帮助各类组织降低不合规发生的风险、强化社会责任、实现可持续发展，而且还对营造公平竞争的市场环境、推进法治国家建设具有重要作用。

《指南》分别对组织环境、领导作用、策划、支持、运行、绩效评价和改进七个方面作出了规定，《指南》从以下方面规定了理解组织及其环境的要求：一是确定影响组织合规管理体系预期结果能力的内部和外部因素；二是确定并理解相关方及其需求；三是确定合规管理体系的范围；四是建立、制定、实施、评价、维护和持续改进合规管理体系，包括必需的过程和过程的相互作用，并考虑治理原则；五是识别组织的合规义务及这些合规义务对组织活动、产品和服务的影响，评价合规风险。《指南》对组织的治理机构、最高管理者等如何发挥领导作用作出了规定：一是治理机构和最高管理者要展现对合规管理体系的领导作用和积极承诺；二是建立合规方针并遵守合规治理原则；三是最高管理者应确保在组织内分配并传达相关角色的职责和权限。

2.《中央企业合规管理办法》

为推动中央企业全面加强合规管理，加快提升依法合规经营管理水平，着力打造法治央企，保障企业持续健康发展，2018年11月2日国务院国资委印发了《中央企业合规管理指引（试行）》（简称《指引》），该指引提出了"全面覆盖、强化责任、协同联动、客观独立"合规管理原则，规定了董事会、监事会、经理层、合规管理负责人等合规管理职责，明确了重点合规管理重点领域和三类重点人员要求，规定了合规管理运行机制和保障。这是自2018年7月1日中国国家标准化管理委员会发布《合规管理体系　指南》（GB/T 35770—2017）以来，我国企业在合规建设方面的又一重要推进。2022年8月，国务院国资委印发了《中央企业合规管理办法》（简称《办法》），《办法》和《指引》相比，有以下进步：①提升了法律文件的效力，《指引》是指导性文件，不具有强制力，《办法》是部门规章，对央企具有法律强制力，有利于推动央企合规建设上新台阶；②强调党的领导，明确了中央企业党委（党组）在企业合规管理的领导地位，强调合规管理是法治建设的重要内容，突出党组织把方向、管大局、保落实。强调"权责清晰"，按照"管业务必须管合规"要求，明确业务及职能部门、合规管理部门和监督部门职责；③强调"务实高效"，突出对重点领域、关键环节和重要人员的管理，切实提高管理效能；④明确提出建立健全合规管理制度，根据适用范围、效力层级等，构建分级分类的合规管理制度体系；⑤强化监督问责制度，规定违规举报机制、违规行为追责问责机制、违规行为记录制度等内容，以及要求央企设置违规举报平台，将个人违规行为追责与考核制度密切挂钩；⑥强调建立合规管理信息系统，运用信息化手段将合规要求嵌入业务流程，强化过程管控，将合规管理作为法治建设的重要内容，纳入考核评价中。

3.《企业境外经营合规管理指引》

随着"一带一路"政策的推进，越来越多的中国企业参与到全球市场竞争当中。一些"走出去"中国企业沿用国内的习惯和做法，没有足够的重视和适应国际贸易、投资应当遵循的规则，导致因为不合规而受到遭受制裁或处罚。2018年12月26日，为规范我国企业境外经营合规管理，推动企业增强境外经营合规管理意识，提升境外经营合规管理水平，国家发展改革委、外交部、商务部、中国人民银行、国资委、外汇局、全国工商联在深入调研、广泛征求意见的基础上，印发了《企业境外经营合规管理指引》。

《企业境外经营合规管理指引》包括总则，合规管理要求，合规管理架构，合规管理制度，合规管理运行机制，合规风险识别、评估与处置，合规评审与改进，合规文化建设八部分，总共30条，为企业境外经营合规管理提供较为全面的指导。强调了"独立性""适用性"和"全面性"原则，有针对性对国际贸易、境外投资、工程承包及日常经营提出具体合规要求，提出了合规治理结构设置、管理和工作协调意见，阐释了合规风险识别、评估与处置流程和具体内容，强调了合规培训、合规报告、咨询、考核等机制的运行。《企业境外经营合规管理指引》是企业境外合规管理体系建设的重要顶层设计和制度安排，从理论到实践为"走出去"的企业提供了合规体系构建参考与风险防范策略，在"走出去"和"一带一路"背景下具有特殊的时代意义。

（二）重点领域合规规范

除了上述普适性的合规规范，一些相关重点领域的合规规范也逐步健全，共同构成我国现行的合规规范体系。

1.反垄断领域

《经营者反垄断合规指南》由国务院反垄断委员会根据《中华人民共和国反垄断法》等法律规定制定，于2020年9月11日印发。旨在鼓励经营者培育公平竞争的合规文化，建立反垄断合规管理制度，提高对垄断行为的认识，防范反垄断合规风险，保障经营者持续健康发展。《经营者反垄断合规指南》分为总则、合规管理制度、合规风险重点、合规风险管理、合规管理保障和附则6章，共30条。《经营者反垄断合规指南》的发布，为经营者开展反垄断合规工作提供了明确指引和具体要求，有助于各类市场主体深化对《中华人民共和国反垄断法》相关规定的理解和认识，有效预防和降低法律风险，树立良好形象。

《企业境外反垄断合规指引》由市场监管总局制定，于2021年11月15日印发。旨在鼓励企业培育公平竞争的合规文化，引导企业建立和加强境外反垄断合规管理制度，防范境外反垄断法律风险，保障企业持续健康发展。《企业境外反垄断合规指引》共分为总则、境外反垄断合规管理制度、境外反垄断合规风险重点、境外反垄断合规风险管理和附则5章，共27条，体例及章节安排与国务院反垄断委员会《经营者反垄断合规指南》保持基本一致。《企业境外反垄断合规指引》的制定与出台，是开展竞争倡导的重要措施，有利于引导企业建立和加强境外反垄断合规管理制度，防范法律风险。同时，也有利于企业更好地把握国际规则，维护自身合法权益，进一步提高国际竞争力。

《关于平台经济领域的反垄断指南》由国务院反垄断委员会根据《中华人民共和国反垄断法》等法律规定而制定，于 2021 年 2 月 7 日发布。《关于平台经济领域的反垄断指南》颁布的是为了预防和制止平台经济领域垄断行为，保护市场公平竞争，促进平台经济规范有序创新健康发展，维护消费者利益和社会公共利益。《关于平台经济领域的反垄断指南》对涉及平台经济领域的《中华人民共和国反垄断法》使用问题作出细化规定，主要包括总则，垄断协议，滥用市场支配地位，经营者集中，滥用行政权力排除、限制竞争五个方面。该指南是全球第一部官方发布的系统性、专门性针对平台经济领域的反垄断指南，不仅细化了反垄断规则，预示着我国数字经济反垄断趋严，平台竞争已迈入全面监管的新阶段，更凸显了平台经济领域反垄断监管的中国智慧。

《关于知识产权领域的反垄断指南》由国务院反垄断委员会在总结我国执法实践经验和借鉴其他国家（地区）成熟做法的基础上，根据《中华人民共和国反垄断法》有关规定制定，于 2019 年 1 月 4 日发布。《关于知识产权领域的反垄断指南》的颁布是为了给经营者提供明确指引，有效预防和制止知识产权领域的垄断行为，降低行政执法和经营者合规成本。为确保知识产权领域反垄断执法与其他领域反垄断执法的一致性，《关于知识产权领域的反垄断指南》与《中华人民共和国反垄断法》的结构紧密衔接，包括总则，可能排除、限制竞争的知识产权协议，涉及知识产权的滥用市场支配地位行为，涉及知识产权的经营者集中，涉及知识产权的其他情形。在每章中，结合行使知识产权行为的表现形式，对类型化行为进行描述，明确判定其合法与违法的分析思路、考量因素，为经营者合规经营提供指引。

2. 金融行业

《证券公司和证券投资基金管理公司合规管理办法》由证监会根据《中华人民共和国公司法》《中华人民共和国证券法》《中华人民共和国证券投资基金法》和《证券公司监督管理条例》而制定，于 2017 年 6 月 9 日发布，2017 年 10 月 1 日起施行，并于 2020 年 3 月 20 日修正。旨在促进证券公司和证券投资基金管理公司加强内部合规管理，实现持续规范发展。《证券公司和证券投资基金管理公司合规管理办法》在原来相关规则的基础上，对各类业务规范运营提出八项通用原则，进一步强化全员合规，厘清董事会、高级管理人员、合规负责人等各方合规管理责任。《证券公司和证券投资基金管理公司合规管理办法》通过明晰各方职责，提高合规履职保障，加大违法违规追责力度等措施，切实提升公司合规管理有效性，不断增强公司自我约束能力，促进行业持续健康发展。

《商业银行合规风险管理指引》由中国银监会于 2006 年 10 月 20 日发布。《商业银行合规风险管理指引》的颁布是为了加强商业银行合规风险管理，维护商业银行安全稳健运行。《商业银行合规风险管理指引》共 5 章 31 条，分为总则，董事会、监事会和高级管理层的合规管理职责，合规管理部门职责，合规风险监管和附则五个部分。《商业银行合规风险管理指引》的颁布有助于引导银行业金融机构加强公司治理、培育合规文化、完善流程管理，提高银行业合规风险管理的有效性，更好地应对银行业对外开放的挑战，促进监管者与被监管者的和谐，维护银行业金融机构安全稳健运行。

《保险公司合规管理办法》由原中国保监会根据《中华人民共和国公司法》《中华人民共和国保险法》《保险公司管理规定》等法律、法规和规章制定，于 2016 年 12 月 30 日发布。《保险公司合规管理办法》的发布是为了规范保险公司治理结构，加强保险公司合规管理。《保险公司合规管理办法》结合近年来保险市场发展的情况，以及相关保险监管规则的变化，2016 年对《保险公司合规管理指引》（2007 年 9 月 7 日发布，2016 年废止）进行了修订，主要修订内容涉及以下四个方面：一是明确"三道防线"的合规管理框架；二是提高对公司合规部门设置、合规人员配备的要求；三是提升合规管理的履职保障；四是加强合规的外部监督。《保险公司合规管理办法》的发布实施有利于进一步健全保险监管制度体系，加强和改善保险公司合规管理工作，提高保险业依法合规经营水平，保障保险行业持续规范发展。

3. 医药领域

《医药行业合规管理规范》由中国化学制药工业协会于 2021 年 1 月 21 日发布，为我国医药行业内外资相关企业提供了科学有效的行业合规管理与风险控制标准。《医药行业合规管理规范》从十个方面阐述了医药行业的合规管理主题：反商业贿赂，反垄断，财务与税务，产品推广，集中采购，环境、健康和安全，不良反应报告，数据合规及网络安全，医药行业合规管理评估规范，医药行业合规管理规范贯标专业服务机构监督办法。《医药行业合规管理规范》对医药行业进行了全面的规范，帮助企业和行业发现在法律监管方面的漏洞并改进，且为企业指明了合规管理体系建设的方向，助推企业提升合规管理能力，进而促进医药行业合理、有序、健康的发展。

《关于原料药领域的反垄断指南》由国务院反垄断委员会根据《中华人民共和国反垄断法》等有关法律规定制定，于 2021 年 11 月 15 日发布。《关于原料药领域的反垄断指南》的制定是为了加强原料药领域反垄断监管，预防和制止垄断行为，进一步明确市场竞争规则，维护原料药领域市场公平竞争，保护消费者利益和社会公共利益。《关于原料药领域的反垄断指南》共 6 章 29 条，与《中华人民共和国反垄断法》的结构紧密衔接，针对各方面反映较为突出的原料药领域垄断问题，明确反垄断监管的基本原则、思路和方法，细化垄断行为认定标准，主要规定了五个方面内容：总则，垄断协议，滥用市场支配地位，经营者集中，滥用行政权力排除、限制竞争。《关于原料药领域的反垄断指南》的制定和出台，进一步完善了反垄断监管制度规则，有利于增强原料药领域反垄断执法的统一性、科学性和有效性，提高执法的可预期性和透明度。同时，也有利于原料药领域经营者明确行为界限，依法加强合规自律，降低违法风险。

4. 公司治理

《法人人格否认视域下国有企业母子公司管控合规指南》由国资委在 2021 年 12 月 3 日召开的中央企业"合规管理强化年"工作部署会上宣贯。《法人人格否认视域下国有企业母子公司管控合规指南》以全新的视角重点分析了集团化管理因交叉任职、业务混同、信息混同等造成的连带清偿责任风险，旨在通过学习有效指导集团及子公司在业务实践中提高防控法人人格混同风险的能力。

5. 出口管制方面

《中央企业出口管制合规指南（2021 版）》是由国资委在 2021 年 12 月 3 日召开的中央企业"合规管理强化年"工作部署会上宣贯。《中央企业出口管制合规指南（2021 版）》阐述了出口管制与经济制裁等十三个重点领域的合规管理审核要点，引导出口经营者建立健全出口管制内部合规制度，规范经营，为企业提供具体可落地的合规指导。

（三）适用合规规范注意事项

1. 适用合规规范存在企业区别

不同的合规规范适用于不同的企业。《合规管理体系 指南》（GB/T 35770—2017）是对国际标准组织 ISO 在 2014 年发布的《ISO 19600：2014 合规管理体系 指南》的翻译和等同采用，旨在提供一个普适性的合规管理体系参考框架，并没有特定主体的倾向性和针对性。而《中央企业合规管理指引》适用于中央企业合规管理工作。《企业境外经营合规管理指引》适用于开展对外贸易、境外投资、对外承包工程等"走出去"相关业务的中国境内企业及其境外子公司、分公司、代表机构等境外分支机构，包括但不局限于中央企业。

上文提到的两个《指南》和两个《指引》归根结底都只是原则性的纲领和框架，内容是普适性的规定，由于企业合规管理的基础和条件不尽相同，每个企业都由于企业性质、业务领域、业务区域、企业规模等因素不同，需要企业结合自身情况和业务所处区域法律规定，构建与企业相适应的企业合规管理体系。例如，境外企业必须了解当地的风俗习惯和地域文化这些"软合规"内容，注意国家和区域的各类禁忌事宜，因地制宜、量身定制地构建企业合规管理体系，否则很可能导致企业发生意想不到的违规风险，或者直接导致企业业务或项目失败。《中央企业合规管理指引（试行）》附则提出"中央企业根据本指引结合实际制定合规管理实施细则，地方国有资产监督管理机构可以参照本指引，积极推进所出资企业合规管理工作。"《企业境外经营合规管理指引》第十四条合规管理办法和第十五条合规操作流程指出："企业还应针对特定行业或地区的合规要求，结合企业自身的特点和发展需要，制定相应的合规风险管理办法。例如金融业及有关行业的反洗钱及反恐怖融资政策，银行、通信、医疗等行业的数据和隐私保护政策等。企业可结合境外经营实际，就合规行为准则和管理办法制定相应的合规操作流程，进一步细化标准和要求。也可将具体的标准和要求融入现有的业务流程当中，便于员工理解和落实，确保各项经营行为合规。"

因此，相关《指南》和《指引》只能作为一个指导性文件，企业应该以合规规范为指导，结合企业自身的环境和情况，建立符合企业实际情况的合规管理体系。

2. 应用合规规范应持续完善合规管理体系

上述两个《指南》和两个《指引》都提到要持续改进提升合规管理体系。《合规管理体系 指南》（GB/T 35770—2017）3.4 指出："组织宜根据本标准建立、制定、实施、评价、维护和持续改进合规管理体系，包括必需的过程和过程的相互作用"；《ISO 37301：2021 合规管理体系 要求及使用指南》10.1 持续改进提到："组织应不断提高合规管理体系的适用性，充分性和有效性"；《中央企业合规管理办法》第二十七条提到："中央企业应当定期开展合规管理体系有效性评价，针对重点业务合规管理情况适时开展专项评价，强化评价结果运用"；《企业境外经营合规管理指引》第二十八条持续改进提到："企业应根据合规审计和体系评价情况，进入合规风险再识别和合规制度再制定的持续改进阶段，保障合规管理体系全环节的稳健运行。"

　　企业合规管理体系最重要的是拥有一个动态的、自我发现、自我完善的持续改进机制，不是若干的合规管理制度简单加在一起。合规管理体系如果不能根据内外部环境的变化、风险的变化及时进行完善，或者只关注现行制度的数量和执行的严格性，而忽视了合规管理要与风险变化相适应，必将影响企业合规管理的效率和效果。

第六章　企业合规管理体系构建

一、建立与企业经营相适应的合规管理组织架构

组织保障是企业管理的基石，如果没有设立相应的合规组织或者赋予现有组织合规工作职能，那么合规管理就无从下手。为了保证合规管理体系有效运行，企业要搭建责任明确、层次清晰、管控有力、协同联动的一体化合规管理组织架构。

（一）搭建企业合规管理组织架构

企业可根据自身业务性质、业务规模、地域范围、监管要求等建立适合企业自身的合规管理组织架构。笔者在第三章"二、合规管理体系"中阐述，从职责划分上，合规组织通常包括合规决策机构、合规管理机构、合规执行机构和合规监督机构。当前，企业的合规管理组织架构中的合规决策及合规管理通常包括合规管理委员会、合规负责人和合规管理部门。公司治理机构完整的大型企业可以从三个层面来设计和组织：第一层是在董事会中设合规委员会，统领公司合规管理工作；第二层是协调机构，在合规委员会之下设合规管理协调工作小组保证企业内部资源协同，这个层次职责也可以由合规委员会或合规负责人履行；第三层是合规管理部门，负责合规日常工作。如果企业暂时不具备设立专门合规管理部门，可由其他相关部门（如法律部、风控部等）履行合规管理职责，并明确合规职责具体内容，特别是小规模企业可以采取这种形式，这并不意味合规组织的缺失。需要强调的是，即使是合规与其他管理职能合署情况下，合规管理必须是独立行使职能而不受其他职能的影响，但不可否认的是，这种影响往往或多或少存在。

合规执行和合规监督分别由企业业务部门和审计、监察等监督部门承担，在合规管理组织体系中十分重要，合规管理、合规执行和合规监督部门的分工协作，才能确保企业的合规管理有效落地。近几年来全面风险管理的"三道防线"理论被普遍应用于合规管理，"三道防线"分别是各业务部门（第一道防线）、合规管理部门（第二道防线）以及审计部、纪检部等监督部门（第三道防线）。

（二）明确企业各层级组织在合规管理中的职责

对于合规管理组织中的相关人员和组织，都要有清晰的合规职责，除了强调赋予他们相应的职权以外，更重要的是强调他们对合规管理均负有相应的责任。

1. 合规管理委员会

公司治理机构完整的企业通常在董事会设立若干专门委员会，其中合规管理委员会作为企业合规管理体系的最高负责机构，由企业主要负责人和各部门负责人组成。合规管理委员会履行以下合规职责：明确合规管理目标；建立和完善企业合规管理体系；按照董事会批准的企业合规管理基本制度制定合规管理制度、程序和重大合规风险管理方案；听取合规管理工作汇报，指导、监督、评价合规管理工作。

2. 合规负责人

企业可结合实际任命专职的首席合规官，也可由法律事务负责人或风险防控负责人等担任合规负责人，这个要求在中央企业是强制性的[1]。首席合规官或合规负责人是企业合规管理工作具体实施的负责人和日常监督者，职位安排上，应避免他们的合规职责与其所承担的任何其他职责之间产生可能的利益冲突。如果合规负责人和承担合规职责的其他职员的职位安排会使他们的合规职责与其他职责之间产生现实或是潜在的冲突，他们的独立性就有可能被削弱。首席合规官或合规负责人一般应履行以下合规职责：组织制定合规管理战略规划；参与企业重大决策并提出合规意见；领导合规管理牵头部门开展工作；向董事会和总经理汇报合规管理重大事项；组织起草合规管理年度报告。

3. 合规管理部门

企业可结合实际设置专门的合规管理部门，或者由赋予合规管理职能的相关部门承担合规管理职责。合规管理部门一般应履行以下合规职责：持续关注我国及公司业务所涉国家（地区）法律法规、监管要求和国际规则，及时提供合规建议；制定企业年度合规管理计划，组织制定、修订企业相关合规管理制度并推动贯彻落实；审查评价企业规章制度和业务流程的合规性，督促各业务部门对业务流程合规性进行梳理和完善；组织或协助业务部门开展合规培训，提供合规咨

---

[1] 《中央企业合规管理办法》第十二条规定：中央企业应当结合实际设立首席合规官，不新增领导岗位和职数，由总法律顾问兼任，对企业主要负责人负责，领导合规管理部门组织开展相关工作，指导所属单位加强合规管理。

询；组织开展合规风险识别、预警和管控；对已发生的合规风险提出整改意见并监督有关部门进行整改；针对合规举报信息，组织或参与对违规事件的调查，并提出处理建议；建立合规绩效评价体系，推动将合规责任纳入岗位职责和员工绩效管理；建立合规报告和记录的台账，规范合规资料管理；开展合规管理信息化建设。

4. 各业务部门

违规行为往往发生在企业日常生产经营活动中，因此，各业务部门应当承担本领域的日常合规管理工作，履行防范合规风险第一道防线职责：将法律法规、监管机构合规要求以及公司合规管理要求落实在相关业务管理制度和工作流程中；开展业务领域合规风险识别和隐患排查，发布合规预警，制定风险应对策略防范合规风险；开展或参与开展业务合规审查；组织或配合进行违规事件调查并及时整改，接受合规管理委员会和合规管理部门的管理和工作指导。

各业务部门根据需要可设专职或兼职合规专员。在中央企业，这个要求是强制性的。❶

5. 监督部门

监督部门是合规管理的第三道防线，实践中，主要指审计、监察等职能部门通过审计和巡视巡察以及相关检查，发现业务活动中违规事件，督促整改落实，堵塞合规管理的漏洞。企业审计部门对企业合规管理的执行情况、合规管理体系运行的适当性和有效性进行审计是独立的。审计部门应将合规审计结果告知合规管理部门，合规管理部门也可根据合规风险的识别和评估情况向审计部门提出开展审计工作的建议。纪检监察部负责监督企业合规管理的执行过程，同时根据举报信息制定调查方案并展开调查，形成调查结论以后，企业应按照相关管理制度对违规行为进行处理。

现实中，有些企业并不是采用自设合规组织架构支撑合规工作的开展，而是采用业务外包方式，即聘请第三方团队承担企业合规管理职责。随着国内合规服务市场建立和发展，这种外包服务模式因其出具意见的客观性和服务专业化受企业欢迎，但这种模式的短板在于难以契合企业业务运作开展合规管理具体工作，因而最终的效果往往停留在合规管理咨询，而不是合规管理过程。

---

❶ 《中央企业合规管理办法》第十三条规定：中央企业应当在业务及职能部门设置合规管理员，由业务骨干担任，接受合规管理部门业务指导和培训。

二、建立与企业经营相契合的合规工作机制

企业应该契合企业实际建立合规管理制度体系及相应的工作机制，并持续完善，保证合规工作有效开展。

（一）加强外部合规规范研究，内化为企业合规要求

合规规范包括法律法规、政策性监管文件和行业普遍遵守的惯例和道德规范、企业内部规章制度及对外承诺义务。其中，法律法规和政策性监管文件属于外部合规规范，是强制性规定，企业必须遵守。遵守的路径是将纷繁复杂的国家法律法规、政策监管文件、行业惯例等外部规范转化为企业内部规章制度——企业内部规范全体成员及企业所有经济活动的具有普遍性和强制性的"法律"。

1. 规章制度必须合法

企业内部规章制度必须有法可依、有法可循，不能违反法律、法规及政策的规定。首先，规章制度的内容应当符合国家法律、行政法规及政策规定，不得违反法律法规禁止性、强制性规定（例如，劳动合同约定的劳动报酬不得低于法定最低工资标准）。其次，规章制度的制定程序应当合法（例如，用人单位在制定、修改或者决定有关劳动报酬、工作时间、休息休假、劳动安全卫生、保险福利、职工培训、劳动纪律以及劳动定额管理等直接涉及劳动者切身利益的规章制度或者重大事项时，应当按照《劳动合同法》第四条第（二）款规定，经职工代表大会或者全体职工讨论，提出方案和意见，与工会或者职工代表平等协商确定）。

此外，企业还应建立规章制度评估审查机制，确保制度与制度之间协调，避免制度相互矛盾冲突，提高制度执行力。

2. 外部规范转化为规章制度是合规落地的保证

尽管国家法规、规章对相关法律进行细化，但因为法律法规、规章以及监管政策是普适性的，仍然不可能针对特定企业的经营业务和管理现状就特定事项作出规范。企业要遵循法律规范要求，必须在充分理解外部规范相关内容的基础上，对照企业业务进行深入研究，甄选出本企业需要遵守的规范，契合企业管理流程，符合企业实际需求，量身制定企业规章制度，才能使得外部规范在企业经营过程中予以执行。中兴通讯股份有限公司设立"全球法律政策研究院"，将外规转化为内规的做法值得学习借鉴。

3. 规章制度必须与时俱进

企业规章制度并不是封闭的、静止的，需要适时进行更新和完善。首先，规

章制度因外部环境变化具有时效性（例如，国家或地方出台新的法律法规或者调整外部监管政策，企业内部规章制度需要根据外部变化进行同步修订完善）。其次，企业自身经营情况也有可能发生变化（例如，企业自身业务范围、经营模式、公司结构等发生变化，企业的规章制度需要根据企业自身的变化及时修订、更新，例如企业拓展了海外的业务，则应当新立适应海外业务的相关规章制度，确保规章制度与时俱进）。

（二）构建合规制度体系，确定合规义务清单

合规管理的有效运行，不仅需要规范合规管理工作制度的支撑，还需要能够将合规渗入企业业务活动的制度和管理流程的支撑。因此，构建科学的合规制度体系尤为重要。合规制度体系一般包括三个层次。第一个层次是合规管理基本制度——"企业合规基本法"，一般由企业合规规划、合规承诺和合规管理制度（办法）构成。合规管理制度（办法）是企业开展合规管理工作的基本遵循，主要包括：合规管理基本原则和要求、合规组织体系与岗位职责、合规工作运行机制、合规管理流程、监督及违规问责、合规文化等内容。为确保合规管理制度（办法）落地落实，还可以制定配套实施细则（如合规风险评估实施细则、合规审查细则、合规举报与调查细则等）。第二个层次是企业合规专业管理制度——"企业合规部门法"，主要针对企业业务制定业务层面合规管理要求，例如，针对反垄断、反商业贿赂、安全生产、劳动用工、财务管理、数据保护等重点领域，以及合规风险较高的产品线，制定合规管理专业管理制度或者专项指南。第三个层次是企业合规专业管理制度配套的工作手册和业务流程等——"企业工作标准"，是员工落实第二个层次合规管理制度的岗位"工具书"。对于大型集团公司，应当针对性地分层级建立企业内部合规制度体系，结合企业自身特点和实际情况对制度进行细化和明确，层级清晰，易于执行，中央企业这点是硬性规定。❶

在建立三个层级合规制度体系的同时，企业还应当梳理合规义务清单。合规义务包括合规要求和合规承诺。合规义务是合规管理中的尺子，有尺子，才能找到偏差。企业对法律法规中所规定的强制性和禁止性规范进行识别，明确企业必须履行的合规义务和不得从事的违规行为，形成合规义务清单，明确企业经营的合规红线，对企业及员工行为起到行为指引和警示的作用，提示避免发生风险事

---

❶ 《中央企业合规管理办法》第十六条规定，中央企业应当建立健全合规管理制度，根据适用范围、效力层级等，构建分级分类的合规管理制度体系。

件。合规要求和合规承诺不是一成不变的，企业应当适时关注并根据内外环境的变化将新的合规要求和新的承诺纳入企业合规义务范围，动态调整和维护合规义务清单。

（三）契合现行管理流程，开展合规风险闭环管控

合规管理本质上是合规风险管理。企业设立合规组织，构建合规制度体系，梳理合规清单，目的是为了更好开展合规风险管理。合规风险管理是循环往复闭环管控的过程，具体包括合规风险识别—合规风险评估—合规风险管控—合规风险监测—持续改进的全过程管控，如图 6-1 所示。

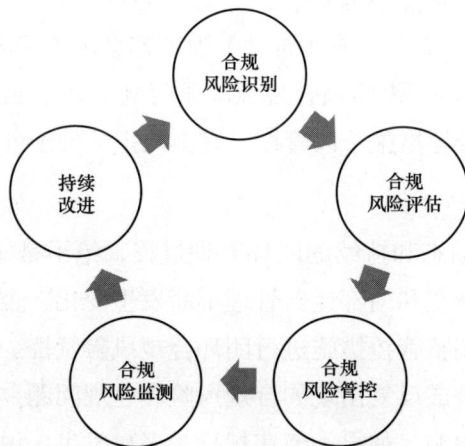

图 6-1　合规风险闭环管控图

1. 合规风险管控

企业开展风险识别与评估❶的目的是有效防范和应对违规风险。管控风险，首先应当考虑的是对识别评估的各类合规风险确定管控的目标，制定预案。预案应当具体明确，具有可操作性，与现有业务流程相衔接。其次，设定合理的管控目标实现的具体期限，尽可能结合业务开展的进度进行，但是如果风险具有高度急迫性并可能造成重大损害后果，则应当安排专项优先实施。同时，应当确定责任部门，明确岗位职责，强化岗位约束，避免工作实施过程责任不清，互相推诿。企业在风险管控过程中，应当建立相应的协同工作机制，因为合规预案制定不仅应当符合合规管理部门要求，还应当得到相关部门认可，预案实施往往需要业务部门之间相互配合协同。此外，企业应当充分运用信息化手段，提高风险管

---

❶　第二章"五、合规风险的识别"和"六、合规风险的评估"已阐述。

控的效率效果，减少人力资源投入。

2. 合规风险监测

合规风险监测是运用风险监测方法，对合规状态及合规风险的形成进行动态监测，提供风险预警，并对合规风险管控的改进提供基础信息依据。风险检测手段是多种多样的，可以聘请第三方机构进行评估，也可以开展专项业务考核，针对合规风险管控改进情况的风险监测应当在评估或考核过程中进行历史数据比对，以判断风险管控的效果。以合规风险指标监测手段❶为例，建设单位设定基建项目验收合规风险指标，以近三年未在项目完工次月通过项目验收数量为风险承受度基数划分合规风险指标预警区间，即危险区（红区），低于该基数 1 次为关注区（黄区），数量 0（表示全部通过）为可容忍区（绿区）。当年度内该风险指标处于危险区（红区），表明该合规风险未得到有效控制，应当及时启动风险管控流程或继续调整管控措施予以管控，直至该指标处于可容忍区（绿区）。

3. 持续改进

合规风险管控是动态和持续的闭环管理过程，绝不是一项一劳永逸的工作。合规管理的外部法律环境和内部经营管理不断发生变化，企业应当根据内外部环境的变化持续不断地调整管控措施进行闭环合规风险管控。适时开展合规风险识别和风险评估，对重大或反复出现的合规风险和违规问题，深入查找根源，完善相关制度，堵塞管理漏洞，如果类似违规行为多次发生，说明风险管控没有起到效果，应当及时分析、调整风险控制措施并付诸实施，才能有效避免合规风险发生。企业还应当定期对合规管理体系的有效性进行分析和诊断，不断改进规则体系、管理机制，强化过程管控，将合规管理的各个环节形成有效的闭环。企业通过持续的合规风险管理，循环往复，持续提升合规管理水平，确保企业持续有效防控和应对合规风险，合法经营。

（四）建立监督体系，落实违规责任追究

监督体系是企业合规管理不可或缺的组成部分。履行监督职责的部门通过审计、巡视巡察等多种方式，查找违规事件及合规管理工作存在的问题，督促合规管理有效开展。监督体系工作的重点在于及时发现生产经营过程中不合规行为，及时作出有效的纠正，防止对企业造成更大的损失。

企业可以根据自身特点和实际情况设立监督机构，建立和完善合规监督体

---

❶ 第二章"六、合规风险的评估"已阐述合规风险指标体系。

系，建立全面有效的违规问责机制，明晰违规责任，细化违规惩处标准，规范认定和追究违规行为的程序。建立违规信息举报制度，通过第三方监督方式，形成高压的违规行为监督态势，促进合规管理的有效闭环。

合规管理中的惩戒机制主要包括：①明确惩戒实施范围；②明确违规行为；③明确具体惩戒方式。员工违规行为一旦查实，企业必须按照有关规定追责问责，处理结果应在企业内部进行通报，以此起到警醒作用。同时，对于员工的违规行为，企业应深入挖掘违规行为发生的原因，从制度制定及执行、业务流程等方面评估是否存在漏洞，相应采取补救措施，杜绝类似违规行为发生。对违法违规行为是否严格处理反映了企业是否严肃对待合规管理，是验证企业合规管理体系是否落地的有效方式。

为了能及时发现不合规行为，企业有必要建立违规信息举报奖励制度，畅通举报投诉渠道，如通过电话热线、举报系统、电子邮件和其他机制进行举报或投诉，企业应充分保护举报人。且对举报人采取激励措施，如物质奖励、员工晋升等。例如中兴通讯股份有限公司为了加强公司合规管理，鼓励员工、供应商、代理商等参与公司反腐合规行动，公司举报奖励最高可达 100 万元。❶

三、逐步构建相互融合、协同高效的合规内控风险一体化管理体系

在第三章三、合规管理与其他管理的关系，笔者阐述了合规管理与全面风险管理、合规管理与内部控制的关系。当前，企业特别是国有企业存在全面风险管理、合规管理和内部控制并存现象，在共同推进企业规范化管理的同时，也存在具体工作相互交叉、工作重叠的问题。因而，有必要理顺不同的管理体系，达到管理科学高效的效果。

2015 年，国资委印发《关于全面推进法治央企建设的意见》，鼓励中央企业探索建立法律、合规、风险、内控一体化管理平台。2019 年 11 月，国务院国资委出台《关于加强中央企业内部控制体系建设与监督工作的实施意见》，明确要求中央企业整合优化内控、风险管理和合规管理监督工作，要以"强内控、防风险、促合规"为目标，进一步整合优化内控、风险和合规管理相关制度，构建相互融合、协同高效的内控监督制度体系。在 2020 年 6 月印发的《关于对标世界一流管理提升行动的通知》中，提出央企要"构建全面、全员、全过程、全体系

---

❶　参见中兴官网. 中兴通讯掀内部反腐风暴 23 人移交法办 [EB/OL], https://www.zte.com.cn/china/about/news/201609021542.html.

的风险防控机制"。可见，对合规、内控、风险加强一体化管理已是企业发展的内在要求。

全面风险管理、合规管理、内控都是针对企业风险的管理活动，目前由于管理依据、管理部门、风险分类不同，导致风险评估模型、评价标准、风险库构成不同，以及控制计划下达、执行整改、工作报告诸多交叉重复。

合规、全面风险、内控一体化体系的构建，需要建立相关机制，通过实现组织职能统一、工作机制统一、管理制度统一、评价机制统一，推动全面风险、合规、内控一体化的落地。国家电力投资集团有限公司（简称国家电投）一体化管理是值得借鉴的成功案例。国家电投从推动公司战略发展的高度，深入研究法律、合规、全面风险、内控四项职能一体化管理平台建设的可行性，结合业务特点和企业管理实际，在四项职能体系各自独立的前提下，将其统一在法治建设的框架下，以四项职能协同运作作为一体化管理平台建设的逻辑基础和切入方式，基本形成面向业务、基于流程、根植岗位的四项职能协同运作模式，取得了较好的效果。❶

实践中，由于全面风险、合规、内控等依据的法律文件的管理要求各有侧重，在企业内职能设置于不同部门，参照国家电投采用四项职能协同运作模式可能难以一步做到，但可以适当整合，实现合规、全面风险、内控同计划、同部署、同实施、同检查、同考核，在上述诸项"同一"基础上，逐步构建一体化管理体系：

（1）设立统一的内控合规管理委员会。实现对合规、全面风险、内控统一规划、计划，研究重大问题，统一部署重点工作，进行工作协调。

（2）统一风险识别和评估标准。目前合规管理和全面风险管理的风险识别和评估维度比较一致，但内控有较大差别，需要研究形成统一模型，以便风险评价结果的判断应用。

（3）统一风险管控流程。风险控制计划一并下达，风险管控措施制定、实施、信息反馈的程序和工作周期一致，以提高工作效率效果，避免重复劳动。

（4）建立一体化数据平台，确保基础数据一致性、监督检查成果共享，合规或风险管理、内控等常规监督检查尽量实现线上周期进行，线下专项检查采用联合（综合）检查方式。

---

❶ 参见搜狐网 . 典型经验 | 国家电投集团基于法治框架的法律、合规、风险、内控协同运作机制 [EB/OL]. https：//www.sohu.com/a/464394931_121106832。

四、打造全领域、全级次合规管理数字化系统

当前，大数据、人工智能、区块链、云计算等新兴技术的快速发展为企业合规管理工作带来新型管理手段。企业应充分应用新兴技术，基于数据中台系统构建合规管理数字化系统，并与业务信息系统深度融合，实现业务成果信息共享。选取关键业务场景，对合规风险进行自动识别、实时监测、自动预警，提高合规管理的效率和准确性。合规管理数字化系统主要包括两大模块：①合规管理基础模块，展示企业合规管理的基础内容，支持合规管理部门在线开展合规管理工作；②合规管理应用场景模块，负责完成企业业务层面合规管理具体工作。

（一）应用合规管理基础模块，高效完成合规管理日常工作

合规管理基础模块是将合规管理基本信息导入合规管理数字化系统，用户可以在线浏览相关合规信息，包括合规制度、合规组织、合规承诺、合规文化、合规举报等信息，并及时进行更新完善。例如，合规管理数字化系统可以利用数字化手段将相关数据，按不同的分类要求，集中存储、展现，形成一站式的合规知识库。使用者可按关键字段搜索所需信息，随时查询相关法规、监管政策、全国各地同业行政处罚与法律诉讼等信息。合规管理部门可以在线对业务部门进行合规培训。依托合规管理基础模块，合规管理部门可以针对合规管理数字化系统自动识别并发布预警的风险在线进行风险监测，发布风险管控计划并实时监督计划落实情况，定期根据系统汇总的相关信息形成合规风险报告。

（二）应用合规管理应用场景模块，促进业务管理合规

合规管理应用场景模块嵌入到企业业务管理流程，使得业务工作开展过程自觉实现合规要求，例如：

1. 合同合规管理

系统通过对用户填写关键合同要素自动生成合同模板，自动关联合同相关的预算信息、招投标信息、相对方资信等，根据合同类型，智能提示审批环节和人员，自动比对修改痕迹，帮助合同审核人员提高审核效率和准确率，减少人为干预，确保合同审核各环节合法合规。

2. 财务合规管理

通过数字化合规系统，将电子发票、税务、ERP、办公自动化、核算、预算等系统打通，实现信息数据实时互通互联。系统根据预置审核规则，通过票据拍照自动填单，并进行智能合规检查，减少单据填写的出错率。辅助用户在报销审

95

批时，根据各项合规指标自动进行合规检查，识别潜在风险，辅助决策审批。根据既定业务规则对合同付款进行自动合规检测，同时可依据预算数据与资金计划对合同付款进行管控。

3. 采购合规管理

系统实时获取供应商的登记信息、经营异常、行政处罚、诉讼、信用记录等信息，通过数据统计、指标分析等预设标准，实现供应商准入合规化。实现电子化招标评标全过程管控，杜绝评标人员违规操作，并且向合同签订环节自动推送相关信息。

五、塑造企业合规文化，奠定合规基石

企业合规文化是企业文化的一部分，是企业员工在长期发展过程中形成的依法合规的思想观念、价值标准、道德规范和行为方式。合规文化促进企业所有成员自觉做到依法合规，在企业内部确立合规理念，培养合规意识，倡导合规风气，营造合规氛围，形成良好的人文软环境。这种自觉形成的良好的自我约束机制，可以有效规避企业合规风险，降低企业合规成本。

合规文化建设需要全员参与、长期宣传培训、并建立相应的激励机制。

（一）高管承诺，以身作则

企业决策层和高级管理层是企业思维方式的源头和价值观传输的纽带，作为企业合规文化建设中的"关键少数"，企业高管对企业合规文化的认可程度和重视程度决定了员工对合规文化的认可程度，因此，合规文化的源头是企业高层具备合规意识。首先，企业高层必须先树立合规意识，注重以身作则，严格遵从合规管理要求，这样才能维护企业合规文化的权威性。其次，企业高管应该将合规经营的价值导向和合规文化作为主要职责，担当履行依法合规经营管理组织者、推动者和实践者的角色。此外，企业高管还必须积极引导、带领全体员工认识合规文化、理解合规文化，同时将合规文化融入日常工作中，为公司合规管理体系的建立和正常运行提供支持。

（二）全员参与，知规守法

企业合规与企业内部的每一个员工相关，因此，公司的合规文化建设必须全员参与。企业要建立一套有效的合规文化宣传、培训制度，增强全员"依法合规、诚信经营"的意识。通过合规管理制度培训，使员工了解什么是合规、为什么要合规、违规会造成什么后果；通过签订合规承诺书，使员工牢记自己作出哪

些合规承诺，违背承诺对自己将产生哪些不利后果；通过岗位相关制度培训，使员工掌握岗位工作应当恪守的合规要求，按制度、按流程履行职责；通过举办合规论坛、合规竞赛等活动，让员工畅谈合规工作感想、比试合规知识水平。企业将合规文化相关活动考评结果进行表彰奖励，增强员工学习合规文化的积极性，合规意识逐步内化于心，外化于行，植入行为，融入管理，在公司形成"不想违规""不能违规"和"不敢违规"的共识，从而营造全员参与合规管理的合规文化良好氛围。

（三）功必赏，过必罚

企业应开通合规举报渠道，通过专用电子邮箱、合规举报热线、邮寄举报信等方式主动接受企业内外部对不合规行为的举报。合规管理部门或其他受理举报的监督部门应针对举报信息制定调查方案并开展调查。对于提供有效举报信息的个人或组织，应当适当给予奖励，同时必须对举报人予以保护，防止遭到报复。奖励和惩罚的具体条款必须写到企业相关合规管理规范里，做到当罚分明，有理有据。例如，全球电子电气工程领域的领先企业西门子股份公司（简称西门子），提供了一个多渠道的有效的举报平台，这个举报平台是独立于西门子任何一个组织的，叫 Tell Us，翻译成中文即"告诉我们"。首先，它可以通过电话举报，它也可以通过网页的形式书写举报人想举报的内容，可以实名，也可以匿名，在电话举报的时候配有在线的翻译，支持 13 种语言。其次，在每一个国家，西门子都会有特有的一些举报的渠道，例如，在中国，西门子的合规办公室有专门的热线电话，同时也作为举报电话独立于业务运营。另外还设有一个邮箱，这个邮箱是加密的，除了收一些咨询问题，还可以通过这个邮箱进行举报。由于独立于任何一个业务组织，因此举报人会更有信心述说他自己的遭遇，有助于提高举报工作的效率。

同时，企业应加强合规考核评价，把合规经营管理情况纳入对各部门和所属企业负责人的年度综合考核，细化评价指标。对所属单位和员工合规职责履行情况的评价结果作为员工评优评先、职务任免、职务晋升以及薪酬待遇等工作的重要依据。

（四）合规文化融入企业文化

企业文化是在企业中形成的由企业管理层倡导并为全体员工所认同且遵守的企业的宗旨、精神、价值观和理念等。企业文化是企业之魂，是企业现代化治理的精神脊梁；而"依法合规，诚信经营"是现代化企业追求的价值观，一个企业合规化程度及其执行力从侧面反映了一个企业现代化水平。因此，提升企业现代化治理水平，应将合规文化融入企业文化，将合规纳入企业的价值观体系，大力弘扬"依法合规、诚信经营"的企业文化。企业发布合规倡议，合规承诺，合规准则，不仅使合规成为全体员工的行为共识，也向社会表明企业诚实信用的价值观。通过播放合规宣传片、举办合规知识竞赛、张贴合规主题标语、制作合规案例汇编等方式大力营造企业合规文化氛围，传播合规正能量，使合规人人有责、合规创造价值深入人心，推进合规文化成为企业文化的重要内涵，成为广大干部员工的自觉遵循。

中兴通讯事件❶发生后，中兴通讯在合规文化建设方面做出了不懈努力：明确合规是中兴通讯的战略基石，对违规事件秉持零容忍的态度，董事长和总裁发表全员声明，表达合规建设决心；公司高管作为各自领域合规性的第一责任人签署合规责任状，在各种场合通过内部会议、视频、书面、内部大讲堂等形式进行合规承诺，向全员传递公司建设合规的决心和信心；同时通过持续开展全员合规培训，积极倡导全员监督、内部举报文化以及多方位的外部合作等方式强化合规文化落地。例如，中兴通讯高度重视反贿赂合规培训体系，反商业贿赂合规部（COE）负责公司整体反贿赂合规培训策划、能力输出、对各高管及 BU 合规总监（或 BU 合规团队）进行培训，然后由各高管或 BU 合规总监对管理干部进行培训，最后由各管理干部对员工进行下沉培训；从而形成一个从"中枢（COE）"逐步辐射至"神经末梢（全员）"的三级培训体系，开通了线上线下学习和考试路径。

---

❶ 第五章二、国内企业合规管理探索已阐述。

第七章　企业法务在合规管理中的作用

一、企业法务管理与合规管理的关系

法务在企业合规中的作用因其角色不同而发挥不同的作用。以传统视角看，法务是企业聘用的内部员工从事合规管理或聘请的律师提供合规服务，但实际上，法务也可能是政府行政管理部门或检察机关委派的合规监管人，以中立的立场对企业开展合规调查或者对企业合规整改计划制定及执行出具专业、独立的合规监管报告，这种新兴的角色在最高人民检察院等七部门会同全国工商联、中国贸促会发布《关于建立涉案企业合规第三方监督评估机制的指导意见（试行）》以及《涉案企业合规第三方监督评估机制专业人员选任管理办法（试行）》等规定中已予以确认。

作者主要从企业聘用的内部员工从事合规管理角度阐述法务在合规管理中发挥的作用。

（一）什么是企业法务管理

企业法务管理是指为适应企业外部环境变化、企业内部治理的需要，企业内部以总法律顾问为主导，以具有法律专业素养的法律顾问组成的法务部门为主体，主要以公司治理、人员管理、法律风险管理为职责，通过建立健全法律风险管控体系，对企业内外部法律风险进行有效管理的过程。❶

从组织架构上看，企业法务是企业的重要组成部分，其职能作用具有广泛性、时效性、预防性。广泛性是指企业法务的职能范围贯穿了企业经营管理活动的全过程，渗透到企业运营的每个环节，包括事前监督防控和事后补救。时效性是指实时把握政策动态，根据新的政策法规及时更新合法合规性要求，在为企业经营管理提供法律保障的同时，使企业与社会经济发展相适应。企业法务的核心作用在于达成企业经营管理的目的。预防性是指在企业的运营中发挥着预防法律

---

❶　参见百度百科 . 企业法务管理 . https : //baike.baidu.com/item/%E4%BC%81%E4%B8%9A%E6%B3%95%E5%8A%A1%E7%AE%A1%E7%90%86/50913943?fr=aladdin.

性失误、预防企业管理者犯罪，使企业员工的行为合法合规。❶

（二）企业法治建设推进企业法务与合规管理融合

1997 年国家经贸委发布的《企业法律顾问管理办法》首次规定了企业法律顾问权利与义务。国务院国资委 2014 年 6 月颁布实施的《国有企业法律顾问管理办法》第二十四条明确了企业法律事务机构履行的职责，这里法律事务机构职责可理解为企业法务的工作范围。这一阶段的法务工作重点是合同审查、诉讼仲裁、法律咨询、法律培训等传统意义上的企业内部法律服务内容。2011 年 9 月，为深入贯彻落实"十二五"时期做强做优中央企业、培育具有国际竞争力的世界一流企业的改革发展总体目标，进一步推动中央企业法制工作为打造世界一流企业提供坚实法律支撑和保障，国务院国资委召开中央企业法制工作会议，提出了中央企业法制工作第三个三年目标。❷ 这次会议，标志着传统法务工作转型为法律风险防范机制建设。2011 年，国家质检检疫总局、国家标准化委员会发布的《企业法律风险管理指南》（GB/T 27914—2011）指出，法律风险管理是企业全面风险管理的组成部分，贯穿于企业决策和经营管理的各个环节。《企业法律风险管理指南》阐释了企业法律风险管理的原则、管理过程和实施，指导企业法务开展法律风险管理工作，满足了当时国内企业提高法律风险防范能力的迫切需求。

2014 年 12 月，国务院国资委发布《关于推动落实中央企业法制工作新五年规划有关事项的通知》，将"大力加强企业合规管理体系建设"作为央企法治重点任务之一 。此后，在总结五家央企试点经验基础上发布的《中央企业合规管理指引（2018 年）》第四条、第九条及第十条，分别规定了"中央企业应当建立健全合规管理体系""中央企业相关负责人或总法律顾问担任合规负责人""法律事务机构或其他相关机构为合规管理牵头部门，组织、协调和监督合规管理工作"，诸多中央企业将合规管理正式纳入企业法务部门的工作范畴，"法务 + 合规管理"新业态不但扩展了传统企业法务部门工作内容，更是将法律支持等纯粹专业服务内容，扩展为组织、控制、监督等管理性工作。

---

❶ 参见常芸、张小虎．企业治理视域下的企业法务目标定位研究 [J]，载《广西政法管理干部学院学报》，2021，36（02）。

❷ 中央企业法制工作第三个三年目标：力争再通过 2012～2014 年的三年努力，着力完善企业法律风险防范机制、总法律顾问制度和法律管理工作体系，加快提高法律顾问队伍素质和依法治企能力水平，中央企业及其重要子企业规章制度、经济合同和重要决策的法律审核率全面实现 100%，总法律顾问专职率和法律顾问持证上岗率均达到 80%，法律风险防范机制的完整链条全面形成，因企业自身违法违规引发的重大法律纠纷案件基本杜绝。

二、企业合规管理部门设置的模式

就当前合规管理组织的设置来看，主要分为单一型和复合型两种组织模式。

（一）单一型合规管理模式

单一型的组织模式是在公司总部层面组建单一、独立的合规管理部门，在分支机构、各业务条线上设置合规管理部门或者合规管理岗位。对于规模较大、业务条线较多的企业，有必要也有可能设立专门的合规机构。

（二）复合型合规管理模式

复合型的组织模式是指不单独设立合规部门，由其他相关部门与合规管理部门合并设立。大部分企业将合规管理与法务工作合并，设立"法律合规部"，既承担日常法律事务的处理又承担合规管理职责；也有考虑到企业风控和合规管理有着密切的联系，合并风控部和合规部，设立"风险合规部"，同时负责风险管理和合规管理，部分银行采用这种模式，也有少数合并审计部和合规部的做法。

复合型合规管理模式通常适用于规模较小、业务较单一的企业，但有时大型企业根据企业业务需求和管理习惯，也采用复合型合规管理模式。

（三）两种组织模式的特点

1. 单一型合规管理部门

企业在内部设置独立的合规管理部门，该部门独立于业务部门和其他职能部门，提高了合规管理部在企业中的地位，有利于合规管理工作的开展。但是单独设立合规管理部通常会增加企业的管理成本，因此规模较小的企业往往不选择这种模式。

设立单一型合规管理部门优点在于合规管理部门在企业内部享有正式的、与其他部门平等的地位，具有特定的定位、工作职责和相应的授权。部门负责人必须且仅仅以合规管理作为其工作职责。合规管理部门有权独立实施合规管理各项措施，依公司授权作出决定，获得合规管理必需的人力、财力、信息资源等必要的支撑。

虽然单一型的合规管理部门是独立的部门，但是为了保证合规管理工作的有效进行，也需要与业务部门充分协调配合，与其他履行合规监督职能的监督部门（如审计部门、监察部门等）在明确各自职责界面的同时也应建立明确的合作和信息交流机制，加强协调配合，形成合规管理合力。

2. 复合型合规管理部门

企业在内部设置复合型合规管理部门，合规管理职责与其他管理职责合署的模式可以节省企业的管理成本。但企业应当注意职能之间的区别，其他管理职能的履行情况也应纳入合规管理的监管，即便是合署情况下。

复合型合规管理部门缺点是比较容易陷入职责界面不清问题，例如，采用"合规与法律部"的模式应当注意将合规管理职能、法律服务职能分离，哪些工作应当纳入合规范畴，哪些是法务范畴，实践中时常发生混淆，影响合规管理效果。复合型合规管理部门的另一个明显缺点是部门更侧重履行其他职能，这种情况往往因部门负责人的偏好或专业特长而发生倾斜。当然，极少数将合规管理与企业主营业务部门或者虽然不是主营业务但需要进行合规审查的业务，例如，企业改革改制等业务复合设立，有可能因利益冲突导致该业务合规审查缺失或流于形式。因此，采用复合型的模式，应注意职能的复合选择，其承担的其他职责均不得与合规管理职责相冲突。

企业合规部门具体采取哪一种组织模式，取决于企业的公司组织结构、经营规模、业务和产品线的运营管理模式、所处行业面临的合规风险以及政府监管态势。无论采取何种模式，都需要充分考虑：①确保合规部门有效管理和防控合规风险，顺利履行合规职责；②确保合规管理独立地开展工作；③合规部门与其他相关部门之间的职责分工明确，但又协调合作。

三、法务合规复合管理模式下的职能

企业法务演进的过程，说明了企业法务合规复合管理是当前普遍的企业合规管理组织形式，其承担的职责兼具法律服务与合规管理。下面重点阐述该模式下法务与合规管理工作。

（一）规范公司治理

1. 公司治理相关文件的合法性审查

现代公司治理理论研究的核心是解决公司的所有者和经营者之间由于利益不完全一致产生的委托和代理关系。这种委托代理关系最初仅限于公司的股东和经营管理者之间的关系，后来又随着公司外延的扩大发展到公司和它的外部运营环境（指的是公司相关的政治、经济和社会环境）之间与原有代理委托关系之间的相互关系。公司通过章程在法律规定的框架内实现自治，公司章程是股东利益博弈的结果，其制定或修改涉及股东、董事、监事等各方利益，若约定不明，容易产生纠纷，甚至发生违规事件。

公司治理相关文件一般包括公司章程、股东大会议事规则、董事会议事规则、监事会议事规则、总经理工作规则、信息披露制度、独立董事工作制度、董事会审计与风险管理委员会议事规则、提名及薪酬委员会议事规则等。公司法务应从如下方面开展章程及相关文件审查：

（1）章程制定修订符合法律规定。制定公司章程，应当明确股东会、董事会、经理层行使的职权，尤其是董事会和股东会之间权力配置具体化、确定化，避免权力机构行使职权错误或发生争议。制定公司章程应当由股东在公司章程上签名或盖章，报工商登记机关备案，修订公司章程应当符合法定人数，遵循相应的程序，就章程修订向登记机关申请变更登记，否则不具有公示法律效力。

（2）公司组织体系规范运转相关文件合法。作为公司章程配套性文件，制定股东（大）会规则，要详尽规定股东（大）会的召集、表决、决议及执行的具体程序，规范董事监事任免程序；制定董事会议事方式和表决程序规则，要完备规范董事会会议的召集、议题的表决、记录、信息披露等内容；制定监事会议事方式和表决程序规则，在明确具体职责的同时，要规定行使权力的具体方式等。章程配套性文件不得与章程规定冲突。

2. 公司治理相关文件的合规管理内容审查

企业根据自身经营特点，应当确定合规管理规划、目标、职责和重点内容，写入公司章程，如需实施"合规倡议""合规承诺"等期望全员普遍遵守的合规行为规范，可以在公司章程阐述其意义。

对以上公司治理相关文件的合规管理内容进行审查，主要包括：

（1）审查章程中是否明确董事会（执行董事）、监事会（监事）的合规管理具体职权。如需在董事会设置合规委员会或授权某一专门委员会承担合规管理职责，应当在公司章程中予以明确约定。

（2）审查章程中是否设定股东会（股东大会）关于合规管理体系建设的职权。对于控股子公司、参股子公司、控股/参股的上市公司，应根据客观需要，在公司章程中设定股东会（股东大会）关于合规管理体系建设的职权，以保障集团层面的合规管理目标能够在子公司层面得以实现。

（3）审查章程中是否包括了合规管理的重点。根据企业的自身经营特点，在公司章程中明确合规管理重点内容可为制定具体的合规管理制度提供"上位法"支撑。

3. 重大决策合法合规性审查

党的十八届四中全会以来，中央相继出台有关决策部署明确提出完善重大决策合法性审查机制。《关于推行法律顾问制度和公职律师公司律师制度的意见》和《关于全面推进法治央企建设的意见》强调，未经合法性审查或者经审查不合法的，不得提交决策会议讨论。

重大决策合法合规性审查是指通过跟踪分析国家有关法律法规政策的制定背景、要求，及时发现企业发展面临的法律风险和合规风险，在公司决策前进行法律论证和风险评估，在权衡可能发生的风险与预期获得的收益后，提出优化方案。在法务合规复合管理模式下，重大决策合法合规性审查应当包括法律风险预判和合规风险评价。主要从实体和程序两个方面进行审核，包括决策事项适用的法律、政策、制度等依据是否准确；是否符合法律、政策、制度规定；决策方案是否具有法律和制度操作性；决策程序是否合法合规；其他需要审核的涉法问题。根据审核的不同情形出具相应的法律合规意见。

从商务实践来看，重大决策法律审查主要针对企业投资、改革改制、生产经营、劳动用工等企业活动的重大事务的决策。但并不是所有的重大决策都需要法律审查，如财务预算、技术方案论证或人事任免等事项就不属于法律审查事项，但上述事项决策是否符合相关管理制度规定仍然属于合规审查范围。

4. 授权管理

授权管理分为法人治理授权和管理授权。法人治理授权事项，原则上应通过相应的决策会议（股东会、董事会、董事长办公会、总经理办公会），以公司章程及股东会决定、董事会决议等方式作出。管理授权的事项，应当通过规章制度以及规范性文件的方式作出。

授权容易产生无权代理、越权代理等瑕疵行为：无权代理顾名思义是在没有代理权的前提下实施的代理行为，越权代理顾名思义是超越代理权限的代理行为。无权代理与越权代理虽然并不必然使代理行为无效，但可能造成公司承担不必要的损失，增加不必要的诉累。因而在法务合规复合管理模式下，授权管理要注意以下要点：

（1）开展合法合规审查。首先，审查授权来源应当有明确的依据；其次，公司的授权文件必须要符合法定要件，有明确的授权事项和范围，被授权人，授权期间及有关事项的限制等。

（2）监管授权事项。不受制约的权力多引发权力的滥用，授权并不等于完全放权。要对授权事项进行行之有效的监管，未经授权人同意，被授权人不得私自转委托，不得在授权代理事务的过程中接受正常报酬以外的其他利益，授权代理工作或授权代理关系结束后，应及时报告，企业法务要做到闭环管理。

（二）开展尽职调查

1. 对外尽职调查

公司对外尽职调查一般指在收购过程中收购者对目标公司的资产和负债情况、经营和财务情况、法律关系以及目标企业所面临的机会与潜在的风险进行的一系列调查，是企业收购兼并程序中最重要的环节之一，也是收购运作过程中重要的风险防范工具。对外尽职调查的目的是使买方尽可能地发现拟投资项目的全部情况，特别是并购行为存在的各种的风险。从买方的角度来说，尽职调查也就是风险管理。

企业法务的合规对外尽职调查主要聚焦目标公司过往违法违规事件、未结诉讼纠纷和潜在的违法违规风险，形成独立的调查报告，作为管理层决策支持。一旦通过尽职调查明确了存在哪些风险和法律问题，买卖双方便可以就相关风险和义务应由哪方承担进行谈判，同时买方可以决定是否终止收购或者应当具备哪些条件才继续进行收购活动。

企业法务的对外尽职调查报告应当详尽、准确地描述尽职调查情况，包括信息检索及相关方调查情况、收集及审阅的资料、访谈情况，并发表结论性意见，特别是应当作出风险预判（是否因收购行为承继风险以及该风险可能造成的影响）及其论证依据。

从尽职调查的对象划分，除上述并购前的尽职调查外，还可以对正在合作对方、潜在客户以及提供服务的第三方进行合规调查。

对外尽职调查的方法有多种形式，如公开信息检索，调查问卷，文件资料审阅，管理层访谈，现场调查等。

2. 对内尽职调查

公司对内尽职调查，指的是公司内部的法务合规部门受公司最高决策层的委派，对公司管理团队遵守法律法规和制度的情况进行的专项调查活动，所提供的调查报告相当于公司的合规调查报告。

公司内部尽职调查是一种危机应对机制，在违规行为发生之后，企业对违规行为、违规责任人以及合规机制的漏洞等问题展开有针对性的调查，以便发现违规行为，识别违规责任人，并针对企业合规管理漏洞或执行偏差进行合规体系的完善工作。通常情况下，企业一旦接到相关举报，进行监督检查，进行审计，或者接获监管部门乃至刑事调查部门启动调查程序的信息时，会随即启动内部调查程序[1]。

无论在美国还是在欧洲国家，但凡建立了成熟合规机制的企业，都会将公司内部调查视为应对监管调查或刑事调查的有效手段。与此同时，监管部门或是刑事调查部门，都会在审阅这种内部调查报告的基础上，提出进一步的企业整改建议，与企业达成行政监管方面的和解协议，或者达成暂缓起诉协议或不起诉协议，从而达到"以合规完善换取宽大处理"的目的[2]。

合规内部尽职调查可以分为如下三个方面：

首先，企业法务应协助企业调查违法违规事实，将有关证据、书面材料、交易记录、电子文档、证人名单等材料加以收集，写出完整的调查报告，并做好配合外部监管机关或司法机关调查配合准备（如果已经涉及）。

其次，企业法务应协助企业展开对责任人的专门调查。美国司法部在实施合规管理机制时，曾提出过一项十分有名的合规准则："追究直接责任人，才能放过企业"。法务在进行内部调查时，也应将此作为座右铭，说服并协助企业全面调查直接负责的员工或者公司高管，对其作出必要的处分，必要时将其交给行政机关或司法机关予以追究责任。

再次，企业法务通过内部调查，对企业所面临的合规风险应当重新评估，帮助企业发现今后可能发生类似违法违规风险，针对特定合规风险制定专项的合规控制计划。

（三）规范规章制度管理

常言道，国有国法，家有家规。对于企业而言，内部规章制度也就是企业的"法律"，是国家法律法规在公司内部的延伸与细化，其内容要遵循法律法规的规定和要求，制定发布程序也要符合法律规定。

企业法务要查阅规章制度草案涉及相关法律法规以及企业所在地政府的规范性文件，企业规章制度内容不能违背上述规定。对上级制度规定不能扩大解释也不能缩小解释，应具体细化、便于操作，此外还要关注制度之间协调统一，不得互相矛盾。同时还要关注外部法律法规的变化，内部规章制度也要适时相应调整，保证始终符合法律法规和外部监管要求。针对内部规章制度的合法合规审

---

[1] 参见陈瑞华. 企业合规基本理论 [M]. 北京：法律出版社，2020：291-292 页。

[2] 同上。

查，通常要重点考虑以下三个方面：

1. 确定制定主体是否适格

通常来说，制定企业内部规章制度的主体应该是企业内部行政系统中对企业各个组成部分和全部员工实行全面管理的统一行政机构，或被授权机构以企业的名义对内颁布实施。

2. 论证内容及程序是否合法

有的企业在制定内部规章制度时，为了企业自身利益，为自己设定了许多的免责条款，或涉及员工切身利益时，企业未与职工代表或工会平等协商。一旦发生劳动纠纷，这些不符合法律法规、应当经过而没有经过民主程序确定的内部规章制度将不具有相应的效力。

3. 审核可操作性及合理性

尤其是对员工进行奖惩时，如果没有可操作性及合理性的规定，遇到具体情况，往往无法执行。如有些企业会在《员工手册》中规定，当员工严重违反企业的规章制度或严重失职，导致企业受到严重损害时，企业可解除劳动合同并不承担任何经济补偿。但真的出现员工失职导致企业受损时，由于没有规定"严重失职""严重损害"的具体衡量标准，将会加重企业的举证责任以及举证不能的风险。

在法务合规复合管理模式下，法务除了履行上述规章制度合法合规审查职责外，还应当履行制度管理职责（即构建长效的制度闭环管理机制），规范制度制定程序、审议程序、监督制度宣贯与执行、开展制度执行后评估，以及组织制度的修订完善，开展制度管理信息化建设等。

（四）审查商务文件

商务文件的合法合规审查是企业经营管理行为的必经程序，发现不合法合规的内容及时提出修改建议，对于未经审查的经营管理行为不得实施。法务合规部门独立履行合法合规审查职责，不受其他任何部门和人员的干涉，企业内部各部门均应积极配合，提供真实、全面、准确的信息与文件。

1. 招标文件合规性审查

招标文件是商务活动中的重要文件，招标文件的合法合规与质量关系到整个招投标活动的成败。不合规的文件可能会导致供应商的质疑投诉，甚至导致重新采购，进而影响采购效率。招标文件的审查一般包括以下几个方面：

（1）审查时间要求。采购方式不同的项目，规定的时间也不完全一致，政府采购对招标时间有强制性规定的从其规定。以公开招标项目为例，《招标投标法实施条例》规定资格预审文件发售期招标公告、资格预审公告发布之日起计算不得少于 5 个工作日，《政府采购货物和服务招标投标管理办法》附则第八十五条规定："本办法规定按日计算期间的，开始当天不计入，从次日开始计算。期限的最后一日是国家法定节假日的，顺延到节假日后的次日为期限的最后一日。"许多具体执行人把发布公告当天包括在内而导致发售时间不足。

（2）审查是否限制供应商。招标文件技术要求与合同条款不应歧视有资格投标的供应商。比如要求投标人在项目当地注册公司限制了供应商进入本地区本行业的采购市场，或者选用一家参数或多家最优参数的集成作为采购项目的技术标准或隐性指定品牌。

（3）审查是否无效投标。规定的无效投标情形不得违反法律法规规定，且不能构成歧视性条款排斥潜在供应商。投标文件应当对招标文件提出的实质性要求和条件作出响应。企业法务应当配合评标委员会审查供应商的资质、响应的付款方式和条件是否符合招标文件要求，例如交货地点、交货期、保质期以及技术参数允许偏差及偏差范围等其他要求。

（4）审查评标办法和标准。评标办法可以采用综合评分法和最低评标价法。企业法务应当审核判断评价因素是否全面、合理，分值是否符合要求，分值一定要围绕所采购的标的物来进行，不可设置一些不能与采购需求相匹配的评审因素。总之，评标办法和标准既要做到合法合理，又要能有效防止为投标人量身定做。

（5）审查资格要求。很多项目都在资格要求中设置了投标人的相关资质，在审核中则需特别注意。审核人员首先要确定资质内容是否与项目要求相适合，不相适合的，不宜作为资格要求，比如投标人企业规模等。此外，还要注意不得以企业所有制限制投标人投标资格。

2. 合同合法性审查

公司法务最基本也是最重要的一项职能就是合同审查，合同审查既包括从中发现问题、提出修改建议从而避免风险，也包括针对合同提出法律合规意见供公司决策层决策参考。合同审查的目的是避免合同违法、因约定不明产生争议、减少损失，主要从以下几个方面开展：

（1）合同类别的区分。确定合同的性质，应先把合同的类别确定下来，例如是采购合同还是销售合同，是经营租赁合同还是融资租赁合同，因为不同类型的合同审查的重点也是有所区别的，分类完成后再按照相关合同审查的要继续审查。

（2）主体资格的审查。合同类别确定后，第一步就应当对签订合同的相对方的主体资格进行审查，主要审查以下方面：营业执照（包括单位名称、经营期限、经营范围等信息），判断其是否符合注册登记的规定；资质的审查，审查相关资质证书是否合法有效；特殊行业的审查，有些特殊行业需经过相关部门的特殊批准或许可才能开展业务，因此需审查特殊行业的批文或核准文件；专业服务的提供者还需审查是否具有专业服务的资格。需要注意的是交易内容超越经营范围并不能因此否定交易的合法性，除非交易内容是需要取得许可而交易对方并未获得该许可。

（3）合同内容的审查。合同内容是最关键的部分，需要逐字逐句的审查，主要包括：合同内容是否完整清晰；合同所约定的内容是否违反法律法规的规定；法律术语是否运用规范；合同内容表述是否有歧义，是否有错别字，条款之间是否有冲突；合同标的、交易程序和规则是否具体、明确；合同双方的权利义务是否明确合理；验收方式、标准是否明确；违约责任约定是否明确；合同争议的处理方式；合同有效期等信息。

（4）合同完备性审查。合同完备性审查包括合同文本的数量规定、合同生效时间和要求、合同的落款等信息是否完整合规，不能出现遗漏。

在法务合规复合管理模式下，企业法务在进行合同合法性审查的同时，还应当规范合同管理，包括但不限于制定合同管理制度、发布合同示范文本、规范合同签订履行流程等。

（五）组织合规风险排查与管控

企业的合规风险产生于生产经营过程中。要达到防范合规风险目的，首先应当排查经营过程中合规风险是什么，特别是可能导致企业承担监管处罚、刑事责任或声誉、财产重大损失的合规风险，在排查风险前提下采取有效措施遏制风险的发生。因而，企业业务部门对其工作范围内合规风险排查与管控是必须的，也是最科学、高效的管理模式，即"管业务必须管风险"。但问题是，各业务部门按照什么标准、什么周期进行排查？风险管控的目标是什么？遵循什么程序？如何评价管控的效果？如果企业内部不同部门各自开展工作，必然导致对风险排查和管控效果无法评价的混乱局面，甚至可能因识别和评价标准的重大差异导致遗漏重大风险的管控。因此，由合规管理部门统一组织开展风险排查和管控是必要的。

在法务合规复合管理模式下，企业法务开展合规风险排查与管控至少应当履行以下职责：

（1）在董事会批准的合规管理基本管理制度框架下，起草合规管理风险排查与管控专项制度，提请合规管理委员会审议。明确风险排查的标准和方法，风险管控的目标、程序和要求，作为业务部门制定其工作细则和开展具体工作的依据。发布阶段性工作要求，业务部门执行。

（2）法务参与业务部门风险排查，针对业务部门业务活动，解释法律法规、监管规定和公司合规制度要求，协助业务部门在充分了解相关规范基础上识别合规风险。开展合规风险审核和评价，确保合规风险识别准确性，划分风险等级。

（3）法务参与业务部门风险管控，对业务部门制定的合规风险控制措施及工作程序进行合法合规性审核，确保风险管控符合法律法规、监管要求以及公司管理制度要求。

（4）按照合规管理制度要求，对公司开展合规风险识别和管控成效进行评价。

（六）参与企业内部违规责任追究

1. 建立违规行为举报机制，畅通举报渠道

合规管理应当包括建立违规举报机制，建立违规举报平台，公布违规举报电话、邮箱等，建立举报信息台账，查处举报信息，奖励、保护举报人等。法务合规部门应当建立或参与建立上述机制，各相关部门按照职责受理违规举报。法务合规部门应当将举报及受理情况纳入合规管理报告。

2. 启动内部调查并参与跟进外部调查环节

发生违规事件后，法务合规部门应当制定相关的调查计划或方案，启动内部调查或委托第三方（独立中介机构）按照调查计划开展调查工作并最终形成调查报告。调查过程中应当听取涉案部门及相关业务部门的意见，并取得公司管理层的确认。在同时存在外部监管调查时，法务合规部门应当做好与外部调查机构的沟通解释工作，涉及业务专业问题的，应当提示并配合业务部门及时作出解释，避免因沟通不畅导致监管部门误解，作出不利的结论。出具任何书面解释说明均须由法务合规部门审查。

3. 开展违规行为责任认定

在内部调查中，法务应提示涉案相关部门和行为人履行配合义务，并且结合

法律法规、规章和规范性文件，对照相关管理制度，进行违规责任认定，综合考虑违规行为人有无免除、从轻或者减轻处罚的情形，提出处理建议，提请公司合规决策机构审议决定。

（七）化解合规风险

《合规管理体系　指南》（GB/T 35770—2017）在引言中明确提出："在很多国家或地区，当发生不合规时，组织和组织的管理者以组织已经建立并实施了有效的合规管理体系作为减轻、甚至豁免行政、刑事或者民事责任的抗辩，这种抗辩有可能被行政执法机关或司法机关所接受。"2021 年 6 月，最高人民检察院会同七部委及全国工商联发布的《关于建立涉案企业合规第三方监督评估机制的指导意见（试行）》第一条规定："人民检察院在办理涉企犯罪案件时，对符合企业合规改革试点适用条件的，交由第三方监督评估机制管理委员会选任组成的第三方监督评估组织，对涉案企业的合规承诺进行调查、评估、监督和考察。考察结果作为人民检察院依法处理案件的重要参考。"从上述国家标准和规范性文件看，企业在面临行政执法调查或刑事司法程序时，企业法务有了特殊的合规业务——合规抗辩，这项新兴业务有别于传统法务。

当合规事件发生时，企业法务的抗辩是至关重要的。

1. 行政方面

行政和解制度最初是西方国家为督促和鼓励企业建立合规管理体系，通过对实施有效合规计划的企业给予宽大的行政处理，来推行一种针对合规的行政监管激励机制。这项制度使得企业合规管理体系从原属于企业内部为督促员工遵守法律法规而确立的治理方式成为政府部门监督企业依法依规经营的一项法律制度。在行政监管环节，通过与企业达成行政和解协议或者给予宽大行政处罚等方式，来推动企业建立有效的合规计划，这是西方国家普遍采取的行政监管激励机制之一。2017 年 3 月 7 日，中兴通讯宣布与美国政府就美国政府出口管制调查案件达成和解。根据和解协议，中兴通讯除了缴纳 8.9 亿美元罚金，还有给美国商务部工业与安全局 3 亿美元罚金被暂缓，是否支付，取决于未来七年公司对协议的遵守并继续接受独立的合规监管和审计。❶2018 年 4 月 16 日，美国政府认定中兴通讯违反了 2017 年 3 月协议，对中兴通讯实施出口禁令，2018 年 6 月

---

❶　参见中兴官网．中兴通讯与美国政府达成和解 [EB/OL]. https://www.zte.com.cn/china/about/news/2017030113.html。

7 日，美国与中兴通讯达成新和解协议，中兴通讯通过支付 14 亿美元罚款（含10 亿美元罚款和 4 亿美元第三方保管）和采取合规措施来替代美国商务部出口禁令。❶

在我国，某些领域已开启监管和解的制度通道，2015 年 2 月 17 日中国证券监督管理委员会发布《行政和解试点实施办法》，该办法第二条规定："本办法所称行政和解，是指中国证监会在对公民、法人或者其他组织（以下简称行政相对人）涉嫌违反证券期货法律、行政法规和相关监管规定行为进行调查执法过程中，根据行政相对人的申请，与其就改正涉嫌违法行为，消除涉嫌违法行为不良后果，交纳行政和解金补偿投资者损失等进行协商达成行政和解协议，并据此终止调查执法程序的行为。"该条规定就是通过监管和解激励企业合规。可见，监管和解日趋成为政府监管的重要方式，实践中已有部分案例。2019 年 4 月，中国证监会与高盛（亚洲）有限责任公司、北京高华证券有限责任公司等 9 名申请人达成行政和解，这是 2015 年中国证监会试点行政和解制度以来的首个行政和解案例；2020 年 1 月，司度（上海）财务咨询有限公司等五家公司与中国证监会达成行政和解协议。

企业法务积极介入行政和解的作用是尽力促成行政和解协议达成，避免行政处罚。对内，针对行政监督机关的违规调查线索开展内部违规调查，建议公司决策机构对违规员工进行惩戒以及针对公司合规体系漏洞提出整改意见，以换取行政监管部门的认可；对外，提出合规整改方案承诺按计划落实整改，通过沟通解释取得谅解，缴纳和解金，签订和解协议获得宽大处理，化解合规风险。

2. 刑事方面

企业面临的最严重的合规风险是刑事处罚。企业一旦被追究刑事责任，不仅仅是企业信誉丧失，更可能濒临破产，因而刑事合规是企业经营管理必须遵守的底线，直接关系企业生存。传统法务介入刑事司法主要是在刑事案件立案后通过刑事辩护寻求无罪或罪轻判决，而此时往往对企业已经造成巨大负面影响。2021 年 6 月，最高人民检察院等七部委和全国工商联、中国贸促会发布《关于建立涉案企业合规第三方监督评估机制的指导意见（试行）》，为企业开拓了一条解决上述问题的路径，即案件尚未进入刑事诉讼程序，甚至在行政监管部门准备移送司法环节（我国法律体系并未确立行政执法是刑事司法前置程序，但

---

❶ 参见央视网.美商务部与中兴达成新和解协议 取消禁令 罚款 14 亿美元 [EB/OL]. https：//baijiahao.baidu.com/s?id=1602668497289408437&wfr=spider&for=pc。

多数情况下是行政监管过程发现涉刑移送），由企业作出合规承诺，建立刑事合规制度，即企业通过建立有效的防范刑事犯罪的规章制度，预防企业及其员工实施犯罪，或者犯罪后通过建立有效的刑事合规制度，从而减小犯罪危害后果，挽救经济损失，从而获取相对不起诉、附条件不起诉或者减轻刑罚处罚的制度，获得不起诉或免于起诉的宽大处理。2021 年 3 月 8 日，我国《最高人民检察工作报告》中"对企业负责人涉经营类犯罪，依法能不捕的不捕、能不诉的不诉、能不判实刑的提出适用缓刑建议，同时探索督促涉案企业合规管理，促进'严管'制度化，不让'厚爱'被滥用。"的阐述确认了我国已经探索建立合规不起诉制度。

在企业刑事合规程序中，法务介入角色既有合规监督人，又有企业合规法务。企业法务属于后者，主要从以下方面开展刑事合规业务：首先，为尽量将对企业的负面影响降到最低程度，将企业行为与领导人（或员工）行为进行切割，提交证据证明企业已经履行相关合规义务（例如制定规章制度禁止员工违法行为，以此证明违法行为系员工个人行为）；其次，在确定是企业涉刑情况下，认罪认罚，作出赔偿损害方承诺，终止违法业务，提出合规考察申请，配合合规监管人检查；再次，作出合规承诺并制定详细合规整改计划，督促企业相关部门按时整改，配合合规监管部门监督检查；最后，整改达到预期目标符合合规不起诉条件，申请整改验收，促使检察机关作出不起诉或免于起诉决定。

企业刑事合规制度对企业正面激励机制是显而易见的。强调犯罪的企业认罪认罚同时规定对于发现并采取了预防犯罪行为措施的公司可以减轻处罚，这一制度设计有利于激励公司加强合规管理，维护规范有序的市场竞争环境。

2018 年下半年，江苏省张家港市 L 化机有限公司（简称 L 公司）在未取得生态环境部门环境评价的情况下建设酸洗池，并于 2019 年 2 月私设暗管，将含有镍、铬等重金属的酸洗废水排放至生活污水管，造成严重环境污染。2020 年 6 月，L 公司主动向张家港市公安局投案，如实供述犯罪事实，自愿认罪认罚。2020 年 8 月，张家港市公安局以 L 公司及张某甲等人涉嫌污染环境罪向张家港市检察院移送审查起诉。张家港市检察院进行办案影响评估并听取 L 公司合规意愿后，指导该公司开展合规建设。该案中，检察机关积极主动发挥合规主导责任，做好合规前期准备。在企业合规建设过程中，检察机关会同生态环境等部门，对涉案企业合规计划及实施情况进行检查、评估、考察，引导涉案企业实质性合规整改。通过开展合规建设，L 公司实现了快速转型发展，逐步建立起完备的管理体系，改变了野蛮粗放的发展运营模式，企业家和员工的责任感明显提高，企业抵御和防控经济风险的能力得到进一步增强❶。

3. 民事方面

美国的证交会可以对企业及其负责人的违法违规行为进行罚款，也可以提起民事诉讼。美国证交会对企业及其负责人提出的民事诉讼中，也可以与被告方进行协商，减轻或免除部分指控；条件是被告方放弃一些诉讼权利，例如被告承认指控、放弃进行法庭审理的权利、放弃上诉的权利，从而可以快速结案。这可以降低对企业及其负责人的影响，同时节约了大量司法资源。美国的法院可根据证交会与被告方达成的协议进行判决。在企业合规案件中，被告方可以与司法部和证交会协商，以制定合规计划和罚款等方式代替被刑事起诉。这种方式在促进企业合规方面作用效果更好，因为刑事惩罚可能使企业及其负责人不能再经营下去；而民事处理的结果，企业和负责人只要遵守民事判决，还可以继续经营，通过制定严格的合规计划而继续生存，也可以避免因企业倒闭而形成员工失业的现象。❷

我国现行民事公益诉讼，社会组织可以对不针对特定对象的侵权行为（如对已经损害社会公共利益或者具有损害社会公共利益重大风险的污染环境、破坏生态的行为），提起民事公益诉讼，要求侵权人承担损害赔偿等民事责任，但民事公益诉讼不能替代刑事责任追究或行政处罚。因而，企业法务目前在民事诉讼程序并没有化解合规风险的作为，但目前一些企业已经探索对民事案件合规问题分类分析，通过"以案释法"方式提示涉案业务部门违规问题，推动涉案部门开展违规整改，达到杜绝或减少类案发生目的，不失为企业法务在民事诉讼方面合规探索的良举。

---

❶ 参见国务院新闻办公室.最高检举行依法督促涉案企业合规管理 将严管厚爱落到实处发布会 [EB/OL]. http：//www.scio.gov.cn/xwfbh/gfgjxwfbh/xwfbh/44194/Document/1706082/1706082.htm。

❷ 参见杨宇冠.企业合规案件不起诉比较研究——以腐败案件为视角 [J]. 载《法学杂志》，2021，42（01）：26-41 页。

下篇

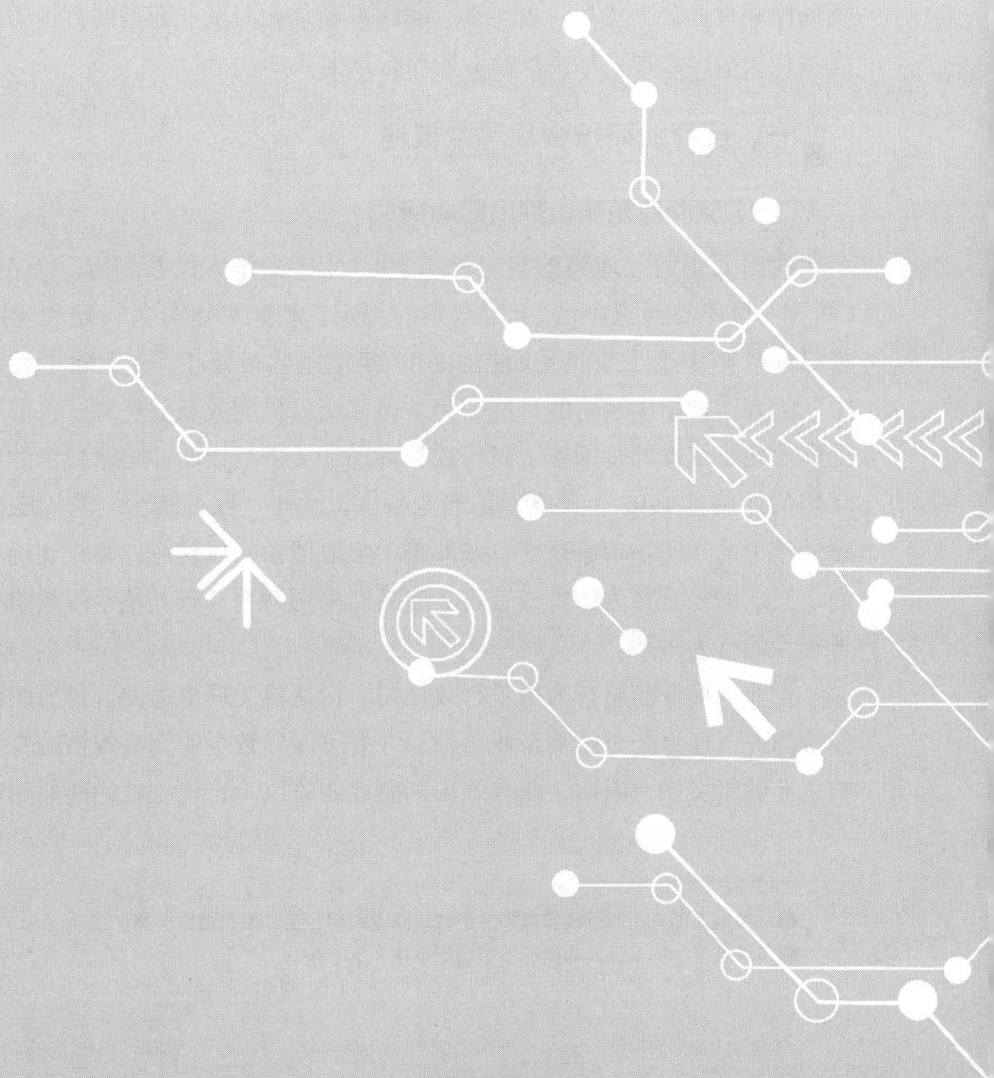

第八章　反商业贿赂合规风险

商业贿赂，是指经营者为销售或者购买商品而采用财物或者其他手段贿赂对方单位或者个人的行为。[1]商业贿赂是企业绕过公平竞争追求特殊待遇的常用手段，加速了企业获取经济资源和追求利益最大化效率，这种"潜规则"已渗入多个经济领域。因商业贿赂行为致使企业承担法律责任往往给企业带来了巨额经济损失，严重侵犯了股东和债权人和合法权益，影响企业的长远发展，同时扰乱市场秩序和行业公平竞争。近年来，我国不断加大对商业贿赂的打击力度，修订并完善相关法律法规，加强反商业贿赂合规监管。

一、反商业贿赂合规风险概述

（一）反商业贿赂合规风险内涵

我国关于商业贿赂的规定源于 1993 年《中华人民共和国反不正当竞争法》（简称《反不正当竞争法》）第八条的规定，将贿赂区分为行贿和受贿，行为特点是账外暗中给予或收受回扣。2017 年该条款被修正[2]，删除了关于"账外暗中"的表述，指出贿赂的目的是为了谋取交易机会或竞争优势。目前行政机关查处商业贿赂依据的是国家工商行政管理局《关于禁止商业贿赂行为的暂行规定》，其仍然保留了 1993 年《反不正当竞争法》关于"账外暗中"的规定，即经营者账外暗中给予回扣构成行贿、账外暗中收取回扣构成受贿；并且明确了商业贿赂的定义，即经营者为销售或者购买商品而采用财物或者其他手段贿赂对方单位或者个人的行为。

企业因商业贿赂行为遭受行政处罚、司法机关刑事追究，付出的代价不仅是经济损失，还将严重影响企业信誉，并有可能导致企业交易资格的丧失，严重影响企业健康发展，因而企业有效识别商业贿赂风险、建立杜绝商业贿赂风险机制

---

[1] 参见《国家工商行政管理局关于禁止商业贿赂行为的暂行规定》第二条。

[2] 参见《中华人民共和国反不正当竞争法》第七条。

是十分必要的。

识别商业贿赂风险、建立杜绝商业贿赂风险机制的前提是掌握国家反商业贿赂法律规范及国家治理商业贿赂的政策。反商业贿赂合规风险指企业在经营过程中未遵守《中华人民共和国刑法》、商业贿赂刑事案件相关司法解释、反商业贿赂相关法规、各行业反商业贿赂公约，以及企业内部反商业贿赂规章制度等而产生可能被行政处罚或承担刑事责任的风险。企业反商业贿赂合规是指企业为有效治理商业贿赂而识别、防范商业贿赂带来的风险，建立商业行为规范，确立职工行为准则，及时监管企业和职工在经营活动商业贿赂行为的自我监管机制。

（二）反商业贿赂合规依据

1. 国内有关商业贿赂的相关法律文件

我国禁止商业贿赂的相关规定主要是《反不正当竞争法》以及原国家工商行政管理局为实施该法而颁布的《关于禁止商业贿赂行为的暂行规定》《中华人民共和国刑法》以及最高人民法院、最高人民检察院发布的《关于办理商业贿赂刑事案件适用法律若干问题的意见》。此外，《中华人民共和国海关法》《中华人民共和国药品管理法》《中华人民共和国广告法》《工业产品生产许可证管理条例》等法律法规中都有禁止企业向有关国家机关工作人员行贿的规定。同时，针对相关行业的商业贿赂行为，有关部门也发布了相应的部门规章和行业规定。国家卫生和计划生育委员会印发了《关于建立医药购销领域商业贿赂不良记录的规定》；中国银行业监督管理委员会办公厅发布了《中国银行业反商业贿赂承诺》《中国银行业从业人员道德行为公约》《中国银行业反不正当竞争公约》；中国期货业协会制定了《中国期货行业反商业贿赂诚信公约》、中国证券投资基金业协会发布了《中国证券投资基金业协会会员反商业贿赂公约》。

2. 相关国际反商业贿赂法律文件

商业贿赂阻碍市场经济公平、有序运行，国际社会始终高度关注。2016年10月，国际标准化组织（ISO）发布了 ISO 37001：2016《反贿赂管理体系要求及实施指南》，为制定、实施、维护、评估以及改进反贿赂管理体系提供了具体要求和实施指南。ISO 37001：2016通过风险评估、明确职责、提供保障、实施措施、绩效评估与改进五个步骤来防止腐败行为的发生。

我国于2003年正式签署了《联合国反腐败公约》（简称《公约》)，《公约》不局限于商业贿赂，其内容包括"禁止贿赂本国、外国公职人员；禁止部门内的贿赂；禁止影响力交易；禁止私营部门内的侵吞财产""采取措施保障公共部门的廉洁，实行公职人员行为守则。加强公共采购和公共财政管理，定期向公众报告，推动社会参与反腐败行动，加强监督私营部门，加强监督财务会计"。我国于 2005 年审议批准《公约》。我国作为缔约国对于贿赂犯罪所涉及的罪名从构成要件到法定刑均作出了大幅度的修改和调整，2006 年通过了《刑法修正案（六）》，扩大了受贿罪的主体范围，将公司、企业以外的其他单位诸如学校等事业单位中的非国家工作人员纳入本罪的主体，增设"非国家工作人员受贿罪"。❶同时，也相应地扩大了行贿罪主体。2009 年我国通过了《刑法修正案（七）》，增加规定了利用影响力受贿罪，❷将贿赂犯罪的惩治和预防范围扩大至国家工作人员的配偶、子女等关系密切的人以及离职国家工作人员，回应了《公约》打击利用影响力受贿行为的要求。2011 年我国通过的《刑法修正案（八）》❸将对外国公职人员、国际公共组织官员行贿的行为纳入刑法规定，满足了《公约》对贿赂外国公职人员或者国际公共组织官员予以刑法规制的要求。我国反贿赂刑法与《联合国反腐败公约》进行了一定的对接与协调，为我国反腐工作提供坚实的刑事法律基础。2023 年 7 月公布的《刑法修正案（十二）》（草案）增加了惩治民营企业内部人员故意背信损害企业利益犯罪规定，体现了国家保护民营企业产权和企业家权益，有效预防、惩治民营企业内部腐败犯罪的趋势。

二、反商业贿赂刑事合规风险

目前我国刑法涉及商业贿赂风险的罪名有十个，包括《关于办理商业贿赂刑事案件适用法律若干问题的意见》第一条的八个罪名❹、《刑法》第三百九十条之一的"对有影响力的人行贿罪"、《刑法》第一百六十四条第二款的"对外国公职人员、国际公共组织官员行贿罪"，我国企业违法上述规定则会产生反商业贿赂刑事合规风险。现以行贿犯罪、受贿犯罪和介绍贿赂犯罪三个方面进行介绍。

---

❶ 参见《中华人民共和国刑法修正案（六）》第七条。

❷ 参见《中华人民共和国刑法修正案（七）》第十三条。

❸ 参见《中华人民共和国刑法修正案（八）》第二十九条。

❹ 最高人民法院、最高人民检察院发布的《关于办理商业贿赂刑事案件适用法律若干问题的意见》第一条指出，商业贿赂犯罪涉及刑法规定的以下八种罪名：①非国家工作人员受贿罪（刑法第一百六十三条）；②对非国家工作人员行贿罪（刑法第一百六十四条）；③受贿罪（刑法第三百八十五条）；④单位受贿罪（刑法第三百八十七条）；⑤行贿罪（刑法第三百八十九条）；⑥对单位行贿罪（刑法第三百九十一条）；⑦介绍贿赂罪（刑法第三百九十二条）；⑧单位行贿罪（刑法第三百九十三条）。

（一）行贿犯罪

我国行贿犯罪体系中包括了行贿罪、对有影响力的人行贿罪、单位行贿罪、对单位行贿罪、对非国家工作人员行贿罪以及对外国公职人员、国际公共组织官员行贿罪。

在行为上，行贿罪的客观行为是给予国家工作人员财物，包括各种名义的回扣、手续费等，一旦国家工作人员实际收受了财物则行贿既遂。这里可以明确行贿罪的行为对象是局限于国家工作人员。行为上，作主动行贿、被索取贿赂、约定行贿和事后行贿的区分。常见的行为具体表现为交易形式、赠与干股及以开办公司名义假合作、假投资等。在买卖中，为了以次充好获取更大利益，行为人往往会通过行贿方式铤而走险。罗某非国家工作人员行贿一案❶中，罗某为保证以低热值煤炭冒充的高热值煤炭能够顺利销往徐州华润电力有限公司（简称华润电厂），通过现金和购物卡方式，买通、安插人员进入华润电厂采制样班组，通过只采好煤等方式提升煤炭热值，同时收买调度、程控等部门工作人员尽快将低热值煤炭加仓烧掉或用好煤覆盖防止抽检，行贿共计 618 余万元。

在主观上，构成行贿罪须为行为人主观上为故意，必须是行为人为了谋取不正当利益，而实际是否获取了不正当利益或者是否存在事后索回意思的不影响行贿罪的成立。对于不正当利益的认定，则为行贿人谋取违反法律、法规、规章或者政策规定的利益，或者要求对方违反法律、法规、规章、政策、行业规范的规定提供帮助或者方便条件❷。在招标投标、政府采购等商业活动中，违背公平原则，给予相关人员财物以谋取竞争优势的，亦属于"谋取不正当利益"。如龚某对非国家工作人员行贿罪一案❸中，龚某为了在项目招投标过程中标，向招标代理公司人员行贿共人民币 40 万元，以提前审核并修改其投标文件并让专家提高对其公司的评分等。

在数额上，行贿罪的成立以 3 万元人民币为起点。当行贿数额在 1 万元以上而不满 3 万元时，则满足以下任一情形❹则构成行贿罪：①向三人以上行贿的；②将违法所得用于行贿的；③通过行贿谋取职务提拔、调整的；④向负有食品、药品、安全生产、环境保护等监督管理职责的国家工作人员行贿，实施非法活动

---

❶ 参见江苏省徐州市中级人民法院（2020）苏 03 刑终 104 号刑事判决书。

❷ 参见《最高人民法院、最高人民检察院关于印发〈关于办理商业贿赂刑事案件适用法律若干问题的意见〉的通知（法发〔2008〕33 号）》第九条。

❸ 参见广东省中山市中级人民法院（2020）粤 20 刑终 235 号刑事判决书。

❹ 参见《最高人民法院、最高人民检察院关于印发〈关于办理商业贿赂刑事案件适用法律若干问题的意见〉的通知（法发〔2008〕33 号）》第七条。

的；⑤向司法工作人员行贿，影响司法公正的；⑥造成经济损失数额在 50 万元以上不满 100 万元的。

在主体上，行贿罪的行为主体一般为自然人，但因主体为单位时，则构成单位行贿罪。如陕西奥凯电缆有限公司（简称陕西奥凯公司）行贿案❶中，陕西奥凯公司为向施工单位销售不合格电缆以谋取非法利益，向中国铁建电气化局集团有限公司（简称中铁电气化局）地铁建设有关项目管理人员、施工单位相关负责人行贿 42.7 万元，构成单位行贿罪。特别指出，当单位实施行贿犯罪但是因行贿取得的违法所得归个人所有的，不以单位犯罪论处，仍然成立行贿罪。❷

在行为对象上，前述行贿罪的行为对象局限于国家工作人员，因为行贿行为对象的特殊性，刑法规定了对有影响力的人行贿罪、对单位行贿罪、对非国家工作人员行贿罪以及对外国公职人员、国际公共组织官员行贿罪。❸①对有影响力的人行贿罪的行为对象包括国家工作人员的近亲属、其他与该国家工作人员关系密切的人、离职的国家工作人员或者其近亲属以及其他与其关系密切的人。②对单位行贿罪的行为对象包括国家机关、国有公司、企业、事业单位和人民团体。例如湖北远达农机有限公司犯对单位行贿罪案❹中，湖北远达农机有限公司违反国家规定向应城市农机化技术推广服务站缴纳推广费、代为支付进餐费、招待费的方式行贿人民币共 177.5881 万元，使其放松了对该公司销售国家补贴机具的监管，这就是典型的对单位行贿罪。③对非国家工作人员行贿罪的行为对象包括公司、企业或者其他单位的工作人员，其中公司、企业的工作人员包括国有公司、企业以及其他国有单位中的非国家工作人员；其他单位的工作人员包括事业单位、社会团体、村民委员会、居民委员会、村民小组等常设性的组织，也包括为组织体育赛事、文艺演出或者其他正当活动而成立的组委会、筹委会、工程承包队等非常设性的组织。❺④对外国公职人员、国际公共组织官员行贿罪的行为对象则在罪名中就很明确。

在处罚上，根据对自然人行贿犯罪的处罚规定，一般以情节轻重而定，轻则有期徒刑或者拘役，并处罚金，情节严重如犯行贿罪使国家利益遭受特别重大损

---

❶ 参见陕西省高级人民法院（2019）陕刑终 199 号刑事判决书。
❷ 参见《中华人民共和国刑法》第三百九十三条。
❸ 参见《中华人民共和国刑法》第三百九十条之一、第三百九十一条、第一百六十四条。
❹ 参见湖北省应城市人民法院（2016）鄂 0981 刑再 1 号刑事判决书。
❺ 参见《最高人民法院、最高人民检察院关于印发〈关于办理商业贿赂刑事案件适用法律若干问题的意见〉的通知（法发〔2008〕33 号）》第二条、第三条。

失，甚至可能处于无期徒刑。单位行贿犯罪的，涉及对有影响力的人行贿罪、单位行贿罪、对单位行贿罪、对非国家工作人员行贿罪和对外国公职人员和国际公共组织官员行贿罪。一般是对单位判处罚金，对其直接负责的主管人员和其他直接责任人员依照自然人犯前罪的处罚规定论处。

（二）受贿犯罪

我国企业合规受贿犯罪体系中包括了利用影响力受贿罪、单位受贿罪、非国家工作人员受贿罪。由于受贿罪的行为主体局限于国家工作人员，国有公司、企业、事业单位、人民团体中从事公务的人员和国家机关、国有公司、企业、事业单位委派到非国有公司、企业、事业单位、社会团体从事公务的人员，以及其他依照法律从事公务的人员，以国家工作人员论。

构成受贿犯罪须为行为人主观上为故意。在行为构成上，第一，须要有行为人利用职务之便的行为，强调职务行为和受贿的关联性；第二，要有行为人主动索取他人财物的行为或者被动但实际接收、取得财物并承诺为他人谋取利益的行为。这里可以看出，主动索取贿赂行为更加严重，在构成上不要求为他人谋利即构成受贿，并且是从重处罚。行为人若要求请托人向知情的第三人提供贿赂，则第三人成立相关受贿犯罪的共犯。和行贿类似，受贿的行为模式也分为约定受贿、斡旋受贿和事后受贿。常见的行为具体表现为交易形式❶、收受干股、以开办公司名义假合作、假投资、假赌博、特定关系人挂名领取薪酬、指使给予他人财物、收受贿赂物品未办理权属变更等。例如上海申美饮料食品有限公司朱某等非国家工作人员受贿罪一案❷中，名义上是按业务量比例提取的回扣以及抬价部分的差额费而实际上是好处费；再如陕西李某受贿罪、介绍贿赂罪一案❸中，则是通过假投资即让行贿者为亲属投资开店的方式以及以明显高于市场的价格向请托人出售房屋变相收受财物。与行贿犯罪要求"为谋取不正当利益"不同，受贿犯罪对"为他人谋取利益"的认定，是包含了正当利益和不正当利益，最低要求是许诺为他人谋利，包括明示和暗示的许诺、真实和虚假的许诺、直接和通过第三人向行贿人间接的许诺。

在数额上，受贿犯罪的成立以3万元为起点。如果受贿1万元以上，则满足

---

❶　参见《最高人民法院、最高人民检察院关于办理国家出资企业中职务犯罪案件具体应用法律若干问题的意见》第四点。

❷　参见上海市浦东新区人民法院（2009）浦刑初字第2164号刑事判决书。

❸　参见陕西省咸阳市中级人民法院（2018）陕04刑初32号刑事判决书。

以下任一情形 ❶ 则构成受贿罪：①曾因贪污、受贿、挪用公款受过党纪、行政处分的；②曾因故意犯罪受过刑事追究的；③赃款赃物用于非法活动的；④拒不交代赃款赃物去向或者拒不配合追缴工作，致使无法追缴的；⑤造成恶劣影响或者其他严重后果的；⑥多次索贿的；⑦为他人谋取不正当利益，致使公共财产、国家和人民利益遭受损失的；⑧为他人谋取职务提拔、调整的。

因主体不同，存在单位受贿罪、非国家工作人员受贿罪、利用影响力受贿罪。以单位为行为主体实施受贿行为的构成单位受贿罪，单位受贿罪与受贿罪的区别有三点：第一，行为主体不同，单位受贿罪行为主体为单位，包括国家机关、国有公司、企业、事业单位、人民团体以及国有单位的内设机构 ❷；第二，单位无论是主动索贿还是被动收受贿赂都要求为他人谋利并且情节严重；第三，单位受贿罪行为模式不包括斡旋受贿，且其约定受贿中排除单位合法收取回扣、手续费的情形。例如中国广电山东网络有限公司茌平分公司犯单位受贿罪一案 ❸ 则是单位负责人以解决公司经费为由索贿，本质上则仍为账外暗中收受各种名义的回扣。非国家工作人员受贿罪是行为主体则是公司、企业或者其他单位的工作人员，其行为主体范围与对非国家工作人员行贿罪的行为主体范围一致。利用影响力受贿罪与对有影响力的人行贿罪相对应，有影响力的对象范围一致，在行为上，作为影响力来源的国家工作人员要求至少许诺为请托人谋取不正当利益，不需要对行为内容知情即可成立利用影响力受贿罪。

（三）介绍贿赂犯罪

介绍贿赂犯罪指介绍贿赂罪，是行为人明知他人意图向国家工作人员行贿，而向国家工作人员提供该信息，情节严重的行为。行为主体和行贿方没有限定，受贿一方必须是国家工作人员。一般情况下，介绍人实施介绍贿赂行为同时对行贿、受贿起帮助作用的，从一重罪处罚。如陕西李某介绍贿赂罪一案 ❹ 中，詹某介绍广州市娇火饲料有限公司负责人黄某认识国有企业负责人陈某，帮助广州市娇火饲料有限公司成为该国有企业供应商，黄某在詹某介绍和帮助下根据货款金额一定的比例多次到某公司给予陈某现金回扣。犯介绍贿赂罪的，根据犯罪情节

---

❶ 参见《最高人民法院、最高人民检察院关于印发〈关于办理商业贿赂刑事案件适用法律若干问题的意见〉的通知（法发〔2008〕33 号）》第一条。

❷ 参见《最高人民检察院研究室关于国有单位的内设机构能否构成单位受贿罪主体问题的答复》。

❸ 参见山东省聊城市中级人民法院（2015）聊刑二终字第 8 号刑事判决书。

❹ 参见广东省佛山市中级人民法院（2020）粤 06 刑终 482 号刑事判决书。

等情况可以判处死刑缓期二年执行，同时裁判决定在其死刑缓期执行二年期满依法减为无期徒刑后，终身监禁，不得减刑、假释。介绍贿赂人在被追诉前主动交待介绍贿赂行为的，可以减轻处罚或者免除处罚。

三、反商业贿赂行政合规风险

我国企业反商业贿赂行政合规风险的依据主要是《反不正当竞争法》以及原国家工商行政管理局为实施该法而颁布的《关于禁止商业贿赂的暂行规定》、为规范各行业行为颁布的行政法规和部门规章以及行业协会的行业规定。

（一）以反不正当竞争与行业行政许可为基础

1. 反不正当竞争规制商业贿赂

《反不正当竞争法》第七条明确了禁止经营者贿赂交易向对方以及与交易相关的单位或个人以谋取交易机会或者竞争优势。《关于禁止商业贿赂的暂行规定》进一步细化和解释商业贿赂的相关概念，包括商业贿赂、财物、其他手段、回扣、折扣和佣金等。[1] 经营者违法贿赂他人或是有关单位或者个人购买或者销售商品时收受贿赂，则由监督检查部门没收违法所得，处 10 万元以上 300 万元以下的罚款；情节严重的，吊销营业执照。[2]

2. 禁止以商业贿赂方式获得经营许可

《行政许可法》《电影产业促进法》《出口管制法》《海上交通安全法》《种子法》《广告法》等对电影行业、管制物项进出口、船舶运输业、农业、传媒行业等在相关证件申报、获取以及审查上进行反商业贿赂规范，若企业或个人通过贿赂等不正当手段获得审批通过或获取经营许可，则一般会受到相关主管部门的处罚，包括责令改正、没收违法所得、罚款、吊销经营许可证、撤销批准、相关经营活动禁令等。[3]

（二）以各行业立法规范为补充细化

1. 医药购销领域

我国医药购销领域反商业贿赂行政合规依据主要为《药品管理法》与《关

---

[1] 参见《关于禁止商业贿赂行为的暂行规定》第二条和第五条。

[2] 参见《中华人民共和国反不正当竞争法》第十九条。

[3] 参见《行政许可法》《电影产业促进法》《出口管制法》《海上交通安全法》《种子法》《广告法》等的法律责任章节。

于建立医药购销领域商业贿赂不良记录的规定》。目的在于加强医疗机构的管理，规范医疗卫生机构采购药品、医用设备、医用耗材等行为，制止非法交易活动，打击商业贿赂行为。针对药品上市许可持有人、药品生产企业、药品经营企业或者医疗机构给予、收受回扣或者其他不正当利益的行为❶，对于负责人、药品采购人员、医师、药师等有关人员，由市场监督管理部门没收违法所得，并处30万元以上300万元以下的罚款；情节严重则吊销相关企业的营业执照并由药品监督管理部门吊销药品批准证明文件、药品生产许可证和药品经营许可证。上述企业如果在药品研制、生产、经营中向国家工作人员行贿，则对其法定代表人、主要负责人、直接负责的主管人员和其他责任人员终身禁止从事药品生产经营活动。同理，上述主体在药品购销中受贿的，没收违法所得，依法给予处罚；情节严重的，五年内禁止从事药品生产经营活动。对其相工作人员，由卫生健康主管部门或者本单位给予处分，没收违法所得；情节严重则吊销其执业证书❷。目前，各省级卫生计生行政部门建立商业贿赂不良记录，对于医药生产经营企业及其代理人给予采购与使用其药品、医用设备和医用耗材的医疗卫生机构工作人员以财物或者其他利益可能列入商业贿赂不良记录。❸

2. 建筑行业

建筑行业的商业贿赂行为，不仅损害企业利益甚至国家利益，严重影响工程质量，可能引发公共安全、民众人身安全等问题。因此，对尚不构成犯罪的工程发包与承包中索贿、受贿、行贿的行为，分别处以罚款、没收贿赂的财物、对直接负责的主管人员和其他直接责任人员给予处分。此外，对在工程承包中行贿的承包单位，在上述处罚外，还可以责令停业整顿、降低资质等级或者吊销资质证书。❹

3. 金融领域

金融领域除了行政监管以外，行业自律起到了重要作用。针对会员单位和非会员单位，采取不同的惩罚措施❺。对于会员单位，一般分为两种情况。第一，

---

❶ 参见《中华人民共和国药品管理法》第一百四十一条和第一百四十二条。
❷ 参见《中华人民共和国药品管理法》第一百四十一条和第一百四十二条。
❸ 参见《关于建立医药购销领域商业贿赂不良记录的规定》第四条。
❹ 参见《中华人民共和国建筑法》第六十八条。
❺ 参见《中国银行业反不正当竞争公约》第二十条到第二十三条。

对于情节轻微的行为，中国银行业协会自律工作委员会对单位采取自律惩戒措施，如责令限期改正、协会内部通报；并且由所在单位根据有关规定给予相关从业人员批评教育或行政处分。第二，对于情节严重的行为，中国银行业协会自律工作委员会上报银监会处理，并对该从业人员采取禁入措施，并提出处理建议报中国银监会。对于非会员单位和非会员单位从业人员，都将由中国银行业协会自律工作委员会报中国银监会处理。证券投资基金业亦对商业贿赂行为实行行业协会自律监察，对违反相关规定的会员单位给予书面批评、通报批评、公开谴责等纪律处分，并在行业诚信数据库中予以记录。❶

四、政府及有关部门反商业贿赂合规监管

（一）国内反商业贿赂合规现状

作为企业合规的核心领域，反商业贿赂合规日益成为国家改善企业内部治理结构、强化内控机制的重要抓手。北京师范大学中国企业家犯罪预防研究中心于 2022 年 5 月 28 日发布了《中国反贿赂合规调查报告》（简称《报告》）❷，《报告》对全国一线、二线、三线、四线城市抽取 171 家企业进行调查，覆盖了制造业、建筑地产、批发零售（贸易）、金融保险、信息技术、矿产资源能源、农林渔牧、服务业、交通运输物流仓储等九大行业领域，调查企业管理人员共 5178 人。

《报告》显示，我国企业反腐败合规体系已初步具备一定的组织基础，超过70% 的企业设立了负责内部反贿赂合规工作的部门；其中，国有企业合规机构的设置状况优于民营企业，大型企业合规机构设置状况相对较好，金融保险行业合规机构的设置状况明显优于其他行业。根据《报告》，在反商业贿赂合规培训、礼品招待和接受申报制度、反贿赂调查机构设置方面，国有企业反贿赂合规相关工作明显优于民营企业；金融保险和矿产能源资源行业反贿赂合规状况优于其他行业；大型企业反贿赂合规落实状况较好。在企业管理人员对相关问题的观念和态度上，我国企业管理人员的主流观念赞同根据相关人员对企业的重要性"灵活把握"，这在一定程度上折射出我国企业管理人员对通过礼品招待进行不当勾兑的容忍态度，反映了这个群体具有相当的贿赂犯罪风险。在现实生活中，企业职工对本企业人员贿赂行为的实际举报积极性不高，反贿赂合规的正向企业文化氛

❶ 参见《中国证券投资基金业协会会员反商业贿赂公约》第五条、第八条。
❷ 参见赵军. 中国反贿赂合规调查报告 [R]. 北京师范大学中国企业家犯罪预防研究中心，2022。

围远未达成。企业查处内部员工行贿的实际力度相当有限。

现阶段我国企业反商业贿赂合规的建构已非"平地起高楼"，是企业合规制度体系改革的基础。但是，我国企业反商业贿赂合规的整体水平仍然较低。民营企业、无资源优势或垄断地位的行业以及中小型企业反商业贿赂合规建构的整体水平大幅落后于国有企业、大型企业以及金融保险、矿产能源等优势行业。我国企业反商业贿赂合规的实际水平还未达到国家反腐斗争的总体要求。

（二）执法典型

1. 地域执法典型——上海反商业贿赂执法情况分析❶

自 2017 年《反不正当竞争法》修订以来，上海市的反商业贿赂行政执法保持活跃态势。2018 ～ 2021 年上海市反商业贿赂行政执法案件数量如图 8-1 所示。

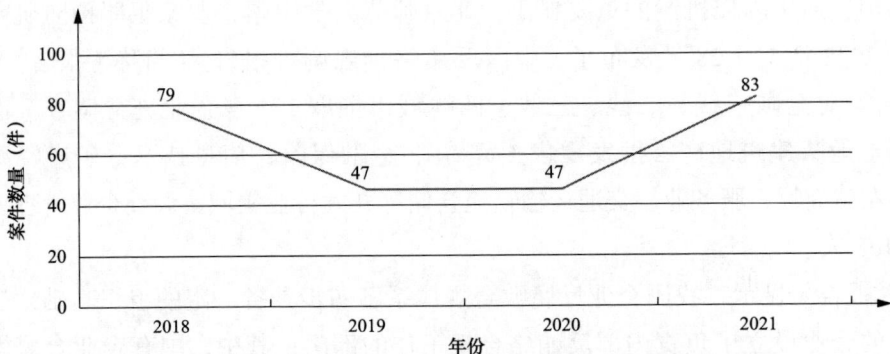

图 8-1　2018 ～ 2021 年上海市反商业贿赂行政执法案件数量

2021 年 9 月，中央纪委国家监委与中央组织部、中央统战部、中央政法委、最高人民法院、最高人民检察院联合印发《关于进一步推进受贿行贿一起查的意见》（简称《意见》），对进一步推进受贿行贿一起查作出部署。《意见》要求纪检监察机关、审判机关和检察机关在履行职责过程中，既要严肃惩治行贿，还要充分保障涉案人员和企业合法的人身和财产权益，保障企业合法经营。要组织开展对行贿人作出市场准入、资质资格限制等问题进行研究，探索推行行贿人"黑名单"制度。因此，2021 年上海市反商业贿赂执法活跃度上升，案件数量较以往

---

❶　参见方建伟，王渊，高洁，朱殿濛. 2021 年上海市反商业贿赂行政执法年度观察（上）——图解篇 [EB/OL]. https：//weibo.com/ttarticle/p/show?id=2309404730895440675352&sudaref=www.baidu.com。

呈现明显增长态势，执法力度不断加强（见图 8-1）。

2021 年上海市反商业贿赂执法主要贿赂形式如图 8-2 所示。2021 年上海市反商业贿赂执法活动中，现金仍然是商业贿赂的主要手段，但是现金的给付形式与名目呈现多样化发展。除了通过常用 App 支付软件、银行转账、提成等方式直接支付之外，还有通过转账给第三方如受贿人近亲属、特定关系人等方式，费用名目更是五花八门，如商务报销、代付餐饮娱乐及机酒旅游费用等。

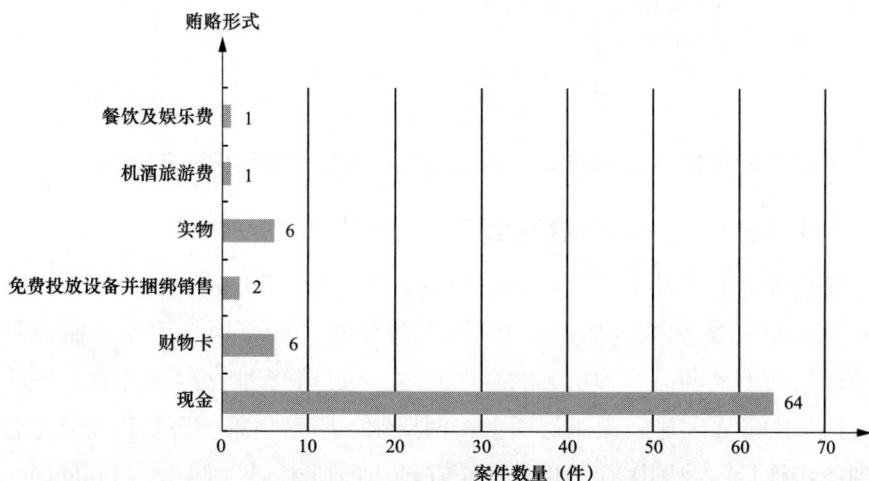

图 8-2　2021 年上海市反商业贿赂执法主要贿赂形式

2021 年之前，医疗器械、医疗行业等相关行业一直是上海市商业贿赂执法的重点行业。但通信工程（宽带接入服务）领域成为 2021 年上海市反商业贿赂执法重点关注行业，物业公司被认定构成"利用职权或者影响力影响交易的单位"。2021 年上海市反商业贿赂行政执法被处罚企业所处行业关键词如图 8-3 所示。因为宽带业务公司向业主提供宽带服务时，能否成功交易取决于业主的选择，而非物业公司以合作协议方式准许宽带业务公司进驻其管辖的物业项目，但是如果宽带业务公司与物业公司签订的合作协议约定物业公司只与该宽带业务公司开展合作、只允许该宽带业务公司进驻物业项目开展宽带服务的话，就会直接导致业主别无选择、只能与上述宽带业务公司进行交易，那么在此种情况下，宽带业务公司支付给物业公司的"物业返点""物业管理费"的绝大部分就构成商业贿赂。

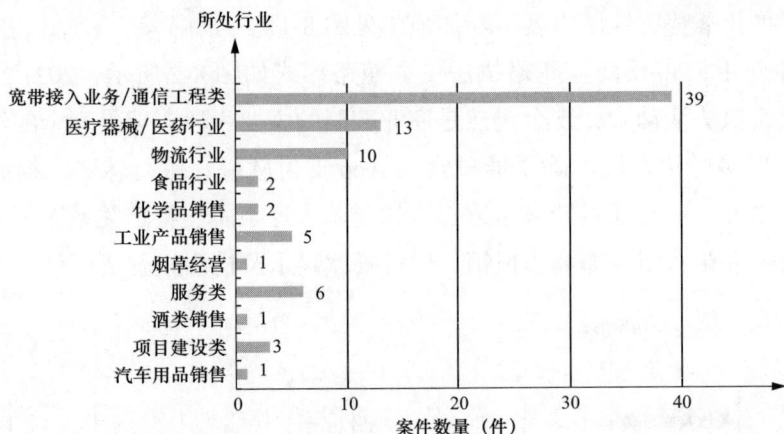

图 8-3　2021 年上海市反商业贿赂行政执法被处罚企业所处行业关键词

2. 行业执法典型——药械行业反商业贿赂执法情况分析 ❶

药械行业一直是反商业贿赂执法重点关注行业，2014 ~ 2019 年医疗器械行业商业贿赂处罚案例数量如图 8-4 所示。近年来，随着医疗卫生体制改革的深化，法律层面上《药品管理法》的全面修改，《疫苗管理法》《基本医疗卫生与健康促进法》的颁布实施；政策层面上，两票制、带量集采、医药代表登记备案由试点到逐步推行，我国医疗卫生行业正在经历前所未有的变革。与此同时，国家针对药械行业商业贿赂的执法日益严格，各类执法活动逐渐形成长效机制。

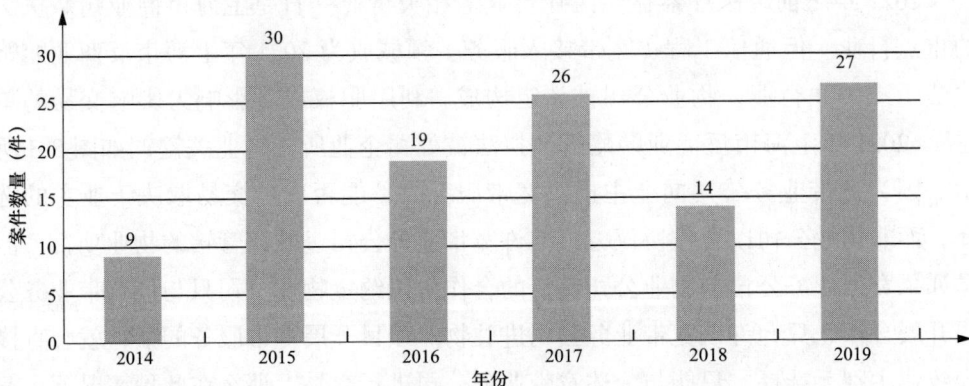

图 8-4　2014 ~ 2019 年医疗器械行业商业贿赂处罚案例数量

在上海市全行业反商业贿赂行政处罚案件数量整体下降的背景下（根据相关

---

❶　参见傅长煜，伊向明 . 药品、医疗器械行业反商业贿赂等执法实践及营销推广模式合规风险分析 [EB/OL].https：//weibo.com/ttarticle/p/show?id=2309404567235233710263。

统计，2017 年度约 130 余件，2018 年度约 80 余件，2019 年度约 50 件），药械行业商业贿赂处罚案例虽然总量增长不显著，但是占全行业商业贿赂案件数量的比重总体上升。这种现象可能与《反正当竞争法》修改、医改的大背景具有一定关系。

2014 ～ 2019 年企业药械商业贿赂罚款如图 8-5 所示。2018 年度及 2019 年度，罚款总额均较上年度显著增长，平均值较上一年度几乎翻了一番。究其原因，应与新《反不正当竞争法》的实施有关。2018 年 1 月 1 日，新《反不正当竞争法》实施，商业贿赂的罚款数额由旧《反不正当竞争法》的"1 万元以上 20 万元以下"大幅提升至"10 万元以上 300 万元以下"❶。适用新《反不正当竞争法》案例的增加拉动了年度罚款平均值的上升，2019 年适用新《反不正当竞争法》的案件比例进一步上升，带动罚款平均值进一步升高。

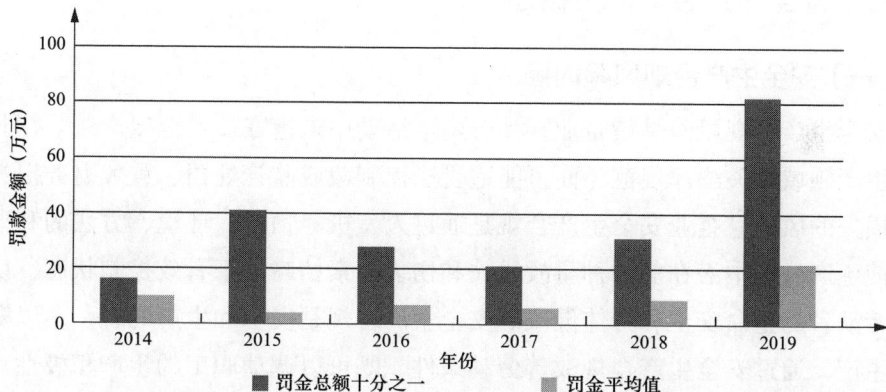

图 8-5　2014 ～ 2019 年企业药械商业贿赂罚款

罚金平均值虽然较新《反不正当竞争法》实施前显著提升，但较新《反不正当竞争法》规定的"10 万元以上 300 万元以下"和《药品管理法》规定的"30 万元以上 300 万元以下"❷ 仍然偏低。随着适用新《反不正当竞争法》的案例增加及执法机关适用新《反不正当竞争法》执法经验的积累，罚款金额的平均值和最高值可能会进一步上升。

---

❶　参见《中华人民共和国反不正当竞争法》第十九条。
❷　参见《中华人民共和国药品管理法》第一百四十一条。

第九章　安全生产合规风险

近年来，通过各方面的共同努力，全国安全生产工作不断得到加强，呈现总体稳定、持续好转的发展态势。但同时，我们也要清醒地看到，我国仍处于安全风险隐患凸显期，安全生产形势依然严峻。规范企业安全生产行为，强化安全生产监督管理，对预防各类事故尤其是遏制重特大事故的发生，促进经济发展和保持社会稳定，保障人民群众生命和财产安全，都具有重要现实意义。

一、安全生产合规风险概述

（一）安全生产合规风险内涵

安全生产合规风险是指企业在社会生产活动中未遵守《安全生产法》《刑法》和各生产领域相关法律规范，而可能遭受法律制裁或监管处罚、重大财务损失或声誉损失的风险。企业安全生产合规是通过人、机、物料、环境、方法的和谐运作，使生产过程中潜在的各种事故风险和伤害因素始终处于有效控制状态，切实保护劳动者的生命安全和身体健康。安全生产合规是安全和生产的统一，以安全促进生产，通过安全生产合规改善劳动条件，既可以调动职工的生产积极性，又能通过预防和减少安全事故以减少劳动力和财产的损失，从而提高企业效益。

（二）安全生产合规依据

《中央企业合规管理办法》明确将"安全生产"列为中央企业应当加强合规管理的重点领域之一❶。我国安全生产领域现有法律包括《刑法》及相关司法解释、综合性法律和专项法律。综合性法律目前主要是《安全生产法》。在强化企业合规背景下，《安全生产法》自 2021 年作出了新的修订，从建立健全全员安全生产责任制，加强安全生产标准化、信息化建设，构建安全风险分级管控等，到建立隐患排查治理双重预防机制、健全风险防范化解机制，以及人民安全至上、关注从业人员的身心健康等，都体现了新《安全生产法》将安全生产合规理念贯穿至合规义务来源、合规检查、合规文化等整个安全合规体系中。专项法律指具

---

❶ 参见《中央企业合规管理办法》第十八条。

体规范某一专业领域安全生产的法律，包括矿山领域、交通领域、建筑施工领域、消防领域等（如《矿山安全法》《煤炭法》《消防法》《石油天然气管道保护法》等）。

安全生产领域行政法规主要涉及矿山、交通运输、建筑施工、消防安全、危险化学品、民用爆炸品等行业领域，包括《矿山安全法实施条例》《生产安全事故报告和调查处理条例》《建设工程质量管理条例》《危险化学品安全管理条例》《道路运输条例》《民用爆炸物品安全管理条例》等。

二、安全生产刑事合规风险

目前刑法及相关司法解释是我国企业安全生产刑事合规风险主要依据。2020年《刑法修正案（十一）》❶新增了"危险作业罪"；同时增加规定了组织他人违章冒险作业的情形，修正后罪名确定为强令、组织他人违章冒险作业罪。❷

安全生产犯罪都是一般主体，即年满16周岁、有刑事责任能力的自然人，排除单位犯罪。

危险作业罪是指在生产、作业中具有违反有关安全管理规定的特定情形，造成具有发生重大伤亡事故或者其他严重后果的现实危险的行为❸。由此可知，犯罪客体是生产、作业中有关安全生产的管理制度。为了预防安全事故的发生，危险作业罪不要求实际发生生产、作业事故，只要行为人满足违反生产、作业中有关安全生产的管理制度和行为具有发生重大伤亡事故或者其他严重后果的现实危险这两个条件，就可以构成危险作业罪。关于现实危险需要结合案件情况进行综合判断，如生产作业的场所设施是否符合规范、前期整改是否落实以及生产作业的场所中可燃性气体是否达到随时可能发生爆炸的浓度、生产作业场所具有坍塌可能等情形。危险作业罪具体表现为三种情形：一是关闭、破坏直接关系生产安全的设施和设备如监控、报警装置、防护设施、救生设备等，或者篡改、隐瞒、销毁直接关系生产安全的数据和信息；二是因存在重大事故隐患被有关部门依法责令整改而拒不执行的；三是未经依法批准或者许可、擅自从事涉及安全生产的事项的生产作业活动，如采矿、建设工程、危险物品生产等。例如在潘某无证生

---

❶ 参见《中华人民共和国刑法修正案（十一）》第三条、第四条。
❷ 参见《最高人民法院、最高人民检察院关于执行〈中华人民共和国刑法〉确定罪名的补充规定（七）》。
❸ 参见《中华人民共和国刑法》第一百三十四条之一。

产、销售甲醇燃料油案 ❶ 中，潘某在未取得危险化学品经营许可证的情况下，私自购买甲醇和甲醇燃料油配方，调配、存放大量甲醇燃料油在餐饮店销售。因此危险作业罪主观方面为故意犯罪。因为危险作业罪是对安全生产事故的事前处罚，并未发生严重后果，处罚较轻，处一年以下有期徒刑、拘役或者管制。

强令、组织他人违章冒险作业罪是指强令他人违章冒险作业，或者明知存在重大事故隐患而不排除，仍冒险组织作业，因而发生重大伤亡事故或者造成其他严重后果的行为 ❷。犯罪客体是作业安全。强令、组织他人违章冒险作业罪的主体为一般主体，包括对生产、作业负有组织、指挥或者管理职责的负责人、管理人员、实际控制人、投资人等人员 ❸。对于强令他人违章冒险作业，相关管理人员明知自己的决定违反安全作业的规章制度，可能会发生安全事故，却怀有侥幸心理，自认不会出事，其发出他人必须或者应当执行的指令内容，并产生了使他人违心违章冒险作业的危害后果的行为 ❹。主要表现为利用组织、指挥、管理职权或威逼、胁迫、恐吓等手段，强制他人违章作业。例如陈某作为环冷机区域负责人，在明知该车间内环冷机台车运转时不能进行环冷机密封罩作业的情况下，仍多次向烧冷班组派发相关维修事项，并利用考核罚款的方式责令其工人违章作业，致使一工人头部被环冷机台车挤压后当场死亡，构成强令他人违章冒险作业罪 ❺。组织他人违章冒险作业是指负责管理施工、作业等工作的管理人员，明知存在重大事故隐患而不排除，可能会发生安全事故，却怀有侥幸心理，自认不会出事，仍冒险组织作业的行为。主要表现为故意掩盖事故隐患，组织他人违章作业 ❻。强令、组织他人违章冒险作业罪主观方面为过失构成，主要为过于自信的过失。在刑事责任上，处五年以下有期徒刑或者拘役；情节特别恶劣 ❼ 的，处五年以上有期徒刑。

危险物品肇事罪的犯罪客体是社会公共安全。犯罪主体为特殊主体，即从事

---

❶ 参见浙江省玉环县人民法院（2021）浙 1021 刑初 639 号刑事判决书。

❷ 参见《中华人民共和国刑法》第一百三十四条第二款。

❸ 参见《最高人民法院、最高人民检察院关于办理危害生产安全刑事案件适用法律若干问题的解释》第二条。

❹ 参见黄太云.立法解读：刑法修正案及刑法立法解释 [M].北京：人民法院出版社，2006：105-106 页。

❺ 参见江苏省张家港市人民法院（2020）苏 0582 刑初 554 号刑事判决书。

❻ 参见《最高人民法院、最高人民检察院关于办理危害生产安全刑事案件适用法律若干问题的解释》第五条。

❼ 参见《最高人民法院、最高人民检察院关于办理危害生产安全刑事案件适用法律若干问题的解释》第七条第二款。

生产、储存、运输、使用危险物品的人员❶。主观方面由过失构成，即行为人对违反危险物品管理规定的行为所造成的危害后果具有疏忽大意或者过于自信的主观心理。危险物品肇事罪中生产、储存、运输、使用危险物品本是合法行为，但是在生产、储存、运输、使用过程中违反爆炸性、易燃性、放射性、毒害性、腐蚀性物品的管理规定，发生了重大事故。山东某石化公司总经理马某因未取得危险化学品的运输资质，将其危险品运输车挂靠在迪科中心名下，该危险品运输车超载运输液氯，且轮胎不达标，导致在高速公路行驶时轮胎爆裂，车辆侧翻，发生液氯泄漏，造成 29 人因氯气中毒死亡，400 余人中毒住院治疗，数千头（只）家畜、家禽死亡，大面积农作物绝收或受损等，马某成立危险物品肇事罪❷。在刑事责任上，造成严重后果的，处三年以下有期徒刑或者拘役；后果特别严重的❸，处三年以上七年以下有期徒刑。

对于强令、组织他人违章冒险作业罪和危险物品肇事罪发生重大伤亡事故或者造成其他严重后果应当根据以下情形认定：①造成死亡一人以上，或者重伤三人以上的；②造成直接经济损失 100 万元以上的；③其他造成严重后果或者重大安全事故的情形。❹

重大责任事故罪、重大劳动安全事故罪、大型群众性活动重大安全事故罪、工程重大安全事故罪、消防责任事故罪以及不报、谎报安全事故罪❺所保护的是安全，如重大责任事故罪保护的是生产作业安全，大型群众性活动重大安全事故罪保护的是公共安全，工程重大安全事故罪保护的是建筑工程安全，消防责任事故罪保护的是消防安全等。上述犯罪主观方面除了不报、谎报安全事故罪是故意，其他均为过失，行为上违反有关安全管理规定可能出于故意也可能是过失，但是对于其行为引起严重后果必然是出于过失，行为人是不希望发生严重后果

---

❶　参见《中华人民共和国刑法》第一百三十六条。

❷　参见江苏省淮安市中级人民法院（2006）淮刑初字第 14 号刑事判决书。

❸　根据《最高人民法院、最高人民检察院关于办理危害生产安全刑事案件适用法律若干问题的解释》第七条规定，实施刑法第一百三十二条、第一百三十四条第一款、第一百三十五条、第一百三十五条之一、第一百三十六条、第一百三十九条规定的行为，因而发生安全事故，具有下列情形之一的，对相关责任人员，处三年以上七年以下有期徒刑：（一）造成死亡三人以上或者重伤十人以上，负事故主要责任的；（二）造成直接经济损失五百万元以上，负事故主要责任的；（三）其他造成特别严重后果、情节特别恶劣或者后果特别严重的情形。

❹　参见《最高人民法院、最高人民检察院关于办理危害生产安全刑事案件适用法律若干问题的解释》第六条第一款和第二款。

❺　参见《中华人民共和国刑法》第一百三十四条第一款、第一百三十五条、第一百三十五条之一、第一百三十七条、第一百三十九条、第一百三十九条之一。

的。处罚对象都是自然人，但其中大型群众性活动重大安全事故罪、工程重大安全事故罪、消防责任事故罪是单罚制的单位犯罪，即只处罚直接负责的主管人员和其他直接责任人员。对于相关后果的认定上，按照最高人民法院、最高人民检察院《关于办理危害生产安全刑事案件适用法律若干问题的解释》第六条、第七条的标准认定。根据违反的安全管理规定的不同，作以下罪名的区分。

重大责任事故罪强调的是重大事故发生在生产作业活动中，并与有关职工、从业人员生产作业活动有直接联系或者密切联系。不仅包括直接的生产、作业活动，还包括与直接生产、作业活动密切相关的前期准备过程（如制定生产计划、进行生产设计等）。不局限于一定时间和场所，甚至可能在停业整顿期间或者生产、作业中间休息的过程中。因此行为主体为从事生产、作业的人员。重大责任事故罪中违反的安全管理规定不局限于国家颁布的各种与安全生产、作业有关的法律、法规、规章等规范性文件，还有行业相关规范，包括工艺技术、生产操作、技术监督、劳动保护、安全管理等方面的规定。实践中多表现为从事生产、作业的一般员工不服从本单位管理人员的管理或者不服从本单位领导出于安全生产考虑对工作的安排未按照有关安全管理规定进行生产、作业，或者管理人员违背客观规律瞎指挥、擅离职守、雇佣不合格员工、默许或纵容违章行为等。对于发包方管理人员要求履行依法安全监管的责任，例如在江苏省 2014 年第 40 号参阅案例中，倪某作为运动中心工程项目总负责人，明知工程材料不合格，按规定应当组织人员对项目工程的高大模板支撑系统进行检查验收而未验收，以至于在浇筑混凝土时，运动中心高大模板支撑系统突然变形并坍塌，致使在支撑排架上作业多位工人死亡❶。对于承包方和分包方则是对现场施工的安全管理，如李某组织的施工队属松散型队伍，不具备高空作业资质，工人施工过程中不采取安全防护措施，工人为便于操作，将主绳互相捆绑在双方主绳绳结内，在未绑安全绳、未戴安全帽的情况下即进行高空作业，李某发现此情况后也未及时有效制止，后工人因主绳发生脱落导致一人高空坠落死亡❷。在刑事责任上，处三年以下有期徒刑或者拘役；情节特别恶劣的，处三年以上七年以下有期徒刑。

重大劳动安全事故罪强调的是因安全生产设施或者安全生产条件不符合国家规定而重大伤亡事故或者造成其他严重后果的行为。其中，安全生产设施于保护劳动者人身安全的各种设施、设备（如防护网、有毒气体检验设备等）。安全生

---

❶ 参见江苏省南通市中级人民法院（2013）通中刑终字第 0060 号刑事判决书。
❷ 参见山西省太原市中级人民法院（2021）晋 01 刑终 282 号刑事判决书。

产条件主要是指保障劳动者安全生产、作业必不可少的安全防护用品和措施（如绝缘服、防毒面具、防爆服等）。行为具体表现为未依法经有关部门审查批准，擅自将相关生产安全设施投入生产或使用；不为工人提供法定必要的劳动防护用品；因不具备安全生产条件或存在重大事故隐患被行政执法机关责令停产、停业或者取缔、关闭后，仍强行生产经营等。例如杨某作为某矿业有限公司实际出资人和实际管理人，非法将矿山建设施工发包给不具备施工资质和安全管理能力的个人，放弃对外包作业人员管理，不落实安全生产管理责任，在监督管理局下达停止施工的决定后，放任施工队继续作业，导致工人违章在井下爆破作业，发生岩石坍塌事故并造成二人死亡 **❶**。刑事责任上，对直接负责的主管人员和其他直接责任人员，处三年以下有期徒刑或者拘役；情节特别恶劣的，处三年以上七年以下有期徒刑。

大型群众性活动重大安全事故罪是举办大型群众性活动违反安全管理规定，因而发生重大伤亡事故或者造成其他严重后果的行为。安全管理规定是指国家有关部门为保证大型群众性活动安全、顺利举行制定的《大型群众性活动安全管理条例》等有关规定，该条例规定的"违反安全管理规定"的具体行为有：①未经许可，擅自举办大型群众性活动；②超过核准人数；③场地及其附属设施不符合安全标准，存在安全隐患（如场地建筑不坚固，有发生倒塌坠毁的可能性，各种电线、线路老化，容易引发火灾）；④消防设施不符合法定要求；⑤没有制定安全保卫工作方案等 **❷**。犯罪主体是特殊主体，为对发生大型群众性活动重大安全事故直接负责的主管人员和其他直接责任人员，即大型群众活动的策划者、组织者、举办者以及对大型活动的安全举行、紧急预案负有具体落实、执行职责的人员。大型群众性活动重大安全事故罪必须发生重大伤亡事故或者造成其他严重后果。重大伤亡事故是指致使多人重伤、死亡的事故。例如李某在公安机关作出不予受理决定情况下，仍然决定组织承办了"穿越某沙漠英雄会"活动，活动内容包括全地形车 U2 挑战赛等内容，活动期间现场聚集逾千人，比赛场地内未设置安全标示及安保人员，致使游客谭某驾驶越野摩托车闯入比赛场地内与参赛选手尚某驾驶 UTV 赛车相撞，造成谭某死亡、尚某受伤 **❸**。其他严重后果是指致使国

❶　参见安徽省六安市中级人民法院（2021）皖 15 刑终 25 号刑事判决书。

❷　参见《大型群众性活动安全管理条例》第六条至第八条、第十三条、第十五条、第十八条至第二十条。

❸　参见内蒙古自治区库伦旗人民法院（2018）内 0524 刑初 13 号刑事判决书。

家财产、人民利益遭受重大损失等情形。在刑事责任上，处三年以下有期徒刑或者拘役；情节特别恶劣的，处三年以上七年以下有期徒刑。

工程重大安全事故罪指建设单位、设计单位、施工单位、工程监理单位违反国家规定，降低工程质量标准，造成重大安全事故的行为。上述单位包括窨井盖建设、设计、施工、工程监理单位❶。窨井盖包括城市、城乡接合部和乡村等地的窨井盖以及其他井盖。行为具体表现为违反操作规程粗制滥造、以次料充当好料、不实行严格的质量检测等行为。重大安全事故是指建筑工程交付使用后，由于工程质量不合格，导致建筑工程坍塌、断裂，造成人员伤亡或者交通工具倾覆等事故。如范某、肖某、汪某作为建设单位、施工单位、工程监理单位的直接责任人，参与警苑小区工程建设，未按照规范技术要求进行地基处理与施工导致地基不均匀沉降，违法降低施工质量标准，在检测与监测上未经承载力检验，建筑经鉴定判定为危险性较高，导致发生工程重大安全事故，造成直接经济损失3800余万元❷。在刑事责任上，对直接责任人员，处五年以下有期徒刑或者拘役，并处罚金；后果特别严重的，处五年以上十年以下有期徒刑，并处罚金。

消防责任事故罪指违反消防管理法规，经消防监督机构通知采取改正措施而拒绝执行，造成严重后果的行为。前述严重后果是指导致发生重大火灾，造成人员伤亡，或者公私财产遭受重大损失等情形。犯罪主体为特殊主体，即负有消防安全责任的人员。实践中多为机关、团体、企事业等单位中对消防工作负有直接责任的人员。例如李某作为建业大厦的经营管理负责人，拒不执行消防部门因建业大厦未经消防验收擅自出租作出的停止使用处罚决定，后因电源线短路造成火灾，损失经评估高达4066.23万元，李某成立消防责任事故罪❸。在刑事责任上，对直接责任人员，处三年以下有期徒刑或者拘役；后果特别严重的，处三年以上七年以下有期徒刑。

不报、谎报安全事故罪是指在安全事故发生后，负有报告职责的人员不报或者谎报事故情况，贻误事故抢救，情节严重的行为。犯罪主体为特殊主体，是负有报告职责的人员，即生产经营单位的负责人、实际控制人、负责生产经营管理的投资人、对安全事故本身负有责任的人员（行为已经构成相关安全事故犯罪的人员），在生产经营单位负责或者直接从事安全管理事务的人员以及其他

---

❶ 参见《关于办理涉窨井盖相关刑事案件的指导意见》第五条第二款。
❷ 参见四川省乐山市中级人民法院（2020）川 11 刑终 87 号刑事判决书。
❸ 参见广东省广州市中级人民法院（2016）粤 01 刑终 752 号刑事判决书。

负有报告职责的人员。行为表现为不作为，如果行为人如实报告则不成立本罪。贻误事故抢救且情节严重的才构成不报、谎报安全事故罪，如果发生了没有必要抢救的安全事故或者他人已经及时报告，也就是负有报告职责的人员无论报告还是不报告都不影响结果，则不成立本罪。例如福建某石油公司执行董事黄某明知其公司售出的裂解碳九运输至附近海域水体时约 69.1 吨碳九泄漏，在对外通报及向相关部门书面报告中谎报事故发生的原因是法兰垫片老化、碳九泄漏量为 6.97 吨，并未按规定启动一级应急响应程序，直接贻误事故抢救时机，事故造成直接经济损失 672.73 万元，黄某成立谎报安全事故罪❶。在刑事责任上，处三年以下有期徒刑或者拘役；情节特别严重的，处三年以上七年以下有期徒刑。

三、安全生产行政合规风险

（一）以《安全生产法》为基础

《安全生产法》第六章规定了相关法律责任，对安全生产监督管理部门及其相关工作人员、生产经营单位及其相关工作人员以及具有安全评价、认证、检测、检验相关机构的行为作出规范。笔者主要针对生产经营单位及其相关工作人员以及具有安全评价、认证、检测、检验相关机构的行为进行阐述。

对于承担安全评价、认证、检测、检验工作的机构的违法行为，新《安全生产法》区分了出具失实报告的责任和出具虚假报告的责任❷。前者为新增内容，对于机构出具失实报告的处罚是停业整顿，并处 3 万元以上 10 万元以下的罚款，如果因其出具失实报告行为给他人造成损害则承担赔偿责任。原出具虚假报告的责任扩大了行为范围，增加了租借资质、挂靠行为。对租借资质、挂靠、出具虚假报告的行政处罚，为没收违法所得。对其罚款金额以违法所得数额作区分，违法所得 10 万元以上则并处违法所得两倍以上五倍以下的罚款，没有违法所得或者违法所得不足 10 万元则单处或者并处 10 万元以上 20 万元以下的罚款。对其直接负责的主管人员和其他直接责任人员处 5 万元以上 10 万元以下的罚款，如果给他人造成损害则与生产经营单位承担连带赔偿责任。

针对生产经营单位，新《安全生产法》要求生产经营单位建立全员安全生产责任制，将原来的主要责任人员责任制，改为将安全生产责任落实到包括主要责

---

❶ 参见《最高人民检察院公报》2021 年第 3 号（总第 182 号）第 23-27 页。

❷ 参见《中华人民共和国安全生产法》第九十二条。

任人、其他负责人在内的全员，压实了生产经营单位的主体责任。同时规定从业人员有依法获得安全生产保障的权利，并应当依法履行安全生产方面的义务。新《安全生产法》加重了对于生产经营单位主要负责人未履行新《安全生产法》规定的安全生产管理职责的责任❶，一般情形下责令限期改正并处以处 2 万元以上 5 万元以下的罚款，如逾期未改正则处 5 万元以上 10 万元以下的罚款，并责令生产经营单位停产停业整顿，如果因此导致发生生产安全事故则给予撤职处分，同时设以从业禁令❷。如因此导致发生生产安全事故的，则根据事故级别对主要负责人分处罚款❸。在生产安全事故发生时，其主要负责人不立即组织抢救、在事故调查处理期间擅离职守或者逃匿以及对生产安全事故隐瞒不报、谎报或者迟报，存在上述情形之一，则给予降级、撤职的处分，并由应急管理部门处上一年年收入 60%～100% 的罚款❹。同时，对于生产经营单位也从人员准入、建设项目安全规范、安全生产条件、安全管理、从业人员安全责任等方面做出行政规制，如果因违反前述规定发生生产安全事故，则根据事故级别对生产经营单位处以罚款。❺

（二）以专项法律和安全生产领域行政法规为补充

各专项法律和相关行政法规关于安全生产的规定则是《安全生产法》在不同专业领域中的具体延伸体现，包括了人员准入、建设项目安全规范、安全生产条件、安全管理、从业人员安全责任等方面相关规定。

专项法律中，如《矿山安全法》中对职工、矿长和安全生产的特种作业人员的准入进行规制❻；例如矿山企业不具备安全生产条件而强行开采，则被责令限期改进；逾期仍不具备安全生产条件的，可能受到停产整顿或者被吊销其采矿许

---

❶ 参见《中华人民共和国安全生产法》第九十四条。

❷ 参见《中华人民共和国安全生产法》第九十四条第三款，生产经营单位的主要负责人依照前款规定受刑事处罚或者撤职处分的，自刑罚执行完毕或者受处分之日起，五年内不得担任任何生产经营单位的主要负责人；对重大、特别重大生产安全事故负有责任的，终身不得担任本行业生产经营单位的主要负责人。

❸ 参见《中华人民共和国安全生产法》第九十五条，生产经营单位的主要负责人未履行本法规定的安全生产管理职责，导致发生生产安全事故的，由应急管理部门依照下列规定处以罚款：（一）发生一般事故的，处上一年年收入百分之四十的罚款；（二）发生较大事故的，处上一年年收入百分之六十的罚款；（三）发生重大事故的，处上一年年收入百分之八十的罚款；（四）发生特别重大事故的，处上一年年收入百分之一百的罚款。

❹ 参见《中华人民共和国安全生产法》第一百一十条。

❺ 参见《中华人民共和国安全生产法》第九十七条到第一百零九条、第一百零四条。

❻ 参见《中华人民共和国矿山安全法》第四十条、第四十一条。

可证和营业执照的处罚❶。再如《煤炭法》对安全作业方面进行了规制，其规定煤矿采区范围内进行危及煤矿安全作业应当经批准或者采取安全措施，否则将由煤炭管理部门责令停止作业，可以并处五万元以下的罚款，如同时造成损失，则依法承担赔偿责任❷。《消防法》则是对建设工程的消防设计进行规制❸，例如应当进行消防设计审查的建设工程消防设计未审查或审查不合格擅自施工或应当进行消防验收的建设工程未经消防验收或者消防验收不合格而擅自投入使用的，责令停止施工、停止使用或者停产停业，并处 3 万元以上 30 万元以下罚款；又如建设单位不按照消防技术标准强制性要求进行消防设计或者要求建筑设计单位或者建筑施工企业降低消防技术标准设计、施工，以及建筑施工企业不按照消防设计文件和消防技术标准施工以降低消防施工质量，责令改正或者停止施工，并处 1万元以上 10 万元以下罚款。

安全生产领域行政法规中，《危险化学品安全管理条例》则主要是对危险化学品的管控，在生产许可方面，包括危险化学品安全使用许可证和经营许可证，化工企业未取得危险化学品安全使用许可证而使用危险化学品从事生产，则由安全生产监督管理部门责令限期改正，处 10 万元以上 20 万元以下的罚款；逾期不改正的，责令停产整顿。化工企业未取得危险化学品经营许可证从事危险化学品经营的，则被责令停止经营活动，没收违法经营的危险化学品以及违法所得，并处 10 万元以上 20 万元以下的罚款❹。《建设工程质量管理条例》在施工许可方面作了类似规定，建设单位未取得施工许可证或者开工报告未经批准而擅自施工，将被责令停止施工，限期改正，并处工程合同价款 1% 以上 2% 以下的罚款❺。同时，在工程质量上严格管控，对于迫使承包方以低于成本的价格竞标的、任意压缩合理工期的、明示或者暗示设计单位或者施工单位违反工程建设强制性标准以降低工程质量等行为严厉处罚，责令改正，并处 20 万元以上 50 万元以下的罚款❻。《道路运输条例》包括了对道路运输安全的保护❼，例如没有采取必要措施防止货物脱落、扬撒等处以责令改正，并处 1000 元以上 3000 元以下的罚款，情节

❶　参见《中华人民共和国矿山安全法》第四十四条。

❷　参见《中华人民共和国煤炭法》第五十八条。

❸　参见《中华人民共和国消防法》第五十八条、第五十九条。

❹　参见《危险化学品安全管理条例》第七十七条。

❺　参见《建设工程质量管理条例》第五十七条。

❻　参见《建设工程质量管理条例》第五十六条。

❼　参见《道路运输条例》第六十九条、第七十一条。

严重则由原许可机关吊销道路运输经营许可证；又如道路运输站（场）经营者允许无证经营的车辆进站从事经营活动以及超载车辆、未经安全检查的车辆出站或者无正当理由拒绝道路运输车辆进站从事经营活动，责令改正并处 1 万元以上 3 万元以下的罚款。国务院于 2022 年 3 月修订了《道路运输条例》，主要是加重了对驾驶员培训违规的处罚，例如道路货物运输站（场）、机动车维修相关经营者和机动车驾驶员培训业务相关经营者未按规定进行备案而拒不改正，处 5000 元以上 2 万元以下的罚款，又如备案时提供虚假材料情节严重，其直接负责的主管人员和其他直接责任人员 5 年内不得从事原备案的业务❶。《民用爆炸物品安全管理条例》对民用爆炸物品作出安全规范，对于违反安全技术规程生产民用爆炸物品、民用爆炸物品的质量不符合相关标准、民用爆炸物品的包装不符合法律、行政法规的规定以及相关标准等情形，企业可能被处以限期改正并处 10 万元以上 50 万元以下的罚款，如果逾期不改正则责令停产停业整顿，情节严重则吊销《民用爆炸物品生产许可证》或者《民用爆炸物品销售许可证》❷。

四、政府及有关部门安全生产合规监管

《安全生产法》经 2021 年修订以后，适用新法相关规定的行政执法案件共计 1.03 万件（统计时间为 2021 年 9 月～2022 年 9 月）❸，安全生产监管相关的行政执法活动呈现以下特点：执法重点行业和领域比较集中，主要集中在石油天然气、化工化学等事故多发、监管严格的高危行业。执法依据在《安全生产法》的基础上，结合其他法律如《食品安全法》《特种设备安全法》《矿山安全法》《危险化学品经营许可证管理办法》等。处罚类型以罚款为主，处罚金额大部分控制在 50 万以下，体现了执法的最终目的是促进市场主体提升安全生产意识，而并非罚款整顿。处罚对象上，重点对企业主要责任人的处罚，督促第一责任人严格落实责任措施，从而推动有效化解安全风险、遏制事故发生。❹

---

❶ 参见《道路运输条例》第六十五条。
❷ 参见《民用爆炸物品安全管理条例》第四十五条。
❸ 统计数据均来自于信用中国平台上公示的行政处罚决定书，处罚依据为《中华人民共和国安全生产法》，处罚时间为 2021 年 9 月 1 日～2022 年 9 月 1 日，检索日期为 2022 年 9 月 29 日。
❹ 参见金杜律师事务所.新《安全生产法》周年回顾1新法实施后的监管动态简析 [EB/OL]. https://www.kwm.com/cn/zh/insights/latest-thinking/review-of-new-safety-production-law-supervision-measures-in-past-year.html.

（一）执法行业

执法涉及化工石化及化学行业、石油天然气行业、交通运输业、工贸业、机械与设备制造业、建筑材料业等多个行业。其中，石油天然气、化工化学为大多数省市事故高发、高监管强度的高危行业，这可能与近一年内有关部门持续强化危化品重大危险源安全风险管控的执法趋势有关。2022年4月开始，应急管理部部署了危化品重大危险源企业安全专项检查。2022年6～7月底，应急管理部又派出8个工作组赴各地开展危化品重大危险源企业2022年第一次部级督导核查，督查组对各省份工作情况进行了现场核验，深入化工园区和重大危险源企业明察暗访，推动安全生产综合督查工作落实落细。2022年9月，开展了危险化学品重大危险源企业2022年第二次安全专项检查督导工作。

（二）地域分布

统计数据显示，全国的安全生产行政处罚文书地域分布排名中，数量最多的前五位地区分别为广东省、浙江省、贵州省、北京市、上海市。各省安全生产行政处罚文书数量的多少可能与经济发达程度、高危行业企业数量、市场主体安全生产意识、监管执法强度等因素有关。广东省作为经济重地聚集了众多经济产值极高的企业，加之监管执法力度较强，安全生产处罚监管案件数量高居榜首。而浙江、北京、上海等发达地区市场主体多，制造业及物流行业集中程度高，因此安全生产行政处罚同样高发。而贵州省大概率因为传统制造、冶炼及危化行业单位数量较多，市场主体安全生产意识略为欠缺，安全生产事故发生可能性较高，进而可能导致相关行政处罚数量较多。

（三）处罚事由

统计数据显示，数量排名靠前的处罚事由主要包括安全设备的安装、使用、检测、改造和报废不符合国家标准或者行业标准；未在有较大危险因素的生产经营场所和有关设施、设备上设置明显的安全警示标志；未采取措施消除事故隐患；特种作业人员未按照规定经专门的安全作业培训并取得相应资格即上岗作业；未如实记录安全生产教育和培训情况等行为。其余处罚事由的发生频次相对较低，包括未将事故隐患排查治理情况如实记录或者未向从业人员通报；未按照规定与承租单位签订专门的安全生产管理协议、未制定安全生产管理制度和操作规程事由、未保持生产经营场所疏散通道畅通等行为。

（四）处罚金额

在检索到的行政处罚案件中，占比 90% 以上的案件罚款金额为 0～50 万元。天价罚单出现频率较低一方面与执法部门严厉监管下大型安全生产事故的发生得到有效遏制有关，另一方面也印证了目前的监管风向正通过小金额罚款实现趋细、趋全的安全生产事故预防。因此，各行各业的市场主体应加强对新《安全生产法》的了解，将避免安全事故贯彻到经营过程的方方面面。

经梳理分析发现，其中超过 200 万的安全生产高额罚款案例大部分系造成人员死亡或其他严重影响的重大安全事故。例如 2022 年 5 月，广东省应急管理厅对珠海某建设有限公司处以 280 万元罚款，该公司的违法事实中提到"对代建项目现场安全检查组织不力，珠海市兴业快线（南段）一标段工程石景山隧道'7·15'重大透水致作业人员溺亡事故的发生负有责任"❶；又如 2022 年 7 月，国家矿山安全监察局陕西局对陕西某矿业有限公司处以 158 万元罚款，对公司相关责任人处以约 121 万元罚款，该公司的违法事实中提到"该河矿业有限公司402104 综采放顶煤工作面回风顺槽发生一起较大冲击地压事故，造成 4 人死亡、6 人重伤、20 人轻伤，直接经济损失 1391.26 万元，且事故发生后迟报"❷。

---

❶ 参见广东省应急管理厅（粤）应急罚〔2022〕5 号行政处罚决定书。
❷ 参见国家矿山安全监察局陕西局陕煤安监五罚〔2022〕31083-31103 号行政处罚决定书。

第十章　进出口合规风险

自改革开放以来，我国进出口贸易始终呈增长态势，特别是2013年实施"一带一路"倡议，为国内企业带来了更多的机遇，不论是拥有国内领先地位产品的企业或者在国内市场需求趋于饱和产品的企业，以及一些兴新行业企业，都希望开拓国际市场，通过进出口业务为企业带来新的利润增长点。规范进出口业务，特别是加强出口管制，我国建立了配套法律制度和相应的监管模式，对企业的进出口合规提出要求。

一、进出口合规风险概述

（一）进出口合规风险内涵

进出口合规风险是指企业未遵守国家对特定物项的进出口禁止或者限制性规定，或者不服从国家对进出口的监管制度，因违反贸易法律法规和监管要求可能产生的风险。企业需要通过建立合规机制主动对进出口物项的贸易流程、用途、主体、行为等进行控制，避免违法处罚。

企业进出口合规还应当根据不同的物项、目的国、最终用途等因素相应遵守交易对方所在国/地区的相关法律法规规范，例如从美国进口商品、软件、技术或服务应当遵守美国《出口管理条例》等相关法律，最终用户涉及第三国用户（如伊朗），还应当遵守《伊朗制裁法》《伊朗交易与制裁条例》等。

笔者主要从我国进出口管制阐述企业进出口合规要求。

（二）进出口合规依据

进出口合规的法律依据主要为《出口管制法》《对外贸易法》《海关法》《进出口商品检验法（2021年修正）》等。其中，2020年新颁布的《出口管制法》是国家对从境内向境外转移管制物项，以及本国公民、法人和非法人组织向外国组织和个人提供管制物项，采取禁止或者限制性措施的法律，是我国根据当前国际形势变化和我国国情，在总结出口管制经验基础上，借鉴国际通行做法，提升立法层级制定的一部统领出口管制工作的法律。《出口管制法》同时也为企业出口合规指明了方向。

行政法规则包括了《进出口商品检验法实施条例（2022 年修订）》《技术进出口管理条例（2020 年修订）》《进出口货物原产地条例》《濒危野生动植物进出口管理条例》《进出口关税条例》《货物进出口管理条例》《监控化学品管理条例》《核出口管制条例》《国务院关于纺织品进出口若干问题的规定》等。

近年来我国针对进出口新修订了一系列进出口部门规章，如 2022 年修订了《进出口农作物种子（苗）管理暂行办法》，2021 年发布了《海关进出口货物商品归类管理规定》和《进出口食品安全管理办法》，2020 年我国发布了《海关进出口货物减免税管理办法》，修正了《黄金及黄金制品进出口管理办法》。我国进出口相关部门规章还包括《消耗臭氧层物质进出口管理办法》《进出口玩具检验监督管理办法》《进出口化妆品检验检疫监督管理办法》《进出口饲料和饲料添加剂检验检疫监督管理办法》等。

二、进出口刑事合规风险

目前我国进出口刑事合规风险依据主要为《刑法》第三章破坏社会主义市场经济秩序罪下的逃避商检罪[1]和走私罪。[2]

（一）逃避商检罪

国家通过设立进出口商品检验制度维护正常的进出口贸易秩序。因此逃避商检罪侵犯的客体是国家进出口贸易秩序。表现为行为人违反了《进出口商品检验法》《进出口商品检验法实施条例》等法律、法规以及规章，实施了逃避海关[3]监管，将必须经海关检验的进口商品未报经检验而擅自销售、使用，或者将必须经海关检验的出口商品未报经检验合格而擅自出口的行为，并且情节严重[4]。例如建发公司部门经理刘某从美国进口杏仁果皮，将属于法定检验商品的植物性饲料的杏仁果皮谎报为非法定检验商品的其他植物产品，以此逃避商检并骗取海关通关文件，而实际是将杏仁果皮作为饲料销售给知情的仁牛公司总经理徐某，两人同时构成逃避商检罪[5]。逃避商检罪的犯罪主体局限于从事商品进出口业务的自然人和单位。逃避商检罪的行为人是明知逃避商检的行为会危害我国正常的

---

[1] 参见《刑法》第二百三十条。

[2] 参见《刑法》第三章第二节。

[3] 在 2018 年 4 月 20 日出入境检验检疫正式划入中国海关后，商检机构即为海关。

[4] 参见《最高人民检察院、公安部关于公安机关管辖的刑事案件立案追诉标准的规定（二）》第 75 条。

[5] 参见上海市第一中级人民法院（2020）沪 01 刑终 1254 号刑事裁定书。

进出口贸易秩序，却希望或者放任这种结果发生，因此逃避商检罪主观方面是故意。在刑罚上，犯逃避商检罪的自然人和单位的直接负责的主管人员和其他直接责任人员，处三年以下有期徒刑或者拘役，并处或者单处罚金，对单位则是判处罚金。

（二）走私罪

在企业进出口刑事合规中涉及走私的相关罪名包括：①走私核材料罪；②走私文物罪；③走私贵重金属罪；④私珍贵动物、珍贵动物制品罪；⑤走私国家禁止进出口的货物、物品罪；⑥走私废物罪；⑦走私普通货物、物品罪。

走私罪为故意犯罪，若行为人主观上具有走私犯罪故意，但对其走私的具体对象不明确，不影响走私犯罪构成，根据实际的走私对象定罪处罚❶。其行为具体表现为绕关、瞒关、变相走私和间接走私。其中，变相走私是指《刑法》第一百五十四条规定的情形，指行为人未经海关许可并且未补缴应缴税额，擅自将批准进口的来料加工、来件装配、补偿贸易的保税货物或特定减税、免税进口的货物、物品，在境内销售牟利。间接走私如明知但仍向走私人收购国家禁止进口或者走私进口的货物、物品，数额较大❷。走私罪的既遂标准为走私行为实施完毕或者是在海关监管现场被查获。

因走私的货物的不同，作如下区分：①走私核材料❸构成犯罪的成立走私核材料罪；②将文物从境内走私至境外构成犯罪则成立走私文物罪；③将贵重金属从境内走私至境外构成犯罪则成立走私贵重金属罪；④走私国家禁止进出口的珍贵动物及其制品构成犯罪则成立走私珍贵动物、珍贵动物制品罪；⑤包括珍稀植物及其制品，仿真枪，管制刀具，古生物化石，有毒物质，来自境外疫区的动植物及其产品，木炭、硅砂等妨害环境、资源保护的货物、物品，旧机动车、切割车、旧机电产品或者其他禁止进出口的货物、物品，构成犯罪，则成立走私国家禁止进出口的货物、物品罪；⑥将固体废物❹、液态废物和气态废物进从境外

---

❶　参见《办理走私刑事案件适用法律若干问题的意见》第六条。

❷　参见《刑法》第一百五十五条。

❸　参见《核材料管制条例》第二条。

❹　根据《固体废物污染环境防治法》第124条，固体废物是指在生产、生活和其他活动中产生的丧失原有利用价值或者虽未丧失利用价值但被抛弃或者放弃的固态、半固态和置于容器中的气态的物品、物质以及法律、行政法规规定纳入固体废物管理的物品、物质。经无害化加工处理，并且符合强制性国家产品质量标准，不会危害公众健康和生态安全，或者根据固体废物鉴别标准和鉴别程序认定为不属于固体废物的除外。

走私至境内构成犯罪则成立走私废物罪；⑦《刑法》第 153 条规定的走私普通货物、物品罪，是走私罪的普通条款，其他有关走私罪的规定是特别条款，不构成其他走私犯罪的走私行为，都有可能构成走私普通货物、物品罪，例如平潭千品百惠国际贸易有限公司采用伪报贸易性质及低报价格的方式帮助国内货主在跨境电商平台申报进口日化用品等货物，从中偷逃应缴税额达 388 万余元，成立走私普通货物罪。❶

在刑罚上，单位犯走私罪则对单位判处罚金，并对其直接负责的主管人员和其他直接责任人员依照自然人犯各罪对应的规定❷处罚。需要注意的是，虽然走私普通货物、物品罪似乎是走私罪的兜底条款，但是其最高法定刑是高于走私淫秽物品罪、走私废物罪以及走私国家禁止进出口的货物、物品罪的法定刑。❸

三、进出口行政合规风险

（一）《对外贸易法》《海关法》《进出口商品检验法》和《出口管制法》构筑了完善的进出口行政合规规范

《对外贸易法》是对实行国营贸易管理的货物、禁止进出口或者限制进出口的货物和技术，以及已被禁止或者限制性国际服务进行规范，行政处罚方式包括罚款、没收违法所得、单位相关经营活动禁令。

《海关法》列举了详尽的情形明确了走私行为的范围以及违反海关监管规定的行为❹（如对进出境运输工具进行未经海关同意的使用、将海关监管货物擅自处置等）。企业未备案从事报关业务则处以罚款，已获海关许可从事有关业务的企业违反《海关法》，应责令改正、给予警告，暂停其从事有关业务，直至撤销注册。报关企业非法代理他人报关情节严重，甚至会被禁止其从事报关活动。❺

《进出口商品检验法》和《进出口商品检验法实施条例》对企业的合规主要是两个要求：第一是应检验的商品应检验合格后销售、使用，否则可能会被没收违法所得，并处货值金额 5% 以上 20% 以下的罚款；第二是进出口商品的质量应当符合规定，禁止掺杂掺假、以假充真、以次充好、以不合格冒充合规商品，

---

❶ 参见上海市第三中级人民法院（2022）沪 03 刑初 18 号刑事判决书。
❷ 参见《刑法》第一百五十一条至第一百五十三条。
❸ 同上。
❹ 参见《海关法》第八十二条至第九十一条。
❺ 参见《海关法》第八十七条至第八十九条。

否则会被停止进口或者出口，没收违法所得，并处货值金额 50% 以上三倍以下的罚款。❶

《出口管制法》是对相关管制物项的监管，要求企业先取得相关管制物项的出口经营资格才可从事有关管制物项出口，对于管制物项出口的条件，要求企业应以合法方式获取出口许可证，经许可且出口许可证件规定的许可范围内出口管制物项，禁止为违反本法行为的经营者提供代理、货运、寄递、报关、第三方电子商务交易平台和金融等服务，禁止与列入管控名单的进口商、最终用户进行交易❷。除了一般性的罚款、没收违法所得、停业整顿、吊销相关管制物项出口经营资格外，应当注意本法第三十九条对企业的经营限制性规定，国家出口管制管理部门可以在五年内不受理违反《出口管制法》的企业提出的出口许可申请且将其纳入信用记录，可以禁止其直接负责的主管人员和其他直接责任人员在五年内从事有关出口经营活动，若其因此受到刑罚的则终身不得从事有关出口经营活动。

（二）关注进出口关税、特定物项进出口等行政合规风险

1. 因关税及相关事项的合规风险

对于进出口事项的相关立法，包括《进出口货物原产地条例》《进出口关税条例》《海关进出口货物商品归类管理规定》《海关进出口货物减免税管理办法》等。如《进出口货物原产地条例》是为了正确确定进出口货物的原产地而制定的，防止企业提供虚假材料骗取出口货物原产地证书或者伪造、变造、买卖或者盗窃出口货物原产地证书以及骗取、伪造、变造、买卖或者盗窃作为海关放行凭证的出口货物原产地证书，否则将受到没收违法所得和高额罚款的处罚❸。《进出口关税条例》则是包括了进出口货物关税税率的设置和适用、进出口货物完税价格的确定以及相关的征收规则等内容。2021 年发布的《海关进出口货物商品归类管理规定》则是为了进出口商品归类的统一性和准确性而制定的。《海关进出口货物减免税管理办法》则是规定了进出口货物减免税的具体程序、货物管理和抵押、担保规则等。

---

❶　参见《进出口商品检验法》第三十二条和第三十三条，以及《进出口商品检验法实施条例》第四十二条。

❷　参见《出口管制法》第三十三条至第三十七条。

❸　参见《进出口货物原产地条例》第二十三条。

2. 因特定物项进出口的合规风险

对于进出口物项的相关立法，包括《技术进出口管理条例》《濒危野生动植物进出口管理条例》《监控化学品管理条例》《核出口管制条例》等。

《技术进出口管理条例》主要是根据《对外贸易法》制定的。其主要针对擅自进出口被禁止进出口以及限制进出口的技术的行为，一般处以警告、没收违法所得、罚款、撤销相关企业对外贸易经营许可的处罚❶。对以不正当手段获取进出口相关证件的行为，一般将吊销相关证件，撤销其对外贸易经营许可❷。《濒危野生动植物进出口管理条例》主要是为了履行《濒危野生动植物种国际贸易公约》而制定的，其严格限制了濒危野生动植物的进出口，打击走私濒危野生动植物及其产品的行为。《监控化学品管理条例》则是要求相关企业生产、使用、经营监控化学品应当合法，不应隐瞒、拒报有关监控化学品的资料、数据，或者妨碍、阻挠有关部门的检查监督❸。《核出口管制条例》是为了规范民用核出口而制定，包括对出口核材料、核设备、反应堆用非核材料的规制。企事业单位依法合规经营是国家有效开展核进出口管理、履行防扩散国际义务的重要环节。因此，国家原子能机构国际合作司在 2020 年发布了《核进出口合规管理机制建设指南》以及《核进出口及对外核合作报告指南》作为企业履行核进出口合规义务的指引。

四、政府及有关部门进出口合规监管

2020 年，海关总署组织全国海关深入开展打击走私"国门利剑 2020"行动❹，紧紧围绕洋垃圾、象牙等濒危物种、野生动物、"水客"、成品油等重点涉税商品、农产品突出走私问题，2020 全年共立案侦办走私犯罪案件 4061 起，其中立案侦办涉税走私犯罪案件 2322 起，案值 927.3 亿元，侦办非涉税走私犯罪案 1739 起。具体包括：① 2020 年"蓝天 2020"专项两轮集中打击"洋垃圾"走私行动；②立案侦办濒危物种、野生动植物及其制品走私犯罪案件 267 起；③立案侦办涉税千万元以上重大走私犯罪案件 264 起，案值 772.3 亿元；④全年

---

❶ 参见《技术进出口管理条例》第四十三条、第四十四条。
❷ 参见《技术进出口管理条例》第四十六条、第四十七条。
❸ 参见《监控化学品管理条例》第二十一条至第二十四条。
❹ 参见中华人民共和国海关总署网.2020 年立案侦办走私犯罪案件 4061 起，其中涉税走私犯罪案值 927.3 亿元，海关高压严打走私成效明显 [EB/OL]. http://www.customs.gov.cn//customs/xwfb34/302425/3522782/index.html。

非法出口防疫物资行政立案 2489 起，案值 16.8 亿元；⑤全年立案侦办农产品、冻品、食糖、香烟走私犯罪案件共 1846 起，案值 773.2 亿元；⑥ 7 轮打击套购走私离岛免税品集中行动，共刑事立案 43 起，打掉走私团伙 45 个，案值 1.4 亿元。

2021 年，海关总署发布了 2021 年打击走私十大典型案例，打击行动涉及了走私游戏机、离岛免税品、冻品、香烟、海产品、保健品、文物、木材等多类物品，在形式上包括"水客"走私、离岛免税"套代购"走私、粤港澳海上跨境走私、跨境电商渠道走私等。据统计，2021 年全国海关缉私部门共立案侦办走私犯罪案件 4259 起。例如跨境电商渠道走私保健品典型案例，涉案团伙通过跨境电商渠道，以伪报贸易性质、低报价格等方式，将在境外采购的保健品走私入境，案值 7.4 亿元。又如"水客"走私游戏机案，涉案团伙通过"水客"以人身藏匿方式将游戏机等从拱北口岸等走私入境，查扣游戏机等 8.7 万余件，案值 33.8 亿元。❶

2022 年上半年，全国海关缉私部门始终保持打击走私高压态势，紧盯"中央关注、社会关切、群众关心"的突出走私问题，切实发挥缉私专业打击职能作用，深入开展"国门利剑 2022"联合行动。全年共立案侦办走私犯罪案件 4509 起，案值 1210 亿元。例如走私水果案，南宁海关缉私局联合海关风控、关税等部门，打掉走私团伙 3 个和非法售卖海关专用缴款发票团伙 1 个，案值 47.3 亿元。经查，涉案团伙以低报价格和少报数量的方式将境外订购的水果走私入境，另查实该走私团伙涉嫌洗钱、骗取留抵退税犯罪，查证洗钱金额 1.3 亿元人民币。又如走私文物案，宁波海关缉私局立案侦办走私文物系列案 12 起，查证涉案走私银元 2711 枚，查扣银元 1609 枚，其中二级文物 1 件、三级文物 97 件、一般文物 1428 件。经查，涉案团伙通过虚构发货单位、发货人，采取伪报品名的方式，将涉案文物通过商业快递渠道走私出境。在香港回归祖国 25 周年前夕从香港带回 8 枚涉案文物❷。

---

❶ 参见中华人民共和国海关总署网 . 海关总署发布 2021 年打击走私十大典型案例 [EB/OL]. http：//www.customs.gov.cn//customs/ztzl86/302414/302415/gmfc40/2813466/4192753/index.html。

❷ 参见中华人民共和国海关总署网 .2022 年缉私十大典型案例 [EB/OL]. http：//www.customs.gov.cn//customs/xwfb34/302425/4804321/index.html。

第十一章　产品质量安全合规风险

产品质量是指产品反映实体满足明确和隐含需要的能力和特性的总和❶。产品质量的高低是衡量一个企业竞争力的重要指标，是企业在市场立足的根本和发展的保证。企业只有不断加强产品的研发和技术的提升，持续提高产品的质量，才能在激烈的竞争中脱颖而出，赢得消费者的青睐。如果一个企业发生产品质量安全问题，将严重损害企业的形象和声誉，失去消费者的信赖，严重阻碍企业的健康发展。

一、产品质量安全合规风险概述

（一）产品质量安全合规风险内涵

产品质量安全合规风险指企业在经营过程中未遵守《刑法》、产品质量安全刑事案件相关司法解释、产品质量安全相关法律法规以及企业产品质量安全规章制度，受到相关行政处罚或刑罚，企业受到各种损失的风险。企业产品质量安全合规是企业为保证产品质量安全而识别产品质量安全的相关风险，通过建立企业行为规范，确立职工行为准则，及时监管企业和职工在经营活动中产品质量安全隐患，建立防范、应对风险的自我监管机制。

（二）产品质量安全合规依据

我国产品质量安全方面最重要、最基本的法律是《产品质量法》，通过加强对产品质量的监督管理，提高产品质量水平，明确产品质量责任，保护消费者的合法权益，维护社会经济秩序。在此基础上，我国对部分特定产品制定了专门的法律，如《农产品质量安全法》《食品安全法》《药品管理法》《特种安全设备法》《疫苗管理法》等。涉及犯罪的则适用《刑法》以及最高人民法院、最高人民检察院发布的《关于办理生产、销售伪劣商品刑事案件具体应用法律若干问题的解释》《关于办理危害食品安全刑事案件适用法律若干问题的解释》。此外还包括与产品质量相关的行政法规，如《产品质量监督抽查管理暂行办法》《农药管理条

---

❶　参见《质量管理和质量保证——术语》（GB/T 6583—1994，ISO 8402—1994）2.1。

例》《兽药管理条例》《医疗器械监督管理条例》《化妆品监督管理条例》《危险化学品安全监督管理条例》《食品相关产品质量安全监督管理办法》等。

二、产品质量安全刑事合规风险

目前我国《刑法》生产、销售伪劣商品罪一节中的罪名❶以及相关司法解释是我国企业产品质量安全刑事合规风险主要依据。2020 年《刑法修正案（十一）》❷增加了明知是假药、劣药而提供给他人使用的情形，修正后罪名确定为生产、销售、提供假药罪和生产、销售、提供劣药罪。此外，还新增了"妨害药品管理罪"❸。产品质量安全犯罪主体可以是自然人，也可以是单位。

妨害药品管理罪是指违反有关药品管理规定的特定情形，足以严重危害人体健康或对人体健康造成严重危害的行为。由此可知，犯罪客体是药品管理制度和公民的生命健康权。为了防止相关犯罪行为危害公众健康，对人体健康造成严重危害不是本罪的入罪条件，只要犯罪主体的行为满足违反药品管理相关法规和该行为足以严重危害人体健康❹这两个条件，就可以认定妨害药品管理罪。妨害药品管理罪具体表现为四种情形：一是生产、销售国务院药品监督管理部门禁止使用的药品；二是未取得药品相关批准证明文件生产、进口药品或者明知是上述药品而销售；三是药品申请注册中提供虚假的证明、数据、资料、样品或者采取其他欺骗手段；四是编造生产、检验记录。在刑事责任上，包括七年以下有期徒刑或者拘役，并处或者单处罚金。

生产、销售伪劣产品罪作为兜底条款，是指生产者、销售者在产品中掺杂、掺假，以假充真，以次充好或者以不合格产品冒充合格产品，销售金额达 5 万元以上的行为❺。生产、销售伪劣产品罪的犯罪行为是生产、销售行为。其中，"在产品中掺杂、掺假"是指在产品中掺入杂质或者异物，致使产品质量不符合国家法律、法规或者产品明示质量标准规定的质量要求，降低、失去应有使用性能的行为；"以假充真"是指以不具有某种使用性能的产品冒充具有该种使用性能的

---

❶　参见《中华人民共和国刑法》第一百四十条至第一百五十条。

❷　参见《中华人民共和国刑法修正案（十一）》第五条和第六条。

❸　参见《最高人民法院、最高人民检察院关于执行〈中华人民共和国刑法〉确定罪名的补充规定（七）》。

❹　参见《最高人民法院、最高人民检察院关于办理危害药品安全刑事案件适用法律若干问题的解释》第七条。

❺　参见《中华人民共和国刑法》第一百四十九条。

产品的行为;"以次充好"是指以低等级、低档次产品冒充高等级、高档次产品,或者以残次、废旧零配件组合、拼装后冒充正品或者新产品的行为;"不合格产品"是指不符合《产品质量法》第二十六条第二款规定的质量要求的产品❶。生产、销售伪劣产品构成犯罪的,要求销售数额在 5 万元以上。销售金额越大,则表明犯罪主体的主观恶性越严重。主观表现为故意,并大多以牟利为目的,但不是构成本罪的必要条件。例如宜兴市宇霖冶金设备有限公司生产、销售伪劣产品案 ❷ 中,宇霖冶金设备有限公司未按照合同约定的材质进行制作,以 304 不锈钢代替 1Cr18Ni9Ti 不锈钢,以次充好,销售金额为 213000 元,并造成人身伤亡和财产损失的严重后果,构成生产、销售伪劣产品罪,判处罚金 30 万元。刑事责任上,包括十五年以下有期徒刑、拘役、无期徒刑,并处 2.5 万~ 400 万元罚金或者没收财产。

生产、销售伪劣商品罪中,根据销售产品的不同,作如下区分:①生产、销售假药或药品使用单位的人员明知是假药而提供他人使用,构成生产、销售、提供假药罪。②生产、销售劣药并对人体健康造成严重危害或药品使用单位的人员明知是劣药提供他人使用劣药,构成生产、销售、提供劣药罪。③违反国家食品安全管理法规,生产、销售不符合食品安全标准的食品,足以造成严重食物中毒事故或者其他严重食源性疾病,构成生产、销售不符合安全标准的食品罪。④在生产、销售的食品中掺入有毒、有害的非食品原料,或者销售明知掺有有毒、有害的非食品原料❸,构成生产、销售有毒、有害食品罪。如"地沟油"、香甜泡打粉❹、"瘦肉精"等。⑤生产或明知而销售不符合保障人体健康的国家标准、行业标准的医疗器械、医用卫生材料,足以严重危害人体健康,构成生产、销售不符合标准的卫生器材罪。⑥生产或者销售不符合保障人身、财产安全的国家标准、行业标准的电器、压力容器、易燃易爆产品或者其他不符合保障人身、财产安全的国家标准、行业标准的产品,并且造成严重后果,构成生产、销售不符合安全标准的产品罪。⑦生产假的农药、兽药、化肥,销售明知是假的或者失去使用效

---

❶ 参见《最高法、最高检关于办理生产、销售伪劣商品刑事案件具体应用法律若干问题的解释》第一条。

❷ 参见辽宁省朝阳市中级人民法院(2021)辽 13 刑终 446 号刑事附带民事判决书。

❸ 参见《办理危害食品安全刑事案件解释》第九条。

❹ 参见安徽省铜陵市中级人民法院(2019)皖 07 刑终 83 号刑事判决书。该案中,芳园公司承包经济技术学校的食堂,其员工在制作食用包子过程中,为促成包子发酵便于销售,购买香甜泡打粉添加使用用于面粉中,制作含铝成分足以对人体造成严重食源性疾病的包子销售给该校师生食用,构成生产、销售不符合安全标准的食品罪。

能的农药、兽药、化肥、种子，或者以不合格的冒充合格的农药、兽药、化肥、种子，使生产遭受较大损失，构成生产、销售伪劣农药、兽药、化肥、种子罪。⑧生产、明知而销售不符合《化妆品卫生标准》（GB 7916—1987）规定的各种化妆品的卫生标准的化妆品，并造成严重后果，构成生产、销售不符合卫生标准的化妆品罪。例如清颜化妆品有限公司（简称清颜公司）销售不符合卫生标准的化妆品一案 ❶ 中，清颜公司明知是不符合卫生标准的化妆品仍进行销售，还在微信上教授加盟商逃避打击的方法，造成被害人使用不合标准的产品后汞中毒，后果严重，清颜公司构成销售不符合卫生标准的化妆品罪。

在刑事责任上，生产、销售、提供假药罪包括拘役、有期徒刑、无期徒刑或者死刑，并处罚金或者没收财产；生产、销售、提供劣药罪包括拘役、三年以上有期徒刑或者无期徒刑，并处罚金或者没收财产；生产、销售不符合安全标准的食品罪包括拘役、有期徒刑或者无期徒刑，并处罚金或者没收财产；生产、销售有毒、有害食品罪包括有期徒刑、无期徒刑或者死刑，并处罚金或者没收财产；生产、销售不符合标准的卫生器材罪包括拘役、有期徒刑或无期徒刑，并处销售金额 50% 以上两倍以下罚金或者没收财产；生产、销售不符合安全标准的产品罪包括有期徒刑，并处销售金额 50% 以上两倍以下罚金；生产、销售伪劣农药、兽药、化肥、种子罪包括拘役、有期徒刑或者无期徒刑，并处销售金额 50% 以上两倍以下罚金或者没收财产；生产、销售不符合卫生标准的化妆品罪包括三年以下有期徒刑或者拘役，并处或者单处销售金额 50% 以上两倍以下罚金。单位犯前述罪名的，对单位判处罚金，并对其直接负责的主管人员和其他直接责任人员，依照各条的规定处罚。

三、产品质量安全行政合规风险

我国企业产品质量安全管理行政合规风险依据主要是《产品质量法》《产品质量监督抽查管理暂行办法》以及为规范各行业产品质量安全颁布的相关行政法规和部门规章。

（一）以《产品质量法》和《产品质量监督抽查管理暂行办法》为基础

《产品质量法》明确了生产者、销售者禁止在产品生产过程中有假冒、伪造

---

❶　参见河北省景县人民法院（2020）冀 1127 刑初 185 号刑事本判决书。

行为，禁止以假充真、以次充好❶。《产品质量法》主要针对四种产品进行规制❷：①不符合保障人体健康和人身、财产安全的国家标准、行业标准的产品；②在产品中掺杂、掺假，以假充真，以次充好，或以不合格产品冒充合格产品的产品；③国家明令淘汰并停止销售的产品；④失效、变质的产品。企业将被责令停止生产、销售，没收违法生产、销售的产品，并处罚款且没收违法所得，甚至可能被吊销营业执照。《产品质量监督抽查管理暂行办法》对市场监督管理部门监督抽查本行政区域内生产、销售的产品相关工作进行了规定，为产品质量监督抽查工作的开展提供了依据。被抽样产品存在严重质量问题，生产者和销售者可能被处三万元以下罚款。❸

（二）以各行业立法为补充

1. 食品行业

食品是离大众最近的、最常见的、大众接触最频繁的产品，因此产品质量安全问题尤其重要，关系着公民群众的健康安全。除《产品质量法》外，我国食品质量安全合规风险依据主要为《食品安全法》《食品安全法实施条例》《国务院关于加强食品等产品安全监督管理的特别规定》《食品召回管理办法》等。针对食品生产经营企业未取得食品（或食品添加剂）生产经营许可从事食品（或食品添加剂）生产经营活动、生产经营不符合食品安全标准的食品的行为，由相关食品安全监督管理部门没收违法所得和违法生产的食品及工具、设备、原料等物品并处 5 万元以上罚款❹。企业生产、销售不符合安全标准、有毒、有害的食品尚未构成犯罪，将被没收违法所得和违法生产经营的食品和用于违法生产经营的工具、设备、原料等物品，并处 5 万元以上罚款，情节严重❺甚至可能被吊销许可证❻。企业未按规定对生产经营的食品进行检测、未按规定建立食品安全管理制度等未按规定履行食品安全管理义务，可能被责令改正、警告，如拒不改正，则被处以 5000 元以上 5 万元以下罚款，情节严重甚至会被责令停产停业，直至吊

---

❶ 参见《产品质量法》第五条。

❷ 参见《产品质量法》第四十九条至五十二条。

❸ 参见《产品质量监督抽查管理暂行办法》第五十一条。

❹ 参见《食品安全法》第一百二十二条和《国务院关于加强食品等产品安全监督管理的特别规定》第三条。

❺ 参见《食品安全法实施条例》第六十七条。

❻ 参见《食品安全法》第一百二十三条、第一百二十四条。

销许可证❶。企业应建立健全相关管理制度，收集、分析食品安全信息，对不安全食品应停止生产经营、召回并处置，否则将被警告，并处 3 万元以下罚款。❷

2. 医药行业

药品和医疗器械安全是国家非常重视的领域，因为如果药品、医疗器械不合格，可能发生重大医疗事故，危害患者的生命健康。我国药品质量安全合规风险依据主要有《药品管理法》《药品生产监督管理办法》《中药品种保护条例》《麻醉药品和精神药品管理条例》《药品注册管理办法》等，目的在于加强药品监督管理，规范药品流通秩序，保证药品质量，从而保证病人群众的安全。企业未取得药品生产或经营许可证或医疗机构制剂许可证生产、销售药品或销售假药、劣药可能被责令关闭或停产停业整顿，同时没收违法生产、销售的药品和违法所得，并处 300 万元以下罚款；情节严重甚至可能被吊销相关证明文件或许可证❸。对相关责任人员，没收违法行为发生期间从本单位所获收入，并处收入30% 以上三倍以下罚款，同时终身从业禁止，情节严重甚至被吊销执业证书❹。药物临床试验期间，临床试验申办企业发现存在安全性问题或者其他风险，未及时调整临床试验方案、暂停、终止临床试验或者未向国家药品监督管理局报告，可能被责令限期改正并警告，企业逾期不改正则被处 10 万元以上 50 万元以下的罚款。❺

3. 农产品行业

农产品的安全，事关人民群众的身体健康和生命安全。我国农产品安全合规风险依据主要有《农产品质量安全法》和《食用农产品市场销售质量安全监督管理办法》。企业在农产品生产经营过程中使用有毒有害物质或者销售有毒有害、不符合安全标准的农产品，可能被责令停止生产经营、追回已经销售的农产品，并作无害化处理或者予以监督销毁，没收违法所得和相关工具、设备、原料等物品，并处 10 万元以上 30 万元以下罚款，情节严重甚至会被吊销许可证❻。企业销售不符合食品安全标准的食用农产品，则按照《食品安全法》

---

❶　参见《食品安全法》第一百二十六条。
❷　参见《食品召回管理办法》第三十八条和第三十九条。
❸　参见《药品管理法》第一百一十五条至第一百一十七条和《药品生产监督管理办法》第六十八条。
❹　参见《药品管理法》第一百一十八条、第一百一十九条。
❺　参见《药品管理法》第一百二十七条和《药品注册管理办法》第一百一十五条。
❻　参见《中华人民共和国农产品质量安全法》第七十条。

相关规定处罚。❶

4. 建筑行业

我国建筑行业监管的合规依据主要有《建筑法》《建设工程质量管理条例》和《建设工程安全生产管理条例》等，目的在于加强对建筑活动的监督管理，加强建设工程质量和安全管理，维护建筑市场秩序，保证建筑工程的质量和安全。根据《建筑法》相关规定，企业的以下行为有受到行政处罚的风险：①企业未取得施工许可证或者开工报告未经批准擅自施工的；②发包单位将工程违规发包、承包单位违规分包；③企业允许他人以本企业的名义承揽工程；④企业在工程发包与承包中索贿、受贿、行贿；⑤工程监理单位与建设单位建筑施工企业串通，弄虚作假、降低工程质量；⑥建筑施工企业在施工中偷工减料的，使用不合格的建筑材料，不履行保修义务或者拖延履行保修义务；⑦建筑施工企业对建筑安全事故隐患不采取措施予以消除；⑧建设单位要求建筑设计单位或者建筑施工企业违反建筑工程质量、安全标准，降低工程质量；⑨建筑设计单位不按照建筑工程质量、安全标准进行设计。企业如实施上述行为，其可能受到的行政处罚包括责令改正或停业整顿，降低资质等级、并处罚款、没收违法所得，情节严重甚至可能被吊销资质证书❷。建设单位的以下行为可能有受到责令改正并处罚款的行政处罚的风险：①将建设工程发包或者委托给不具有相应资质等级的相关工程单位；②将建设工程肢解发包；③违反相关工程质量规范要求，降低工程质量；④未经批准擅自施工；⑤未依法验收而擅自交付使用；⑥未依法移交建设项目档案。❸

5. 化妆品行业

随着人们对美好生活需要的日益增长，化妆品使用逐渐增多，化妆品作为一种特殊的消费品，和食品、药品一样具有安全性问题。2020 年以来，我国化妆品行业先后发布了《化妆品监督管理条例》《化妆品注册备案管理办法》《化妆品生产经营监督管理办法》《儿童化妆品监督管理规定》《化妆品生产质量管理规范》等多项法律法规，足见国家对化妆品行业安全问题的重视程度。我国化妆品行业行政合规风险主要依据为《化妆品监督管理条例》和《化妆品生产经营监督

---

❶ 参见《食用农产品市场销售质量安全监督管理办法》第二十五条、第五十条。

❷ 参见《中华人民共和国建筑法》第六十四条至第七十六条。

❸ 参见《建设工程质量管理条例》第五十四条至第五十九条和《建设工程安全生产管理条例》第五十五条。

管理办法》。企业从事化妆品行业有以下行为，则可能受到行政处罚：①未经许可或者委托无许可企业从事化妆品生产活动；②生产经营或者进口未经注册的特殊化妆品；③用有毒、有害或者不符合相关标准的原料生产化妆品；④擅自配制化妆品；⑤未按化妆品生产质量管理规范进行质量安全管理。企业有上述行为可能受到的行政处罚包括没收违法所得和相关产品、原料、工具等物品并处 30 万元以下罚款，情节严重❶可能被责令停产停业甚至被吊销化妆品许可证件。直接责任人员可能根据上一年度从本单位取得收入的倍数被处以罚款，并处以一定时限的从业禁令。❷

四、政府及有关部门产品质量安全合规监管

我国引导和鼓励企业注重产品质量，不断推进质量管理体系，树立高质量发展理念，走质量效益型发展之路，推动质量升级，推进质量强国建设。早在 2012 年，国务院就印发了《质量发展纲要（2011 ～ 2020 年）》，纲要全文围绕产品质量展开，要求企业重视产品质量管理，监管部门加大产品质量安全监管力度，主管部门强化检查考核，共同守住不发生系统性区域性质量安全风险的底线。

（一）国家抽查工作情况

近年来我国质量安全监管越来越严格，企业的质量竞争力水平稳步提升。从近 3 年国家监督抽查情况来看，产品质量整体水平不断提高，总体表现良好❸。国家抽查工作从以下四个方面加大抽查力度。一是重点抽查流通领域，大幅提高流通领域抽查占比，流通领域共有 61 种产品纳入抽查范围。二是重点抽查民生产品，共抽查民生消费相关产品 111 种，占抽查种类总数的 81%。三是重点抽查"一老一小"产品，全力保障老人、学生、儿童等特殊群体生活学习需求，新增 8 种儿童学生用品、4 种老人用品纳入抽查计划。四是突出全国联动抽查，着力发挥全国市场监管合力，针对电线电缆、水泥、农用地膜等重要产品，在产业集中区等重点区域，开展全国联动抽查。

---

❶ 参见《化妆品生产经营监督管理办法》第六十一条。

❷ 参见《化妆品监督管理条例》第五十九条至六十一条。

❸ 参见昊星，杨顺兴. 市场监管总局发布多领域产品质量国家监督抽查年度报告，我国产品质量总体保持较高发展水平并稳步提升 [J]. 产品可靠性报告，2022（02）：65 页。

（二）2020 年❶、2021 年❷产品质量国家监督情况

1. 产品质量国家监督抽查产品不合格情况

2017 ~ 2021 年国家监督抽查批次不合格发现率如图 11-1 所示。其中，2020 年，市场监管总局组织开展了 139 种产品质量国家监督抽查。全年共组织抽查检验 16792 家企业生产经营的 17968 批次产品，发现 1729 家企业的 1798 批次产品不合格，批次不合格发现率为 10.0%，同比下降 0.7 个百分点。

2021 年，市场监管总局对 176 种产品组织开展了产品质量国家监督抽查。全年共组织抽查检验 24759 家企业生产经营的 25636 批次产品，发现 3079 家企业的 3120 批次产品不合格，抽查不合格率为 12.2%，比上年上升 2.2 个百分点。

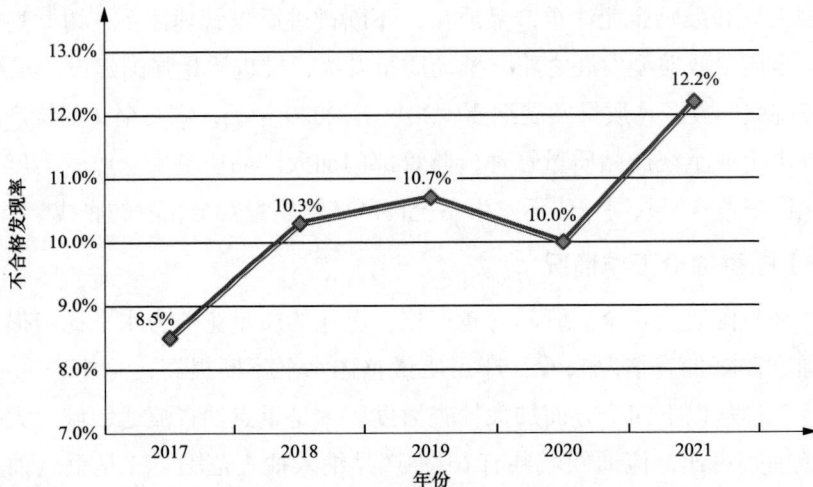

图 11-1　2017 ~ 2021 年国家监督抽查批次不合格发现率

2. 产品质量国家监督产品区域分布情况

2020 年、2021 年抽查范围分别覆盖全国 30、31 个省（区、市），均抽查广东省产品批次数最多，占抽查产品总数的 20% 以上，其次是浙江、江苏、河北、山东等省份。从抽查覆盖区域情况看，东部地区占比最大，为 80% 左右，其次是中部、西部地区，抽查集中区域与我国产业集聚区基本吻合。

---

❶　参见国家市场监督管理总局 . 市场监管总局关于 2020 年产品质量国家监督抽查情况的公告 [EB/OL]. https://gkml.samr.gov.cn/nsjg/zljdj/202104/t20210430_328459.html，2022-5-25。

❷　参见国家市场监督管理总局 . 市场监管总局关于 2021 年产品质量国家监督抽查情况的公告 [EB/OL]. https://gkml.samr.gov.cn/nsjg/zljdj/202205/t20220526_347337.html，2021-4-28。

3.不同规模企业产品质量情况

2019～2021年大中小型企业产品国家监督抽查不合格率对比如图11-2所示。从2020年、2021年抽查企业规模情况看，小型企业占比最大，为90%左右，小型企业产品批次不合格发现率最高，为12%左右，其次为中型企业、大型企业。大、中型企业产品抽查不合格率持续保持较低水平；小型企业产品抽查不合格率远高于大、中型企业，产品质量有待提升。

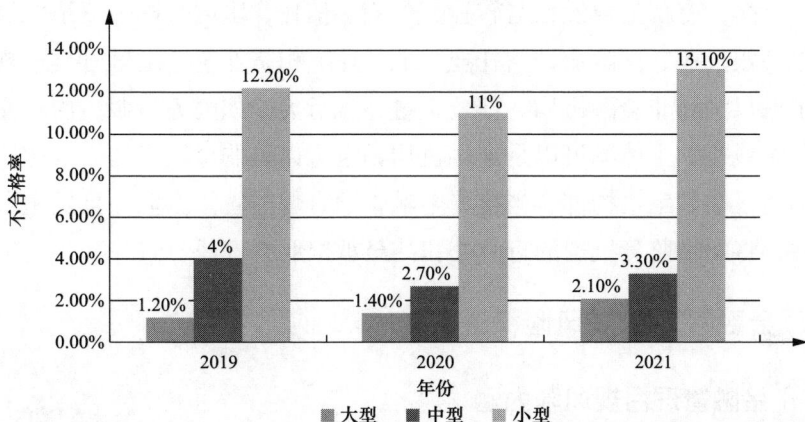

图11-2　2019～2021年大中小型企业产品国家监督抽查不合格率对比图

4.生产流通领域情况

从2020年、2021年抽样领域看，生产领域抽查占比70%左右，抽查不合格率为10%以下；流通领域占比30%左右，抽查不合格率为16%左右，比生产领域高。

5.产品批次不合格发现率分布情况

从2020年、2021年抽查产品批次不合格发现率分布情况看，一次性竹木筷、塑料一次性餐饮具、婴幼儿用塑料奶瓶等产品抽查不合格率为0%；批次不合格发现率最高的产品集中在电热暖手器、滴灌带等，不合格率高达50%以上。

6.抽查结果处理情况

抽查结果均已通过市场监管总局网站向社会公布，对于不合格产品及其生产经营者，市场监管总局已指导各地市场监管部门，严格根据《产品质量法》《产品质量监督抽查管理暂行办法》相关规定采取以下措施：一是要求不合格产品生产经营者立即停止生产、销售同一产品，严防不合格产品流入市场；二是责令不合格产品生产经营者限期完成整改，并及时对其开展复查；三是依法严肃查处抽查发现的质量违法行为，将涉嫌构成犯罪的移送司法机关。

第十二章　金融管理合规风险

金融的内容概括为货币发行与回笼，存款吸收与付出，贷款发放与回收，金银、外汇买卖，有价证券发行与转让，保险、信托、国内、国际货币结算等，金融行业包括银行业、保险业、信托业、证券业、租赁业等。金融管理违规行为主体包括金融机构和非金融机构。部分金融违规行为（如财务造假、内幕交易、虚假出资、洗钱等）主体既可以是金融机构，也可以是非金融机构。因此，不论是金融机构还是非金融机构都应当接受金融管理合规监管。企业一旦发生金融管理违规事件，将面临监管机构的行政处罚甚至承担刑事责任。

一、金融管理合规风险概述

（一）金融管理合规风险内涵

企业金融管理合规风险是指企业因违反国家金融相关法律法规、行业规范及公司内部规章制度，遭受行政处罚或承担刑事责任的风险。同时，企业违规行为可能造成重大经济损失、严重影响企业声誉、甚至相关单位和责任人员失去从业资格。

因此，企业应当构建金融合规管理体系，有效识别并避免相关金融合规风险，明确职工行为准则，监管企业和员工在金融活动中是否发生违规行为。

（二）金融管理合规依据

我国金融行业每个细分行业基本都有各自领域的法律。当前我国金融管理合规依据主要包括《中国人民银行法》《银行业监督管理法》《商业银行法》《证券法》《保险法》《信托法》《票据法》《反洗钱法》《刑法》等法律，行政法规主要为《外汇管理条例》和《金融违法行为处罚办法》，以及各省、直辖市《地方金融监督管理条例》等地方规范性文件。其中，《金融违法行为处罚办法》是加强金融监管、规范金融活动的重要依据和手段。该办法对金融机构的行为规范及其处罚措施进行了详细的规定，是金融机构合规经营的重要依据。此外，为了统筹金融行业各部门，制定通用的金融制度，有效防范化解金融风险，人民银行会同发改委、司法部、财政部、银保监会、证监会、外汇局起草了《金融稳定法（草案征求意见稿）》，并于 2022 年 4 月 6 日公开征求意见。《金融稳定法（草案）》或将一改长期以来金融稳定制度碎片化的格局，从全局高度对全国范围内的金融稳定工作进行统筹安排。

企业建立合规体系和合规机制始于金融业。因此金融行业的合规制度历史较为悠久。2005 年 4 月，巴塞尔银行监督管理委员会发布了《合规与银行内部合规部门》，为会员国银行企业组建合规部门和建立合规体系确立了基本的原则和制度框架。2006 年，中国银行业监督管理委员会发布了《商业银行合规风险管理指引》，2007 年，中国保险监督管理委员会发布了《保险公司合规管理办法》，2008 年，中国证券监督管理委员会（简称证监会）颁布《证券公司合规管理试行规定》，上述规范性文件确立了我国金融行业企业合规管理的基本制度框架。

二、金融管理刑事合规风险

目前我国金融管理刑事合规风险依据主要集中在《刑法》第三章第三节、第四节、第五节的相关罪名[1]，其中部分罪名与第八章"公司治理合规"和第九章"企业信用管理合规"重叠并在第八章和第九章论述，本章不作赘述。

金融管理刑事合规涉及主体比较宽泛，包括个人和单位，并非专指金融机构。

（一）高利转贷罪

高利转贷罪是指以转贷牟利为目的，套取金融机构信贷资金高利转贷他人，违法所得数额较大的行为[2]，犯罪主体是个人或单位，侵犯的客体为国家对信贷资金的发放及利率管理秩序，主观上为故意。行为上，套取金融机构信贷资金是指编造虚假理由，从银行、信托公司、农村信用社、农村合作银行等金融机构获得信贷资金。行为人转贷给他人的资金必须是金融机构的信贷资金。如果行为人只是将自己的剩余资金借贷给他人，不构成犯罪。其中，高利转贷他人是指行为人以比金融机构贷款利率高的利率将套取的信贷资金转贷他人，从中获取不法利益，且数额较大的，才构成犯罪，这是区分罪与非罪的重要界限。例如在吉林市江城华日商贸有限公司（简称江城华日公司）高利转贷一案[3]中，江城华日公司

---

[1] 参见《刑法》第三章"破坏社会主义市场经济秩序罪"第三节"妨害对公司、企业的管理秩序罪"、第四节"破坏金融管理秩序罪"、第五节"金融诈骗罪"。
[2] 参见《刑法》第一百七十五条。
[3] 参见长春汽车经济技术开发区人民法院（2021）吉 0192 刑初 1 号刑事判决书。

以员工个人或其亲属名义成立多家空壳公司，提供虚假的购销合同套取吉林银行北京路支行信贷资金后，以高于原借款利率转贷至资金需求人，实际占用原信贷资金 94230.75 万元，获得利息收入 904.30 万元，其行为已构成高利转贷罪。刑事责任上，根据违法所得数额的大小判处有期徒刑和罚金❶；单位犯本罪的，对单位判处罚金，并对其直接负责的主管人员和其他直接责任人员，依照自然人犯本罪的规定处罚。

（二）骗取贷款、票据承兑、金融票证罪

骗取贷款、票据承兑、金融票证罪是指以欺骗手段取得银行或者其他金融机构贷款、票据承兑、信用证、保函等，给银行或者其他金融机构造成重大损失的行为❷，犯罪主体是个人或单位，侵犯的客体是国家的金融管理秩序和银行或其他金融机构的贷款、票据承兑、信用证、保函等的安全。主观上为故意，行为人必须给银行或者其他金融机构造成重大损失或者有其他严重情节，若不满足该条件，则不构成本罪。例如在江苏申特钢铁有限公司（简称江苏申特公司）骗取贷款、票据承兑、金融票证一案❸中，江苏申特公司及其关联公司伙同淮矿现代物流有限责任公司，以虚构货物购销合同的方式骗多家银行贷款、票据承兑、金融票证等，金额共计 446898 万元，情节特别严重，构成骗取贷款、票据承兑、金融票证罪。刑事责任上，根据给银行或者其他金融机构造成损失的大小判处有期徒刑和罚金❹；单位犯本罪的，对单位判处罚金，并对其直接负责的主管人员和其他直接责任人员，依照自然人犯本罪的规定处罚。

（三）非法吸收存款罪

非法吸收存款罪指非法吸收公众存款或者变相吸收公众存款，扰乱金融秩序的行为❺。犯罪主体是单位或个人，主观上为故意，侵犯的客体是国家金融管理

---

❶ 《刑法》第一百七十五条规定，以转贷牟利为目的，套取金融机构信贷资金高利转贷他人，违法所得数额较大的，处三年以下有期徒刑或者拘役，并处违法所得一倍以上五倍以下罚金；数额巨大的，处三年以上七年以下有期徒刑，并处违法所得一倍以上五倍以下罚金。

❷ 参见《刑法》第一百七十五条之一。

❸ 参见安徽省淮南市中级人民法院（2020）皖 04 刑终 83 号刑事判决书。

❹ 《刑法》第一百七十五条之一规定，以欺骗手段取得银行或者其他金融机构贷款、票据承兑、信用证、保函等，给银行或者其他金融机构造成重大损失的，处三年以下有期徒刑或者拘役，并处或者单处罚金；给银行或者其他金融机构造成特别重大损失或者有其他特别严重情节的，处三年以上七年以下有期徒刑，并处罚金。

❺ 参见《刑法》第第一百七十六条。

制度。"公众存款"的存款人仅是不特定的群体。例如在伊通满族自治县盛宇房地产开发有限公司（简称盛宇公司）非法吸收公众存款一案❶中，盛宇公司经伊通满族自治县计划委员会核准承建伊通满族自治县盛宇豪庭小区，未经批准，通过向民众借款的形式向社会公众非法吸收公众存款 4331.318 万元，数额巨大其行为构成非法吸收公众存款罪。主观方面表现为故意，即行为人必须是明知自己非法吸收公众存款的行为会造成扰乱金融秩序的危害结果，而希望或者放任这种结果发生，过失行为不构成本罪。如有的金融机构由于工作失误造成利率提高而吸收了大量公众存款，由于是工作失误行为，非法吸收公众存款不属于其故意实施，因此不构成本罪。刑事责任上，根据情节严重程度判处三年以上的有期徒刑，并处罚金❷；单位犯本罪的，对单位判处罚金，并对其直接负责的主管人员和其他直接责任人员，依照自然人犯本罪的规定处罚。

（四）洗钱罪

洗钱是指将犯罪或其他非法违法行为所获得的违法收入，通过各种手段掩饰、隐瞒、转化，使其在形式上合法化的行为。洗钱罪是指行为人违反我国刑法的相关规定，实施上述有关洗钱行为从而构成的犯罪。非法所得包括毒品犯罪、黑社会性质的组织犯罪、恐怖活动犯罪、走私犯罪、贪污贿赂犯罪、破坏金融管理秩序犯罪、金融诈骗犯罪的所得及其产生的收益❸。洗钱罪犯罪主体是个人或单位，侵犯的客体是国家金融管理制度和司法机关的正常活动，主观上为故意，客观表现为为了使非法所得合法化而实施的以下五种行为：一是提供资金账户；二是将财产转换为现金、金融票据、有价证券；三是通过转账或者其他支付结算方式转移资金；四是跨境转移资产；五是以其他方法掩饰、隐瞒犯罪所得及其收益的来源和性质。例如在上海某电子商务公司洗钱罪一案❹中，该电子公司明知是金融诈骗犯罪所得及其产生的收益，为掩饰、隐瞒其来源和性质，通过转账协助资金转移，情节严重，构成洗钱罪。刑事责任上，犯洗钱罪的，没收实施以上犯罪的所得及其产生的收益，处五年以下有期徒刑或者拘役，并处或者单处罚金；情节严重的，处五年以上十年以下有期徒刑，并处罚金；单位犯本罪的，对

---

❶　参见吉林省高级人民法院（2020）吉刑终 53 号刑事判决书。

❷　《刑法》第一百七十六规定，非法吸收公众存款或者变相吸收公众存款，扰乱金融秩序的，处三年以下有期徒刑或者拘役，并处或者单处罚金；数额巨大或者有其他严重情节的，处三年以上十年以下有期徒刑，并处罚金；数额特别巨大或者有其他特别严重情节的，处十年以上有期徒刑，并处罚金。

❸　参见《刑法》第一百九十一条。

❹　参见上海市浦东新区人民法院（2020）沪 0115 刑初 5534 号刑事判决书。

单位判处罚金，并对其直接负责的主管人员和其他直接责任人员，依照自然人犯本罪的规定处罚。❶

（五）伪造、变造金融票证罪

伪造、变造金融票证罪是指伪造、变造汇票、本票、支票、委托收款凭证、汇款凭证、银行存单等银行结算凭证，以及信用证或者附随的单据、文件，以及伪造信用卡等行为❷。如在湖北渝川食品股份有限公司（简称渝川公司）伪造、变造金融票证一案❸中，渝川公司仅部分实施产业扶贫试点项目，为顺利通过项目验收，其法定代表人覃宇华安排公司副总经理余某伪造银行结算凭证等金融票证，金额共计 428.6 万余元，该行为构成伪造、变造金融票证罪。伪造、变造金融票证罪犯罪主体是个人或单位，侵犯的客体是国家的金融票证管理制度，主观方面为故意，如果行为人因过失而错误填写票证内容的，虽然要承担相应的民事责任，但不承担刑事责任。即使行为人错误填写票证后又故意使用的，也只能按金融票据诈骗罪等其他犯罪追究刑事责任，而不能以本罪论处。其中"伪造"是指无权制作金融票证的假冒他人或虚构他人的名义擅自制作金融票证的行为；"变造"是指擅自对他人的有效金融票证上所载内容进行变更的行为。刑事责任上，根据情节判处有期徒刑或者拘役或无期徒刑，单处或并处罚金或没收财产；单位犯本罪的，对单位判处罚金，并对直接负责的主管人员和其他直接责任人员依照自然人犯罪的相关规定处罚。

（六）伪造、变造国家有价证券罪

伪造、变造国家有价证券罪是指伪造、变造国库券或者国家发行的其他有价证券的行为❹，这里的有价证券仅指国家发行的有价证券，不包括股票、企业债券和金融票据。犯罪主体是个人或单位，侵犯的客体是国家金融管理秩序中的对有价证券的正常管理活动，主观方面必须出于故意，并且具有非法牟取利益的目的。客观表现为伪造、变造有价证券并达到较大数额，若数额不大，则不构成本罪，总面额在 2000 元以上的，应予立案追诉❺。例如在张某军伪造、变造国家有

---

❶ 参见《刑法》第一百七十五条和一百七十六条。

❷ 参见《刑法》第一百七十七条。

❸ 参见湖北省十堰市中级人民法院（2020）鄂 03 刑终 273 号刑事裁定书。

❹ 参见《刑法》第一百七十八条。

❺ 参见《最高人民检察院、公安部关于公安机关管辖的刑事案件立案追诉标准的规定（二）》第二十七条。

价证券一案❶中，赤峰松鹤调味品有限责任公司因需要资金，经张某军介绍，先后共向衣某某支付了人民币 55 万元后，拿到了伪造购买日期户名、金额为 4900 万元、期限为 5 年的中国农业银行凭证式国债收款凭证的原件，已构成伪造、变造国家有价证券罪。刑事责任上，根据犯罪数额处三年至十年以上有期徒刑或拘役或无期徒刑，并处或单处 2 万～50 万元罚金或没收财产；单位犯本罪，处罚金，并对直接负责的主管人员和其他直接责任人员，依照自然人犯本罪的规定定罪处罚。

（七）伪造、变造股票、公司、企业债券罪

伪造、变造股票、公司、企业债券罪是指以使用为目的，仿照真实有效的股票，公司、企业债券制作的假的股票，公司、企业债券或对真实有效的股票，公司、企业债券采用涂改、挖补等方法，改变股票，公司、企业债券的日期和增加其面值的行为❷。犯罪主体是个人或单位，侵犯的客体是国家有关有价证券的管理制度，主观方面为故意，即行为人明知自己的行为违反国家对有价证券的管理制度并希望这种结果发生的故意行为。刑事责任上，根据犯罪数额处十年以下有期徒刑或拘役，并处或单处 1 万～20 万元的罚金。单位犯本罪，处罚金，并对直接负责的主管人员和其他直接责任人员，依照前述自然人犯本罪的规定定罪处罚。

（八）擅自发行股票、公司、企业债券罪

擅自发行股票、公司、企业债券罪是指未经国家有关主管部门批准，擅自发行股票或者公司、企业债券，数额巨大、后果严重或者有其他严重情节的行为。犯罪主体是单位或个人，侵犯的客体是国家对证券市场的管理制度以及投资者和债权人的合法权益。主观方面为故意。客观行为上，行为人必须有实际发行股票或公司、企业债券的行为。擅自发行包括两种情形：一是既不具备发行股票、公司债券的条件，又未得到有关主管部门的批准；二是虽符合法律规定发行股票的条件，但未经有关主管部门的批准。构成本罪的条件之一是数额巨大、后果严重，若情节较轻，则不构成本罪，但会遭受行政处罚。例如在江苏奥海船舶配件有限公司（简称奥海公司）擅自发行股票、公司、企业债券罪一案❸中，奥海公司法定代表人张某隐瞒奥海公司连年亏损的事实，未经国家有关主管部门批准，

❶ 参见福建省福州市中级人民法院（2019）闽 01 刑终 165 号刑事裁定书。
❷ 参见《刑法》第一百七十八条。
❸ 参见上海市第一中级人民法院（2019）沪 01 刑初 40 号刑事判决书。

以奥海公司即将在全国中小企业股份转让系统挂牌、投资人可获取高额回报、许诺两年内挂牌无果就全额回购并支付高额利息等为由，通过自行招揽或者委托中介机构采用电话推销、口口相传等手段，向 131 名投资人转让奥海公司股权，共计获得 1.48 亿余元，该行为已构成擅自发行股票罪。刑事责任上，处五年以下有期徒刑或者拘役，并处或者单处非法募集资金金额 1% 以上 5% 以下罚金；单位犯前款罪的，对单位判处罚金，并对其直接负责的主管人员和其他直接责任人员，处五年以下有期徒刑或者拘役。

（九）逃汇罪

我国刑法设立逃汇罪的目的是保障外汇储备、平衡收支，如果企业做出了逃汇的行为将给国家的外汇管理制度造成影响，同时危害国家的经济秩序和治安。违反国家规定，擅自将外汇存放境外，或者将境内的外汇非法转移到境外，数额较大的行为才构成逃汇罪[1]。逃汇罪的犯罪主体是公司、企业或其他单位，侵犯的客体是国家的外汇管理制度，主观方面为故意，客观表现为违反国家规定，擅自将外汇存放境外，或者将境内的外汇非法转移至境外，情节严重的行为。例如上海虞东贵金属有限公司（简称虞东公司）逃汇一案[2]中，虞东公司为赚取人民币理财利息与外汇贷款资金成本之间的利差，以虚假的销售合同、货物装箱单、货物提单等材料，虚构业务获取利息，违反国家规定，将境内的 1160 余万美元外汇非法转移到境外，构成逃汇罪。刑事责任上，对单位判处逃汇数额 5% 以上 30% 以下的罚金，同时对单位直接负责的主管人员和其他直接责任人员判处有期徒刑。[3]

三、金融管理行政合规风险

（一）金融行业行政合规

1.《金融违法行为处罚办法》规定了金融机构禁止性行为及处罚

《金融违法行为处罚办法》（简称《办法》）是为了惩处金融违法行为，维护金融秩序，防范金融风险而制定的，金融机构违反国家有关金融管理的规定，有关法律、行政法规有处罚规定的，依照其规定给予处罚；有关法律、行政法规未

---

[1] 参见《刑法》第一百九十条。
[2] 参见上海市第二中级人民法院（2019）沪 02 刑终 1278 号刑事判决书。
[3] 《刑法》第一百九十条规定。

作处罚规定或者有关行政法规的处罚规定与《办法》不一致的，依照《办法》给予处罚。例如《办法》对金融机构变更名称、注册资本、机构所在地、高级管理人员，变更股东、转让股权或者调整股权结构未经中国人民银行批准的行为作出了处罚规定，同时对金融机构虚假出资、抽逃出资、超出人民银行批准的业务范围从事金融业务活动的行为作出了处罚规定，包括七项纪律处分、没收违法所得、吊销该金融机构的经营金融业务许可证、并处 1 万～ 30 万元或相关违法金额 5% 以上 10% 以下的罚款。金融机构的工作人员如果违反《办法》相关规定受到开除的纪律处分的，且终身不得在金融机构工作。❶

此外，为了统筹规范金融行业各部门的行为，人民银行会同有关部门研究起草了《金融稳定法（草案）》（简称《草案》）。《草案》明确了金融机构金融风险防范、化解、处置要求，同时对相关机构、企业违反《草案》的行为法律责任进行了规定，详细规定了政府部门及人员的责任、金融机构股东及实控人的责任、金融机构的责任，对金融行业各部门的行为规范作了统一规定，与其他金融法律各有侧重、互为补充。《草案》或成为企业金融管理合规未来发展的重要依据。

2. 金融行业相关立法明确不同类别金融机构行政合规要求

（1）银行业。

我国银行业合规依据主要有《中国人民银行法》《商业银行法》《银行业监督管理法》及《商业银行合规风险管理指引》。目的在于保护商业银行、存款人和其他客户的合法权益，规范商业银行的行为，加强对银行业的监督管理，规范监督管理行为，防范和化解银行业风险，保护存款人和其他客户的合法权益，促进银行业健康发展。上述文件对银行业监督管理机构从事监督管理工作的人员和银行业金融机构的从业规范及法律责任进行了规定，如《中国人民银行法》规定中国人民银行不得向政府部门、非银行金融机构及其他单位和个人提供贷款，不得向任何单位和个人提供担保，若发生上述行为，对负有直接责任的主管人员和其他直接责任人员给予行政处罚 ❷；又如《商业银行法》规定商业银行不得向关系人发放信用贷款；向关系人发放担保贷款的条件不得优于其他借款人同类贷款的条件，若发生上述行为，由国务院银行业监督管理机构责令改正，有违法所得的，没收违法所得，并处高额罚款，甚至将被停业整顿或者吊销其经营许

---

❶　参见《金融违法行为处罚办法》第三条、第六条、第七条、第八条。

❷　参见《中国人民银行法》第三十条和第四十八条。

可证❶。《银行业监督管理法》规定擅自设立银行业金融机构或者非法从事银行业金融机构的业务活动的，由国务院银行业监督管理机构予以取缔；尚不构成犯罪的，由国务院银行业监督管理机构没收违法所得，并处罚款❷。《商业银行合规风险管理指引》则指出商业银行应建立与其经营范围、组织结构和业务规模相适应的合规风险管理体系❸。

（2）证券业。

我国证券业合规依据主要有《证券法》和《证券公司监督管理条例》，目的在于规范证券发行和交易行为，加强对证券公司的监督管理，防范证券公司的风险，保护投资者的合法权益，维护社会经济秩序和社会公共利益，促进社会主义市场经济的发展。《证券法》对证券发行、交易活动中当事人的行为规范作出了规定。根据《证券法》相关规定，证券行业相关从业人员不得参与股票交易活动，否则将被责令依法处理所持股票，没收违法所得，并处买卖证券等值以下罚款；国家工作人员有上述行为的，还将受到处分❹。证券交易内幕信息知情人不得买卖该公司的证券或将信息透露给他人，也不得建议他人买卖该证券，一般情形下将被没收违法所得并处违法所得一倍以上十倍以下的罚款❺。任何人不得操纵证券市场，不得编造、传播虚假信息扰乱证券市场，否则将被没收违法所得并处罚款❻。证券公司违反法律、行政法规或者国务院证券监督管理机构的有关规定的，责令改正，给予警告，没收违法所得，可以并处罚款；情节严重的，暂停或者撤销相关业务许可或者责令关闭。对直接负责的主管人员和其他直接责任人员给予警告，可以并处罚款❼。情节严重的，国务院证券监督管理机构可以对有关责任人员采取证券市场禁入的措施。❽

（3）保险业。

我国保险业合规依据主要有《保险法》《保险公司管理规定》和《保险公司合规管理办法》，目的在于规范保险活动，提高保险合规监管工作的科学性和有效性，保护保险活动当事人的合法权益，加强对保险业的监督管理，维护社会经

---

❶ 参见《商业银行法》第四十条和第七十四条。
❷ 参见《银行业监督管理法》第四十四条。
❸ 参见《商业银行合规风险管理指引》第八条。
❹ 参见《证券法》第一百八十七条。
❺ 参见《证券法》第一百九十一条。
❻ 参见《证券法》第一百九十二条和第一百九十三条。
❼ 参见《证券法》第一百八十三条至二百一十四条。
❽ 参见《证券法》第二百二十一条。

济秩序和社会公共利益，促进保险事业的健康发展。根据《保险法》相关规定，保险公司的业务主要包括人身保险业务和财产保险业务，若经国务院保险监督管理机构批准，还可经营再保险业务；若保险公司超出批准的业务范围经营的，将被责令限期整改，可能被没收违法所得并处一倍以上五倍以下罚款，没有违法所得或者违法所得不足 10 万元的，处 10 万元以上 50 万元以下的罚款，甚至可能被停业整顿或者吊销业务许可证 ❶。保险公司、保险资产管理公司、保险专业代理机构、保险经纪人违反《保险法》，不仅单位会受到没收违法所得并处罚款、限制其业务范围、责令停止接受新业务或者吊销业务许可证的行政处罚，其直接负责的主管人员和其他直接责任人员还会被给予警告，并处 1 万元以上 10 万元以下的罚款，甚至会被撤销任职资格 ❷。《保险公司管理规定》则是进一步对保险公司的设立、变更和经营等进行监督管理，保险机构或者其从业人员违反该规定，由中国保监会责令改正和给予警告，有违法所得则处 3 万元以下罚款，没有违法所得则处 1 万元以下罚款 ❸。保险公司及其保险从业人员不合规的保险经营管理行为则引发法律责任、财务损失或者声誉损失的风险，因此《保险公司合规管理办法》为引导保险公司合规管理体系建设，对董事会、监事会和总经理的合规职责、合规负责人和合规管理部门、合规管理以及合规外部监督作出了详尽规定，要求保险公司完善合规管理组织架构，明确合规管理责任，有效识别并积极主动防范、化解合规风险，确保公司稳健运营。❹

（二）非金融行业金融管理行政合规

我国对非金融机构金融管理行政合规依据主要有《反洗钱法》《票据法》《人民币管理条例》《外汇管理条例》《关于加强非金融企业投资金融机构监管的指导意见》等。

《反洗钱法》是为了预防洗钱活动，维护金融秩序，遏制洗钱犯罪及相关犯罪而制定，适用对象包括金融机构和非金融机构，对反洗钱监督管理、反洗钱义务、反洗钱调查、反洗钱国际合作以及法律责任作出了规定，如《反洗钱法》规定，金融机构和按照规定应当履行反洗钱义务的特定非金融机构都应当依法采取预防、监控措施，建立健全反洗钱内部控制制度，履行客户尽职调查、客户身

---

❶ 参见《保险法》第一百六十一条。
❷ 参见《保险法》一百七十一条。
❸ 参见《保险公司管理规定》第六十九条。
❹ 参见《保险公司合规管理办法》第三条。

份资料和交易记录保存、大额交易和可疑交易报告、反洗钱特别预防措施等反洗钱义务❶。其中对于非金融机构的反洗钱义务，主要依据为中国人民银行办公厅《关于加强特定非金融机构反洗钱监管工作的通知》及国务院反洗钱行政主管部门有关规定，如中国人民银行《关于加强贵金属交易场所反洗钱和反恐怖融资工作的通知》、住房城乡建设部、中国人民银行、银监会《关于规范购房融资和加强反洗钱工作的通知》、财政部《关于加强注册会计师行业监管有关事项的通知》等。针对房地产相关企业和机构、从事贵金属交易及其相关服务的经营者、会计师事务所、律师事务所、公证机构以及公司服务提供商❷，要求相关行业经营者妥善处理所在领域面临的洗钱和恐怖融资风险。

《票据法》是为了规范票据行为，保障票据活动中当事人的合法权益而制定的，对汇票、本票、支票的使用及法律责任作出了规定，如有伪造或变造票据、故意使用伪造或变造的票、签发空头支票或者故意签发与其预留的本名签名式样或者印鉴不符的支票以骗取财物、签发无可靠资金来源的汇票或本票以骗取资金等票据欺诈行为不构成犯罪，则受到行政处罚。❸

《人民币管理条例》对人民币的设计和印制、发行和回收、流通和保护以及罚则作出了规定，如《人民币管理条例》规定除了中国人民银行指定的印制人民币的企业外，任何单位和个人不得研制、仿制、引进、销售、购买和使用印制人民币所特有的防伪材料、防伪技术、防伪工艺和专用设备❹，否则由工商行政管理机关和其他有关行政执法机关给予警告，没收违法所得和非法财物，并处罚款❺。

《外汇管理条例》是为了加强外汇管理，促进国际收支平衡而制定，对经常项目和资本项目外汇管理、金融机构外汇业务管理、人民币汇率和外汇市场管理、外汇监督管理及法律责任作出了规定。如规定违反规定将外汇汇入境内，可能被责令改正并处违法金额等值以下的罚款；如携带外汇出入境，可能被给予警告，处违法金额 20% 以下的罚款。❻

《关于加强非金融企业投资金融机构监管的指导意见》是中国人民银行、

---

❶ 参见《反洗钱法》第三条。
❷ 参见中国人民银行办公厅《关于加强特定非金融机构反洗钱监管工作的通知》第二条。
❸ 参见《票据法》第一百零二条、第一百零三条。
❹ 参见《人民币管理条例》第十三条。
❺ 参见《人民币管理条例》第四十条。
❻ 参见《外汇管理条例》第四十一条和四十二条。

银保监会、证监会为有效防控金融风险而制定的。针对大量非金融企业通过发起设立、并购、参股等方式投资金融机构，部分企业与所投资金融机构业务关联性不强、以非自有资金虚假注资或循环注资、不当干预金融机构经营、通过关联交易进行利益输送等问题，该意见提出要严格投资条件，加强准入管理；规范资金来源，强化资本监管；企业应当完善股权结构和公司治理，建立全面风险管理体系，规范关联交易；同时防范风险传递，建立健全风险隔离机制，构建有效风险处置机制；加强实业与金融业的风险隔离，防范风险跨机构跨业态传递。❶

四、政府及有关部门金融管理合规监管

（一）金融行业合规监管

1. 近年来国内金融犯罪情况

近年来，监管机构对金融机构的监督检查力度持续增强，国家之所以这么重视金融行业的发展，并且对金融行业严格管制，就是为了把金融行业控制在一定的可控范围之内，避免金融行业因为国际市场的波动而出现崩盘的情况。英国励讯集团旗下律商联讯风险信息公司（LexisNexis Risk Solutions，简称律商联讯）对金融犯罪合规真实成本研究进行了全球调查，编制了《2022 年中国金融犯罪合规真实成本报告》❷，该报告包括对 50 家中国机构的研究，受访机构包括银行、投资公司、资产管理公司和保险公司。根据该报告，可以得出以下结论。

（1）金融犯罪风险增加。

中国的金融企业在过去 18 ～ 24 个月里面临的金融犯罪风险有所增加，且犯罪范围甚广。越来越多的金融机构利用钱骡账户进行犯罪收益洗钱、利用第三方顾问进行非法活动、滥用离岸公司和空壳公司进行洗钱活动。相关企业接触到的与数字支付、使用洗钱账户洗钱以及贿赂和腐败有关的犯罪活动有所增加。涉及支付和第三方的行业被列为洗钱的高风险行业，主要包括电子商务和零售、法律、会计和房地产行业，专业人员可以在这些领域为非法交易提供增添合法性的服务。

---

❶ 参见《关于加强非金融企业投资金融机构监管的指导意见》第二至第六条。
❷ 参见 LexisNexis.2022 年中国金融犯罪合规真实成本报告 [R]. 伦敦：律商联讯，2022。

（2）金融合规团队扩大。

大多数中国金融企业已扩大其合规业务，主要体现在增加合规人员数量和提高相关人员专业技术，以满足日益严格的法规和反洗钱要求。自 2019 年以来，很多金融机构扩大了其合规团队的规模（平均扩大了 10%）。随着公司合规相关工作的增加，而许多新员工缺乏相关合规经验，因此对经验丰富、技能娴熟的合规专业人员的需求越来越大。总体而言，由于需要更有经验的合规人员，大部分中国金融机构已经扩充了合规团队，由此可见，中国金融机构已经越来越重视金融合规工作，不断扩大金融合规团队，为金融合规工作的开展提供人员基础保障。

（3）疫情和数字化转型影响。

新冠肺炎疫情和数字化转型改变了人们交易行为，越来越多的人减少了现金的使用而更多的使用数字支付或加密货币，越来越多的交易通过远程在线和移动渠道完成，这为金融犯罪带来了巨大的机会，从而增加金融犯罪的风险。

2. 金融行业执法情况

2017 年以来，我国金融监管体制进行了重大改革：设立国务院金融稳定发展委员会，强化人民银行宏观审慎管理和系统性风险防范职责，切实落实部门监管职责；将银监会和保监会合并组建为中国银行保险监督管理委员会，负责统一监管银行业和保险业；将拟定银行业、保险业重要法律法规草案和审慎监管基本制度职责划入人民银行。

（1）银行保险业执法情况。

2020 年银保监会共作出 6581 件行政处罚决定，处罚银行保险机构 3178 家次，覆盖各主要机构类型，处罚责任人员 4554 人·次，作出警告 4277 家 /（人·次）（警告机构 328 家·次，警告个人 3949 人·次）；罚没合计 22.75 亿元（罚没机构 21.56 亿元，罚没个人 1.18 亿元）；责令停止接受新业务 19 家·次，责令停业整顿 2 家·次，限制业务范围 4 家·次，吊销业务许可证 2 家，取消（撤销）任职资格 161 人·次，禁止从业 312 人。❶

2021 年银保监会及派出机构针对银行机构和相关责任人，共开出罚单 4023 张，罚没金额合计约 19.15 亿元。其中，银保监会开出罚单 24 张，罚款金额合计约 6.79 亿元；派出机构开出罚单 3999 张，罚没金额合计约 12.36 亿

---

❶　参见中国政府网.中国银保监会通报 2020 年行政处罚情况 [EB/OL]. http：//www.gov.cn/xinwen/2021-05/21/content_5609935.htm。

元。2021 年全年，有 758 家银行（含分支机构）、2590 名相关责任人被处罚。其中，有 174 人被终身禁止从事银行业工作，8 人被取消高级管理人员任职资格终身。2021 年，银保监会及其派出机构针对保险机构开出罚单 2104 张，罚没金额 2.95 亿元，较 2020 年分别增长 22.7% 和 25%。从处罚原因看，"编制虚假材料""虚构中介业务套取费用""给予投保人保险合同以外的利益""未按规定使用经备案的保险条款、保费费率""欺骗投保人""虚列费用"出现频率较高。❶

2022 年全年处罚银行保险机构 4620 家，处罚责任人员 7561 人·次，罚没 28.99 亿元。❷

（2）证券业执法情况。

2020 年，证监会坚决贯彻党中央关于依法从严打击证券违法活动的决策部署，聚焦重点领域和市场关切，依法从重从快从严打击资本市场欺诈、造假等违法活动。全年共办理案件 740 起，其中新启动调查 353 件（含立案调查 282 件），办理重大案件 84 件，同比增长 34%；全年向公安机关移送及通报案件线索 116 件，同比增长一倍，打击力度持续强化。❸

2021 年，证监会坚持"建制度、不干预、零容忍"工作方针，围绕监管中心工作，依法从严从快从重查办重大案件。全年共办理案件 609 起，其中重大案件 163 起，涉及财务造假、资金占用、以市值管理名义操纵市场、恶性内幕交易及中介机构未勤勉尽责等典型违法行为。依法向公安机关移送涉嫌犯罪案件（线索）177 起，同比增长 53%，会同公安部、最高检联合部署专项执法行动，证券执法司法合力进一步加强。总体看，案发数量连续 3 年下降，证券市场违法多发高发势头得到初步遏制。与此同时，执法重点更加突出，虚假陈述、内幕交易、操纵市场、中介机构违法案件数量占比超过八成。❹

2022 年证监会坚持"四个敬畏、一个合力"监管理念，严厉打击各类证券期货违法行为，全年办理案件 603 件，其中重大案件 136 件，向公安机关移送涉

---

❶　参见中国银行保险报.治乱象 防风险 2021 年银行保险机构行政处罚报告 [EB/OL]. https：//baijiahao.baidu.com/s?id=1740904603176014327&wfr=spider&for=pc。

❷　参见中国银保监会公众号.《乘风破浪 奋楫笃行 2022 年银保监会监管工作综述》[EB/OL]。

❸　参见中国证监会官网.证监会通报 2020 年案件办理情况 [EB/OL]. http：//www.csrc.gov.cn/csrc/c100200/cde2e163c393c4d69a384b228dc0fe2af/content.shtml。

❹　参见中国证监会官网.证监会通报 2021 年案件办理情况 [EB/OL]. http：//www.csrc.gov.cn/csrc/c100028/c1921138/content.shtml。

嫌犯罪案件和通报线索 123 件，案件查实率达到 90%。603 件案件中，含内幕交易案件 170 件；操纵市场案件 78 件；信息披露违法案件 203 件；中介机构未勤勉尽责案件 44 件，涉及 36 家中介机构。总体来看，案发数量持续下降，办案质效明显提升，"严"的监管氛围进一步巩固，市场生态进一步净化。❶

（二）非金融行业合规监管

1. 打击洗钱相关活动

2020 年中国人民银行共对 614 家义务机构开展反洗钱执法检查，其中 87% 为法人机构，依法处罚反洗钱违规机构 537 家，罚款金额 5.26 亿元，处罚违规个人 1000 人，罚款金额 2468 万元❷。2021 年，中国人民银行全系统共开展了 159 项反洗钱专项执法检查、476 项含反洗钱内容的综合执法检查和 3 项涉案机构的行政处罚调查，完成对 401 家违规机构的处罚，罚款金额共 3.21 亿元，对 759 名违规个人罚款 1936 万元，两项罚款合计 3.41 亿元，同比下降 38%❸。为依法打击治理洗钱违法犯罪活动，进一步健全洗钱违法犯罪风险防控体系，2022 年 1 月中国人民银行、公安部、国家监察委员会、最高人民法院、最高人民检察院、国家安全部、海关总署、国家税务总局、银保监会、证监会、国家外汇管理局联合印发了《打击治理洗钱违法犯罪三年行动计划（2022～2024 年）》，决定于 2022 年 1 月～2024 年 12 月在全国范围内开展打击治理洗钱违法犯罪三年行动，湖南、上海等地相继出台了行动实施方案，明确了细化打击治理洗钱犯罪的举措，维护金融管理秩序和经济金融安全。

2. 房地产骗取贷款监管

经营贷，顾名思义，是为了满足企业经营活动需要发放的贷款。消费贷是银行向借款人发放的用于指定消费用途的担保贷款，可以用于房屋装修、购买汽车等耐用消费品、旅游、求学等个人生活消费，但一般不可以将消费贷用于购房等高风险领域。2020 年以来，为了缓解疫情对经济带来的影响，政府加大了对中小微企业的融资支持，经营贷的门槛有所降低，利率持续下行，相比之下，

---

❶ 参见中国证监会官网. 证监会通报 2022 年案件办理情况 [EB/OL]. http：//www.csrc.gov.cn/csrc/c100028/c7088291/content.shtml。

❷ 参见中国人民银行反洗钱局，2020 年中国反洗钱年报 [EB/OL]. http：//www.pbc.gov.cn/fanxiqianju/resource/cms/2021/12/20211223091252230038.pdf。

❸ 参见中国人民银行反洗钱局，2021 年人民银行反洗钱监督管理工作总体情况 [EB/OL]. http：//www.pbc.gov.cn/fanxiqianju/135153/135163/135169/4562201/index.html。

经营贷的利率明显低于按揭贷款，经营贷利率为 3%～4%，而按揭贷款利率为 5%～6%。二者的利差，让很多中介看到了"商机"，并宣称会提供"一条龙"服务。找中介包装经营贷，借款人和贷款中介在申请贷款的过程中存在弄虚作假的行为，又给银行造成坏账，可能涉嫌骗取贷款罪，银行可以报警追究刑事责任。2021 年 1 月 29 日，上海银保监局印发《关于进一步加强个人住房信贷管理工作的通知》，要求各商业银行对 2020 年 6 月以来发放的消费类贷款、经营性贷款以及个人住房贷款进行全面自查；禁止发放无用途、虚假用途、用途存疑的贷款；防止消费类贷款、经营性贷款等信贷资金违规挪用于房地产领域。2021 年 1 月 30 日，北京银保监局向辖内银行机构下发监管提示函，要求各行对 2020 年下半年以来新发放的个人消费贷款和个人经营性贷款合规性开展全面自查，并要求银行对发现的问题立即整改，加强内部问责处理。继上海、北京后，广东也加入"围剿"大军中。2021 年 2 月 9 日，广东银保监局公开表示，多措并举严肃查处经营贷、消费贷违规流入房地产领域行为。2021 年 3 月以来，北京、上海、广州、深圳等地相继公布自查结果：北京自查发现涉嫌违规流入北京房地产市场的个人经营性贷款金额约 3.4 亿元；广州发现涉嫌违规流入楼市的问题贷款金额为 1.47 亿元；上海调查结果显示，发现 123 笔经营贷和消费贷涉嫌被挪用于楼市，共计 3.39 亿元。❶

2022 年 11 月 4 日，银保监会公布了 8 张行政处罚罚单。其中，5 张罚单处罚原因涉及个人经营贷款、个人消费贷款违规流入房地产市场、个人经营贷款制度不审慎等。此次，银行被罚款金额总额超过千万，多名相关责任人被警告。其中，交通银行股份有限公司因个人经营贷款挪用至房地产市场、个人消费贷款违规流入房地产市场、总行对分支机构管控不力承担管理责任被罚 500 万元，时任交通银行湖北省分行副行长龚青对该行个人消费贷款违规流入房地产市场负有责任，被予以警告。招商银行股份有限公司因个人经营贷款挪用至房地产市场、个人经营贷款"三查"不到位、总行对分支机构管控不力承担管理责任被罚 460 万元。中国建设银行股份有限公司因个人经营贷款"三查"不到位、个人经营贷款制度不审慎、总行对分支机构管控不力承担管理责任被罚 260 万元。同时，中国建设银行深圳市分行副行长刘江对该分行上述违规行为负有责任，被予以警告。此外，兴业银行股份有限公司因债券承销业务严重违反审慎经营规则被罚 150 万元。

---

❶ 参见中国经济网．"围剿"经营贷：严查风暴之下，灰色产业链"土崩瓦解"？[EB/OL]．https: //baijiahao.baidu.com/s?id=1697694971598362484&wfr=spider&for=pc。

第十三章　纳税合规风险

税收是国家财政收入的主要形式。国家通过税收对国民收入进行再分配，缩小贫富差距，促进社会公平，保障社会安定，提高人民物质文化生活水平，实现宏观调控国内经济发展的重要作用，为国家各项职能的正常运转提供财力支持。依法纳税是企业应尽的义务。

一、纳税合规风险概述

（一）企业纳税合规风险内涵

纳税义务是税收法律关系主体依照法律规定所承受的一定的行为上的约束。纳税义务人亦称"课税主体"，是税法上规定的直接负有纳税义务的单位和个人，每种税收都有各自的纳税人，国家无论课征什么税，要由一定的纳税义务人来承担，违反纳税义务就产生相应的税法责任。纳税合规风险指企业在经营过程中不遵守《刑法》、税收相关法律法规等而产生的承担刑事责任和行政责任的风险。识别纳税合规风险、建立杜绝纳税合规风险机制的前提是掌握国家税收相关法律法规。

（二）企业纳税主要法律法规

目前，我国共有 18 个税种，按征税对象可将全部税种划分为流转税、所得税、财产税、资源税和行为税五大类。其中流转税是以商品生产、商品流通和劳务服务的流转额为征税对象的一类税收，流转额包括商品交易的金额或数量和劳务收入的金额，具体包括增值税、消费税、关税 3 种；所得税是指对所有以所得额为课税对象的总称，包括企业所得税和个人所得税 2 种；财产税是对法人或自然人在某一时点占有或可支配财产课征的一类税收的统称，包括房产税、车船税和契税 3 种；行为税是国家为了对某些特定行为进行限制或开辟某些财源而课征的一类税收，包括车辆购置税、城市维护建设税、印花税、船舶吨税、土地增值税和耕地占用税 6 种；资源税是以各种应税自然资源为课税对象、为了调节资源级差收入并体现国有资源有偿使用而征收的一种税，包括资源税、烟叶税、城镇土地使用税和环境保护税 4 种。其中，16 个税种由税务部门负责征收；关税和船舶吨税由海关部门征收，另外，进口货物的增值税、消费税也由海关部门代征。目前，我国现行关于企业纳税方面的法律法规主要是《税收征收管理法》及其实施细则、《刑法》及相关司法解释、我国 18 个税种已完成立法的有 12 个税种相关法律法规以及相关部门规章。已完成立法的 12 个税种单行法包括《企业所得税法》《个人所得税法》《车船税法》《环境保护税法》《烟叶税法》《船舶吨税法》《耕地占用税法》《车辆购置税法》《资源税法》《契税法》《城市维护建设税法》《印花税法》，以及《企业所得税法》《个人所得税法》《车船税法》《环境保护税法》相关实施条例。此外，针对偷税抗税刑事案件、骗取出口退税刑事案件，最高人民法院发布了《关于审理偷税抗税刑事案件具体应用法律若干问题的解释》和《关于审理骗取出口退税刑事案件具体应用法律若干问题的解释》。针对近年来多发的虚开、伪造和非法出售增值税专用发票犯罪，全国人民代表大会常务委员会发布了《关于惩治虚开、伪造和非法出售增值税专用发票犯罪的决定》。其余尚未有单行法立法的 6 个税种也已制定相关条例，包括《增值税暂行条例》及其实施细则、《消费税暂行条例》及其细则、《进出口关税条例》《房产税暂行条例》《城镇土地使用税暂行条例》《土地增值税暂行条例》。

二、纳税刑事合规风险

目前我国刑法涉及纳税的罪名及处罚是我国企业纳税刑事合规风险主要依据，包括逃税罪、抗税罪、逃避追缴欠税罪、骗取出口退税罪以及与发票有关的犯罪。

（一）逃税罪

逃税罪是指纳税人或扣缴义务人采取欺骗、隐瞒手段进行虚假纳税申报或者不申报，逃避缴纳税款数额较大的行为[1]。逃税罪的客体是逃税行为侵犯了我国的税收征收管理秩序，主体包括纳税人和扣缴义务人，可以是个人或单位。客观行为表现为以下两种情形：一是纳税人采取欺骗、隐瞒手段，进行虚假纳税申报或者不申报，逃避缴纳税款数额较大且占应纳税额 10% 以上；二是扣缴义务人采取欺骗、隐瞒手段不缴或者少缴已扣、已收税款，数额较大的行为。例如益阳市众齐商贸有限公司（简称众齐公司）逃税罪一案[2]中，2017 年 6 月 27 日，益阳市税务局第一稽查局向众齐公司发出税务处理决定书和行政处罚决定

[1]　参见《刑法》第二百零一条。
[2]　参见湖南省益阳市中级人民法院（2022）湘 09 刑终 290 号刑事裁定书。

书，认定众齐公司隐瞒灯具、纸巾、尿不湿等商品的销售收入，责令其补缴增值税 1856920.31 元、企业所得税 227704.6 元，共计 2084624.91 元，并处所追缴税款总额 2084624.91 元一倍的罚款，但齐众公司一直未履行，其上述行为构成逃税罪。该罪主观上表现为故意或过失，虚假纳税申报行为显然是故意的行为，不申报一般也是故意行为，但也不排除因为疏忽而未申报纳税的过失行为，依法补缴应报未报税款则不构成犯罪。该罪构成条件之一是逃避缴纳税款数额较大并且占应纳税额 10% 以上的行为。在处罚上，包括拘役、七年以下有期徒刑，并处罚金。

（二）逃避追缴欠税罪

逃避追缴欠税罪是指纳税人欠缴应纳税款，采取转移或隐匿财产的手段，致使税务机关无法追缴欠缴的税款，数额较大的行为❶。逃避追缴欠税罪侵犯的客体是国家税收征税制度和税款，主体是欠税的纳税人，可以是个人或单位，主观上表现为故意。客观上表现为：一是存在欠税行为；二是采取转移或隐匿财产的手段，造成税务机关无法追缴欠税的结果；三是数额较大，刑法规定最低数额是 1 万元。例如在眉山祥雲工业港投资有限公司（简称祥雲公司）逃避追缴欠税一案❷中，祥雲公司通过未向税务机关申报备案的账户接收款项，欠缴应纳税款，在收到欠缴税款告知书后既未按期缴纳欠税，也未申请缓期缴纳欠税，并将其 31 套商铺隐匿并采用签订买卖合同的形式抵押给他人，致使税务机关无法追缴欠税 5053630.53 元，该行为构成逃避追缴欠税罪。在处罚上，包括七年以下有期徒刑、拘役、单处或并处欠缴税款一倍以上五倍以下罚金。

（三）骗取出口退税罪

骗取出口退税罪指故意违反税收征税法规，采取以假报出口等欺骗手段，骗取国家出口退税款，数额较大的行为❸，侵犯的客体是国家出口退税管理制度和国家财产权（即出口退税）。出口退税是指国家为了鼓励出口，对出口商品在国内征收的各生产环节税款（增值税、消费税）实行退还的政策。犯罪主体包括单位或个人，其中单位主要是具有出口经营权的单位，客观行为需同时满足以下三个条件：一是以假报出口等欺骗手段；二是为了骗取国家出口退税款；三是数额

---

❶ 参见《刑法》第二百零三条。
❷ 参见四川省眉山市中级人民法院（2016）川 1424 刑终 117 号刑事裁定书。
❸ 参见《刑法》第二百零四条。

较大，一般指 5 万元以上❶。例如在南通优悦国际贸易有限公司（简称优悦公司）骗取出口退税一案❷中，优悦公司在办理他人货物出口报关过程中，通过签订虚假合同、虚开增值税专用发票等手段，骗取国家出口退税，所涉数额巨大，构成骗取出口退税罪。骗取出口退税罪主观表现为直接故意，并且具有骗取出口退税的目的。在处罚上，包括有期徒刑、无期徒刑，并处骗取税款一倍以上五倍以下罚金或没收财产。

（四）与发票相关的犯罪

与发票相关的犯罪，包括：①虚开增值税专用发票、用于骗取出口退税、抵扣税款发票罪；②虚开发票罪；③伪造、出售伪造的增值税专用发票罪；④非法出售增值税专用发票罪；⑤非法购买增值税专用发票、购买伪造的增值税专用发票罪；⑥非法制造、出售非法制造的用于骗取出口退税、抵扣税款发票罪；⑦非法制造、出售非法制造的发票罪；⑧非法出售用于骗取出口退税、抵扣税款发票罪；⑨非法出售发票罪；⑩持有伪造的发票罪❸。以上罪名涉及三类发票，分别为增值税专用发票和用于出口退税、抵扣税款发票以及除上述两种发票以外的发票。

增值税专用发票是发票中的一种，是供增值税一般纳税人生产经营增值税应税项目使用的一种特殊发票，它不仅是一般的商事凭证，而且还是计算抵扣税款的法定凭证。由于实行凭发票购进税款扣税，购货方要向销货方支付增值税，因此也是完税凭证，起到销售方纳税义务和购买方进项税额的合法证明的作用，是购买方抵扣税款的凭证。由于增值税专用发票可以用来抵扣税款，虚开增值税专用发票是现实中很常见的一种犯罪行为，造成国家税款的大量流失，严重破坏了经济秩序。

用于出口退税、抵扣税款的发票，是指废旧物品收购发票、运输发票、农业产品收购发票等，既不是增值税专用发票，但又具有与增值税专用发票相同的功能，可以用于出口退税、抵扣税款的发票。企业虚开用于骗取出口退税、抵扣税款的发票，目的是为了骗取本不该退的出口退税，抵扣本不能抵扣的税款，因此都将造成国家税收的损失，影响税收经济秩序。

普通发票尽管不能抵扣增值税进项税额，但是却是企业证明成本费用发生

---

❶　参见《最高人民法院关于审理骗取出口退税刑事案件具体应用法律若干问题的解释》第三条。

❷　参见江苏省南通市通州区人民法院（2019）苏 0612 刑初 585 号刑事判决书。

❸　参见《刑法》第二百零五条至二百零九条，第二百一十条之一。

的重要凭据，企业为了少缴所得税，通过虚开的普通发票虚增成本费用，减少利润，进而减少所得税的缴纳，同样会造成国家税收的损失。

虚开发票指不如实开具发票的一种舞弊行为，纳税单位和个人为了达到偷税的目的或者购货单位为了某种需要在商品交易过程中开具发票时，在商品名称、商品数量、商品单价以及金额上采取弄虚作假的手法，虚构交易事项虚开发票的行为。虚开发票主要表现为以下四种情形：一是为他人虚开；二是为自己虚开；三是让他人为自己虚开；四是介绍他人虚开。只要发票内容与实际经营业务情况不符，就构成《发票管理办法》中的"虚开"❶。企业虚开的发票是增值税专用发票、用于骗取出口退税、抵扣税款发票则构成虚开增值税专用发票、用于骗取出口退税、抵扣税款发票罪。例如无锡市峻熙不锈钢有限公司（简称无锡峻熙公司）虚开增值税专用发票、用于骗取出口退税、抵扣税款发票一案❷中，无锡峻熙公司在没有真实货物往来的情况下，以支付开票费的手法，接受虚开的增值税专用发票共计52份，价税合计人民币5513077元、涉及税款801045.18元，均已被认证抵扣，构成虚开增值税专用发票罪。企业虚开的发票是普通发票的，则构成虚开发票罪。例如在上海佑成医疗用品有限公司（简称佑成公司）、上海淇杨医药科技有限公司（简称淇杨公司）等虚开发票一案❸中，佑成公司、淇杨公司为冲抵公司成本，在明知无真实业务的情况下，以签订虚假商务咨询合同及资金虚假走账的方式，购买虚开增值税普通发票共48份，票面金额共计人民币1200万元，该行为构成虚开发票罪。

伪造发票是指非法印制、复制或者使用其他方法伪造发票的行为；出售伪造的发票是指非法销售、倒卖伪造发票的行为。违反国家发票管理法规，购买真的增值税专用发票或者明知是伪造的增值税专用发票还购买则构成非法购买增值税专用发票、购买伪造的增值税专用发票罪。例如在上海金钢市场经营管理有限公司（简称金钢公司）购买伪造的增值税专用发票一案❹中，金钢公司为帮助金钢市场内的多家经营者办理贷款业务，虚构业务信息，找广告店伪造增值税专用发票，后金钢公司多次以每份人民币80～100元的价格购进伪造的增值税专用发票共计257份，构成购买伪造的增值税专用发票罪。发票由国家税务机关依照规

---

❶ 参见《中华人民共和国发票管理办法》第二十二条第二款。
❷ 参见江苏省无锡市锡山区人民法院（2021）苏0205刑初797号刑事判决书。
❸ 参见上海市第二中级人民法院(2019)沪02刑终1641号刑事裁定书。
❹ 参见上海市奉贤区人民法院（2014）奉刑初字第1598号刑事判决书。

定发售，任何单位和个人不得出售。非法出售增值税专用发票、用于骗取出口退税、抵扣税款发票以及其他发票，分别构成非法出售增值税专用发票罪、非法出售用于骗取出口退税、抵扣税款发票罪以及非法出售发票罪。非法出售伪造的增值税专用发票构成出售伪造的增值税专用发票罪。

非法制造发票是指擅自制造发票及发票防伪专用品的行为。例如在湖南翰林文化商务有限公司（简称翰林公司）非法制造发票一案❶中，翰林公司为了与沅江纸业有限责任公司签订动产抵押合同，伪造了4张通用机打发票（票面金额共计1093万元），并据此办理了动产抵押登记手续，构成非法制造发票罪。而出售非法制造的发票构成出售非法制造的发票罪。若对象为用于骗取出口退税、抵扣税款的发票，则构成非法制造、出售非法制造的用于骗取出口退税、抵扣税款发票罪。

持有伪造的发票罪是指明知是伪造的发票而持有，且数量较大的行为，如在某张家港分公司持有伪造的发票罪一案中，❷某张家港分公司在实际经营期间，其实际负责人及合伙人为制作假的购机发票，从网上购买伪造的江苏省增值税普通发票若干份并非法持有，被公安机关查获未填写使用的伪造的江苏省增值税普通发票499份，已填写使用的伪造的江苏省增值税普通发票45份。

与发票相关的犯罪行为主观方面都是直接故意，即明知自己虚开、伪造、非法制造、非法出售发票或伪造的发票的行为违反了发票管理法规，会影响社会经济秩序，为了谋取非法利益仍然希望这个结果发生；犯罪主体可以是个人或单位；侵害的客体都是国家发票管理法规和国家税收；客观方面都表现为违反国家有关发票管理法规，实施了虚开、伪造、非法制造、非法出售、非法持有发票或伪造的发票的行为。刑事责任上，与发票有关的犯罪行为，对单位判处罚金，对其主要责任人员的刑罚主要包括管制、拘役、有期徒刑、无期徒刑，并处或单处50万元以下罚金或没收财产。

三、纳税行政合规风险

我国企业纳税行政合规依据主要是《税收征收管理法》及其实施细则、为规范各类税种颁布的行政法规和部门规章。

（一）以《税收征收管理法》及其实施细则为基础

《税收征收管理法》是为了加强税收征收管理，规范税收征收和缴纳行为，

---

❶ 参见湖南省高级人民法院（2017）湘刑终499号刑事裁定书。
❷ 参见江苏省张家港市人民法院（2019）苏0582刑初900号刑事判决书。

保障国家税收收入，保护纳税人的合法权益而制定的。其对纳税人和扣缴义务人给出了定义❶。同时对税收征收的流程规范、纳税人、扣缴义务人、税务机关的税收缴纳和征收行为进行了规定，明确了违反相关规定的法律责任。如纳税人若发生偷税行为，将被追缴其不缴或者少缴的税款、滞纳金，并处不缴或者少缴的税款50%以上五倍以下的罚款❷。偷税行为一般表现为以下四种方式不缴或者少缴应纳税款：一是伪造、变造、隐匿、擅自销毁账簿、记账凭证；二是在账簿上多列支出或者不列、少列收入；三是经税务机关通知申报而拒不申报；四是进行虚假的纳税申报❸。如扣缴义务人应扣未扣、应收而不收税款，纳税人仍会被追缴税款，扣缴义务人也将被处以应扣未扣、应收未收税款50%以上三倍以下的罚款❹。此外，企业违反纳税程序，未按时申报办理、变更和注销税务登记，未将其全部银行账号向税务机关报告，未设置、保管账簿或者保管记账凭证和有关资料，或者未将财务、会计制度等相关方案报送税务机关备查等，除了将被税务机关责令改正，还可能被处以1万元以下的罚款❺。

（二）具体税种立法

1. 流转税类立法

流转税类立法主要包括《增值税暂行条例》及其细则、《消费税暂行条例》及其细则以及《进出口关税暂行条例》。

《增值税暂行条例》及其细则对增值税征税对象、增值税纳税人、增值税税率、销项税额、进项税额、应纳税额的计算、税收征收管理及增值税专用发票等作出规定。在中华人民共和国境内销售货物或者提供加工、修理修配劳务以及进口货物的单位和个人，为增值税的纳税人❻。根据纳税人经营规模和会计核算健全程度，增值税纳税人分为一般纳税人和小规模纳税人❼，在计算增值税时，一般纳税人按照适用税率使用一般计税法，小规模纳税人按照征收率使用简易计税方法。根据一般纳税人开展的业务类型不同，适用不同的增值税税率，税率的

---

❶ 《税收征收管理法》第四条第一款指出，法律、行政法规规定负有纳税义务的单位和个人为纳税人；第二款指出，法律、行政法规规定负有代扣代缴、代收代缴税款义务的单位和个人为扣缴义务人。

❷ 参见《税收征收管理法》第六十三条。

❸ 参见《税收征收管理法》第六十三条。

❹ 参见《税收征收管理法》第六十九条。

❺ 参见《税收征收管理法》第六十条。

❻ 参见《增值税暂行条例》第一条。

❼ 参见《增值税暂行条例实施细则》第二十八条。

调整，由国务院决定❶。小规模纳税人增值税征收率为3%，国务院另有规定的除外❷。由于一般纳税人和小规模纳税人在增值税计算方法和税率（征收率）上存在差别，应缴的增值税税额也不同，因此纳税人应根据实际情况在合规的前提下选择有利于企业的身份。对于符合条件的一般纳税人，若选择使用简易计税方法，则应该按照规定到当地主管税务机关备案。除国家税务总局另有规定外，纳税人一经认定为一般纳税人后，不得转为小规模纳税人❸。如果纳税人兼营不同税率的项目，应当分别核算不同税率项目的销售额；未分别核算销售额的，从高适用税率❹。此规定的目的在于若不分别核算销售额，将造成税款的减少，损害国家的税收收入。如果纳税人的销售行为既包括货物又包括非增值税应税劳务，为混合销售行为。从事货物的生产、批发或者零售的企业、企业性单位和个体工商户的混合销售行为按销售货物缴纳增值税，其他单位和个人的混合销售行为按销售非增值税应税劳务处理，不缴纳增值税❺。如果纳税人销售自产货物并同时提供建筑业劳务，应该分别核算货物销售额和非增值税应税劳务的营业额，并根据销售额计算增值税，非增值税应税劳务的营业额无需缴纳增值税❻。

《消费税暂行条例》及其实施细则对消费税征税对象、消费税纳税人、税目、税率、应纳税额的计算以及纳税期限等作出规定。消费税是对所有货物普遍征收增值税的基础上选择少量消费品征收的税种，是对特定消费品和消费行为征收的税种。消费税实行价内税，即只在应税消费品的生产、委托加工和进口环节缴纳，在以后的批发、零售等环节由于价款中已包含消费税，因此无需重复缴纳消费税。由此可见，消费税税款最终由消费者承担，反应在产品价格上。消费税的纳税人是指在境内生产、委托加工和进口规定的消费品的单位和个人，以及国务院确定的销售本条例规定的消费品的其他单位和个人❼。纳税人生产销售两种税率以上的应税消费品时，应当分别核算不同税率应税消费品的销售额、销售数量，否则从高适用税率❽。

---

❶ 参见《增值税暂行条例》第二条及财政部、税务总局、海关总署《关于深化增值税改革有关政策的公告》第一条、第二条。

❷ 参见《增值税暂行条例》第十二条。

❸ 参见《增值税暂行条例实施细则》第三十三条。

❹ 参见《增值税暂行条例》第三条。

❺ 参见《增值税暂行条例实施细则》第五条。

❻ 参见《增值税暂行条例实施细则》第六条。

❼ 参见《消费税暂行条例》第一条。

❽ 参见《消费税暂行条例》第三条。

《进出口关税条例》对进出口关税征收对象、纳税义务人、关税税率、进出口货物完税价格、关税的征收等作出了规定。此外，国务院关税税则委员会还配套制定了《进出口税则（2022）》和《进境物品进口税税率表》，规定关税的税目、税率及归类规则。

2. 所得税类立法

所得税类立法主要包括《企业所得税法》及其实施条例和《个人所得税法》及其实施条例。由于本书论述角度为企业合规，个人所得税纳税主体是个人，在书中不作介绍。

企业所得税以企业取得的生产经营和其他所得为征税对象，在我国现行税制中，是仅次于增值税的第二大税种，在企业纳税活动中占有重要地位。《企业所得税法》对纳税人、应纳税所得额的计算、应纳税额、税收优惠、源泉扣缴❶、征收管理等方面作出了规定，是企业缴纳企业所得税的主要依据。企业应缴纳所得税的计算以权责发生制为原则，属于当期发生的收入和费用，无论当期是否实际收到或支出，都应计入当期收入和费用，即不以资金的实际发生时间为准，而以资金的归属时间为准。企业所得税的税率一般为25%；非居民企业❷在中国境内未设立机构、场所的，或者虽设立机构、场所但取得的所得与其所设机构、场所没有实际联系的，适用税率为20%❸；符合条件的小型微利企业❹，减按20%的税率征收企业所得税；国家需要重点扶持的高新技术企业，减按15%的税率征收企业所得税❺。同时规定企业开发新技术、新产品、新工艺发生的研究开发费用可以在计算应纳税所得额时加计扣除。国家对高新技术企业通过税收优惠的政策给予支持和扶持，目的在于提高企业的自主创新能力。

3. 财产税类立法

财产税类立法主要包括《契税法》《车船税法》和《房产税暂行条例》。

《契税法》是契税缴纳的依据。契税的纳税主体是接受土地、房屋权属转移

---

❶　源泉扣缴是指以所得支付者为扣缴义务人，在每次向纳税人支付有关所得款项时，代为扣缴税款的做法。

❷　根据《企业所得税法》第二条第三款，非居民企业是指依照外国（地区）法律成立且实际管理机构不在中国境内，但在中国境内设立机构、场所的，或者在中国境内未设立机构、场所，但有来源于中国境内所得的企业。

❸　参见《企业所得税法》第四条。

❹　参见《企业所得税法实施条例》第九十二条。

❺　参见《企业所得税法》第二十八条。

的单位或个人 ❶，契税税率为 3% ～ 5%，具体可由各省、自治区、直辖市人民政府在上述幅度内提出报批，可对不同主体、地区、类型的住房实行差别税率 ❷。《车船税法》及其所附《车船税税目税额表》是企业缴纳缴纳车船税的依据。车船税的纳税人包括乘用车、商用车、挂车、其他车辆、摩托车和船舶的所有人或管理者。其中节约能源、使用新能源的车船可以减征或免征车船税 ❸，车船税按年申报缴纳 ❹。《房产税暂行条例》对房产税纳税人、税率、免收政策、征收管理等方面作出规定。房产税由房产产权所有人缴纳，产权属于全民所有的，由经营管理单位缴纳 ❺。房产税的税率，依照房产余值计算缴纳的，税率为 1.2%；依照房产租金收入计算缴纳的，税率为 12% ❻。

4. 行为税类立法

行为税类立法主要包括《印花税法》《耕地占用税法》《车辆购置税法》《城市维护建设税法》《土地增值税暂行条例》和《船舶吨税法》。

《印花税法》及其所附《印花税税目税率表》是企业缴纳印花税的依据。印花税的纳税人是中国境内书立应税凭证、进行证券交易的单位和个人，❼ 上述应税凭证一般包括合同、产权转移书据和营业账簿 ❽。合同主要指银行业金融机构或其他金融机构与借款人（不包括同业拆借）的借款合同、融资租赁合同、单位之间的动产买卖合同、承揽合同、建设工程合同、货运合同和多式联运合同（不包括管道运输合同）、技术合同、租赁合同、保管合同、仓储合同和财产保险合同；产权转移书据包括土地使用权出让书据、土地使用权和房屋等建筑物和构筑物所有权转让书据 (不包括土地承包经营权和土地经营权转移)、股权转让书据 (不包括应缴纳证券交易印花税的) 以及商标专用权、著作权、专利权、专有技术使用权转让书据 ❾。证券交易则是指转让在依法设立的证券交易所、国务院批准的其他全国性证券交易场所交易的股票和以股票为基础的存托凭证，仅出让方

---

❶ 参见《契税法》第一条。
❷ 参见《契税法》第三条。
❸ 参见《车船税法》第四条。
❹ 参见《车船税法》第九条。
❺ 参见《房产税暂行条例》第二条。
❻ 参见《房产税暂行条例》第四条。
❼ 参见《印花税》第一条。
❽ 参见《印花税》第二条。
❾ 参见《印花税税目税率表》。

需要缴纳印花税❶。不同的税目适用不同的印花税税率。

《耕地占用税法》规定了耕地占用税的纳税人、计税依据、税额计算、征收管理等。耕地占用税的纳税人为在中国境内占用用于种植农作物的土地建设建筑物、构筑物或者从事非农业建设的单位和个人❷。耕地占用税以纳税人实际占用的耕地面积为计税依据，按照规定的适用税额一次性征收❸。

《车辆购置税法》是企业购买、进口、自产、受赠、获奖或者其他方式取得并自用汽车、有轨电车、汽车挂车、排气量超过 150 毫升的摩托车时缴纳车辆购置税的依据❹。车辆购置税税率为 10%，企业一次性缴纳，对已缴纳车辆购置税的车辆，不再重复缴纳❺。

《城市维护建设税法》是纳税人缴纳城市维护建设税的依据，城市维护建设税以实际缴纳的增值税、消费税税额为计税依据❻。城市维护建设税专款专用，用来保证城市的公共事业和公共设施的维护和建设，根据城建规模设计税率，一般来说，城镇规模越大，需要的建设和维护资金就越多，城市建设维护税税率就越高。市区、县城、其他地区的城市建设维护税税率分别为 7%、5% 和 1%❼。

《土地增值税暂行条例》及其实施细则是企业转让国有土地使用权、地上建筑物及其附着物并取得收入时缴纳土地增值税的依据。❽其对土地增值税的征税对象、税率、计算方式、免征情形、征收管理作出规定。土地增值税实行四级超率累进税率❾，按照纳税人转让房地产所取得的增值额和本条例第七条规定的税率计算❿。

《船舶吨税法》及其所附《吨税税目税率表》是企业因境外港口进入境内港口的船舶缴纳船舶吨税的依据⓫。船舶吨税设置优惠税率和普通税率，按照船舶

---

❶ 参见《印花税》第三条。
❷ 参见《耕地占用税法》第二条。
❸ 参见《耕地占用税法》第三条。
❹ 参见《车辆购置税法》第一条、第二条。
❺ 参见《车辆购置税法》第三条、第四条。
❻ 参见《城市维护建设税法》第一条、第二条。
❼ 参见《城市维护建设税法》第四条。
❽ 参见《土地增值税暂行条例》第二条。
❾ 根据《土地增值税暂行条例》第七条，土地增值税实行四级超率累进税率：增值额未超过扣除项目金额 50% 的部分，税率为 30%。增值额超过扣除项目金额 50%、未超过扣除项目金额 100% 的部分，税率为 40%。增值额超过扣除项目金额 100%、未超过扣除项目金额 200% 的部分，税率为 50%。增值额超过扣除项目金额 200% 的部分，税率为 60%。
❿ 参见《土地增值税暂行条例》第三条。
⓫ 参见《船舶吨税法》第一条。

净吨位和吨税执照期限征收❶。应税船舶未按照规定申报纳税、领取吨税执照，或者未按照规定交验吨税执照（或者申请核验吨税执照电子信息）以及提供其他证明文件，将被海关责令限期改正，处 2000 元以上 3 万元以下的罚款。如企业不缴或者少缴应纳税款，则将被处以不缴或者少缴款 50% 以上五倍以下的罚款，且罚款不低于 2000 元。❷

5. 资源税类

资源税类立法主要包括《资源税法》《烟叶税法》《环境保护税法》和《城镇土地使用税暂行条例》。

《资源税法》及其所附《资源税税目税率表》是开发、利用其境内资源的单位就其所开发、利用资源的数量或价值缴纳资源税的依据。企业按照从价或者从量计算缴纳资源税。从价是指应纳税额按照应税资源产品的销售额乘以具体适用税率计算。从量则是应纳税额按照应税资源产品的销售数量乘以具体适用税率计算。❸

《烟叶税法》是持有烟草专卖许可证的单位依法收购烟叶时缴纳烟叶税的依据❹。计税依据为纳税人收购烟叶实际支付的价款总额，税率为 2%。❺

《环境保护税法》及其所附的《环境保护税税目税额表》和《应税污染物和当量值表》是企业事业单位和其他生产经营者在中华人民共和国领域和中华人民共和国管辖的其他海域直接向环境排放大气污染物、水污染物、固体废物和噪声等应税污染物时缴纳环境保护税的依据❻。《环境保护税法》包含了计税依据和应纳税额、税收减免、征收管理等方面规定。此外，依法设立的城乡污水集中处理、生活垃圾集中处理场所超过国家和地方规定的排放标准向环境排放应税污染物应当缴纳环境保护税。企业事业单位和其他生产经营者贮存或者处置固体废物不符合国家和地方环境保护标准亦应当缴纳环境保护税。❼

《城镇土地使用税暂行条例》是指在城市、县城、建制镇、工矿区范围内，企业使用土地以其实际占用的土地面积为计税依据缴纳城镇土地使用税的依据❽。土

---

❶　参见《船舶吨税法》第三条、第四条。
❷　参见《船舶吨税法》第十八条。
❸　参见《资源税法》第三条。
❹　参见《烟叶税法》第一条。
❺　参见《烟叶税法》第三条、第四条。
❻　参见《环境保护税法》第二条。
❼　参见《环境保护税法》第五条。
❽　参见《城镇土地使用税暂行条例》第五条。

地使用税按年计算、分期缴纳。缴纳期限由省、自治区、直辖市人民政府确定 ❶。

四、政府及有关部门纳税合规监管

(一)近年税务行政诉讼情况 ❷

随着经济社会的不断进步,国家税收法治建设也不断完善,税收征管和执法也越来越规范,纳税人的纳税意识也不断增强,随之带来的税务争议和税务行政诉讼也有所增加。

1. 税务行政诉讼数量的变化趋势

年税务行政诉讼裁判文书数量如图 13-1 所示。从 2015 年开始,我国税务行政诉讼裁判文书数量持续上涨,2018 ~ 2021 年文书数量保持高位。2015 年开始突然大幅增长的原因是因为 2015 年 5 月 1 日施行的新《中华人民共和国行政诉讼法》将立案审查制改为立案登记制 ❸,行政诉讼的立案变得简单了,因此全国行政诉讼文书数量开始激增,税务行政诉讼也不例外。2018 年税务行政诉讼文书数量相比 2015 年增加了 982 份,增加了 11.5 倍,经历了 3 年的快速增长期后,2018 年至今,保持高位稳定。

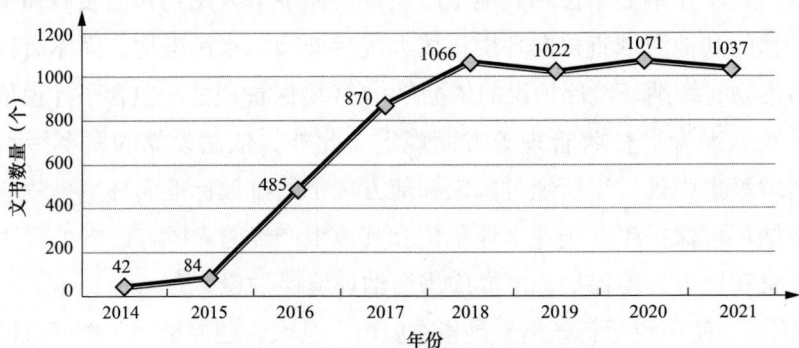

图 13-1 年税务行政诉讼裁判文书数量

2. 分省(自治区、直辖市)税务行政诉讼案例数量

2021 年税务诉讼案件数量在各省市极为不均,跟城市经济发达水平成正相关(见图 13-2)。北京、广东、江苏、上海等经济发达地区案例数量较多,广西、

---

❶ 参见《城镇土地使用税暂行条例》第八条。

❷ 参见易明,赵颖 .2021 年中国税务行政诉讼大数据分析报告 | 德恒研究 [EB/OL]. https://new.qq.com/omn/20220520/20220520A0DBHO00.html。

❸ 参见《行政诉讼法》第五十一条。

新疆等经济欠发达地区案件数量较少。辽宁、北京、山东、广东四个省的案件数量在 2020 年和 2021 年都排在前四位。

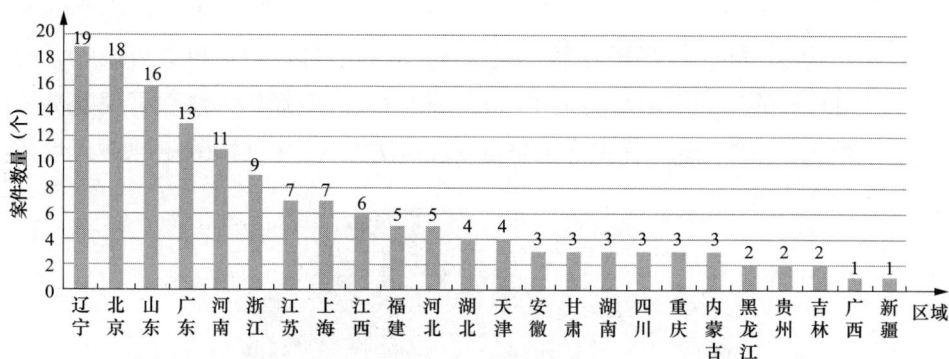

图 13-2　2021 年分区域税务行政诉讼案件数量

3. 税务行政诉讼的争议事由

2021 年税务行政诉讼争议事由多种多样，分布不均，呈阶梯分布（见图 13-3）。案件数量最多的争议事由是税务举报，共 25 个，占比高达 20.2%，远高于其他事由案件数量。位于第二阶梯的争议事由案件数量为 12 ～ 17 个，分别是行政处罚、政府信息公开、应缴未缴补税和其他，合计 58 个，占比达 46.8%。位于第三梯队的争议事由案件数量为 4 ～ 8 个，分别是二手房、日常征税、税收保全或强制执行、司法拍卖、退税、社会保险费，合计 36 个，占比 29%。最少的三个争议事由是发票管理争议、税收优惠、完税证明，分别是 2 个、2 个和 1 个。

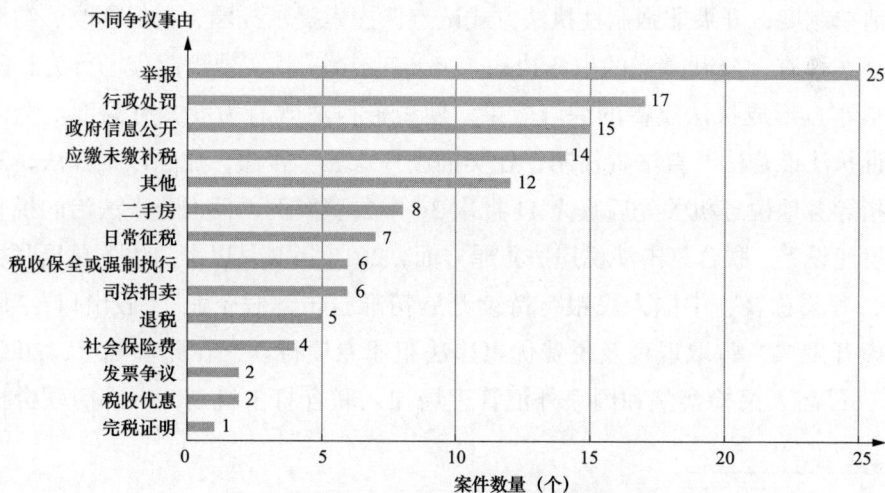

图 13-3　不同争议事由的案件数量

4.税务行政诉讼判决结果

2021 年税务行政诉讼案件中，67.3% 的案件税务机关胜诉，6.7% 败诉，19.3% 自愿撤诉（见图 13-4）。2020 年上述概率分别为 79%、8.7% 和 13%，税务机关的胜诉率有所下降，同时自愿撤诉率有所上升，说明有部分税务机关可能胜诉的案件经过与相对人的沟通争取后达成了和解，相对人同意撤诉，体现了税务机关执法理念、执法方式的转变，优先采用非强制性执法方式，税收执法越来越人性化。

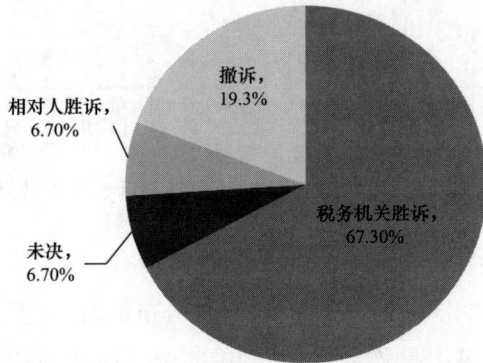

图 13-4　2021 年税务行政诉讼裁判结果

（二）税务合规监管

2021 年，我国税收监管进入全面深化的新阶段，全国各地税务机关不断优化执法方式、健全监管体系、强化执法监督，在创新税收执法、严厉打击犯罪、推动诚信纳税等方面都取得积极进展。创新税务执法方式方面，推行"首违不罚"清单制度，开展非强制性执法方式试点，探索提示提醒、督促整改、约谈警示、立案稽查、公开曝光的税务执法"五步工作法"，实现规范市场行为、降低执法成本、形成执法震慑的综合效果，使税务执法既有力度又有温度。全面落实"谁执法谁普法"普法责任制，扎实推进"八五"普法，加强以案释法，2021年来指导各地税务机关先后曝光 11 批次 36 个典型案例，助推公平法治的税收营商环境建设❶。联合打击涉税违法犯罪方面，2018 年 8 月以来，税务总局联合公安部、海关总署、中国人民银行持续开展精准打击"假企业""假出口""假申报"虚开发票、骗取退税及税费优惠违法犯罪专项行动，在此基础上，2021 年 10 月，最高人民检察院和国家外汇管理局加入联合打击机制，六部门联合推进

---

❶　参见国家税务总局，国家税务总局 2021 年法治政府建设情况报告 [EB/OL]. http：//www. chinatax.gov.cn/chinatax/n810214/n2897183/c5174086/content.html。

打击"三假"从集中打击向常态化持续打击转变。自 2018 年 8 月启动打击"三假"专项行动以来，截至 2021 年 9 月，依法查处涉嫌虚开骗税企业 44.48 万户，挽回出口退税损失 345.49 亿元，抓获犯罪嫌疑人 43459 人，5841 名犯罪嫌疑人慑于高压态势主动投案自首❶。深入开展文娱领域和网络直播行业税收综合治理，依法依规严肃查处明星艺人、网络主播重大偷逃税案件，促进相关行业在发展中规范、在规范中发展。推动诚信纳税方面，为进一步促进依法诚信纳税，国家税务总局出台《重大税收违法失信主体信息公布管理办法》，切实强化纳税人缴费人权利保障，把保障税务行政相对人合法权益贯穿于失信信息公布工作全过程，确保相关工作在法治轨道内运行。向全国信用信息共享平台推送 A 级纳税人名单、税收违法"黑名单"等税务领域信用信息，并联合发改、金融、公安、市场监管、海关等部门实施守信联合激励、失信联合惩戒，全面规范失信主体确定、失信惩戒等相关工作的执法程序，让守信者处处受益，失信者处处受限。

2022 年全国税务稽查部门累计查实 7813 户涉嫌骗取或违规取得留抵退税企业，六部门联合打击虚开骗取留抵退税团伙 225 个，共计挽回留抵退税及各类税款损失 155 亿元❷。2022 年税务部门聚焦重点行业和重点领域涉税违法风险，对部分高风险行业开展了专项整治，特别是持续加强文娱领域综合治理，组织查处了一批演艺明星和网络主播偷逃税款案件。持续加大涉税违法案件曝光力度，通过分类分级、不间断曝光典型案件，着力发挥"查处一起、震慑一片"的警示教育作用。全年累计曝光 716 起骗取留抵退税案件、22 起虚开发票和骗取出口退税案件、10 起涉税中介及其从业人员违法违规案件、6 起演艺明星和网络主播偷逃税案件，有力释放了"偷骗税必严打""违法者必严惩"的强烈信号。税务部门始终保持严查狠打涉税违法犯罪行为的高压态势，充分发挥税务、公安、检察、海关、人民银行、外汇管理六部门常态化打击虚开骗税工作机制作用，严厉打击骗取留抵退税、骗取出口退税和虚开发票等各类涉税违法犯罪行为。全年累计检查涉嫌虚开发票骗取出口退税企业 20 余万户，认定虚开发票 860 余万份，挽回出口退税损失 73 亿元。❸

---

❶　参见国家税务总局，全国打击"三假"虚开骗税违法犯罪专项行动总结暨常态化打击工作部署会议在京召开 [EB/OL]，http：//www.chinatax.gov.cn/chinatax/n810219/n810724/c5170081/content.html。

❷　参见国家税务总局，国家税务总局 2022 年度新闻发布会实录 [EB/OL]，http：//www.chinatax.gov.cn/chinatax/n810219/n810724/c5183875/content.html。

❸　参见国家税务总局百家号，2022 年度税收工作有啥亮点？关注税务总局这场发布会！[EB/OL]，https：//baijiahao.baidu.com/s?id=1756529741133263591&wfr=spider&for=pc。

第十四章　环境资源保护合规风险

长期以来，我国环境治理中存在"企业污染破坏、广大群众受损、全社会买单"的困局。污染环境、破坏生态的侵权行为，侵害的不仅是普通民众的生命健康权、财产权等，也会对公共利益造成难以弥补的损害。保护环境是国家的基本国策，任何企业在生产经营过程中都应当履行保护环境的义务。

一、环境资源保护合规风险概述

（一）环境资源保护合规风险内涵

环境资源保护合规风险是指企业在生产经营活动中未遵守《环境保护法》《刑法》、生态环保领域相关法律法规以及企业内部制定的环保制度与标准，未及时发现和整改环保违规问题而被行政处罚或承担刑事责任的风险。企业环境资源保护合规是在生产经营过程中，通过依法履行保护环境的义务，办理相关许可证，依法施工，减少有害物的排放，保护水资源和土壤资源，积极合法使用可再生能源，为保护环境尽到应有的责任。

（二）环境资源保护合规风险依据

我国环境资源保护法律体系比较完善，既有综合性环境保护立法，也有针对特定事项的专门性立法，注重污染治理的同时注重资源保护，顺应时代发展要求，加强了促进可再生能源开发利用和碳达峰碳中和立法。

目前综合性法律主要是《环境保护法》。污染治理单行法主要有《大气污染防治法》《水污染防治法》《土壤污染防治法》《固体废物污染环境防治法》《噪声污染防治法》等。环境标准包括《污水综合排放标准》《大气污染物综合排放标准》等。环境资源保护立法主要有《矿产资源法》《野生动物保护法》《海洋环境保护法》《长江保护法》《黄河保护法》等，可再生能源开发利用和碳达峰碳中和方面主要有《可再生能源法》《碳排放权交易管理办法（试行）》《碳排放权登记管理规则（试行）》《碳排放权交易管理规则（试行）》和《碳排放权结算管理规则（试行）》等。针对基本建设全过程环境保护，有《环境影响评价法》《建设项目环境保护管理条例》《防治海洋工程建设项目污染损害海洋环境管理条例》

《建设项目竣工环境保护验收管理办法》等。此外,《刑法》及相关司法解释对环境污染和破坏环境资源犯罪作了规定。

二、环境资源保护刑事合规风险

无论是 2019 年最高人民法院、最高检察院、公安部、司法部和生态环境部联合印发的《关于办理环境污染刑事案件有关问题座谈会纪要》(简称《环保刑事案件纪要》)❶还是 2021 年《刑法修正案(十一)》❷对环境污染犯罪的修改,都从刑事规制的角度加重了企业及相关管理人员的环保刑事责任,最高人民法院 2023 年 8 月 14 日发布《关于审理破坏森林资源刑事案件适用法律若干问题的解释》对以往相关司法解释进行相应调整、修改和完善,进一步体现刑事立法和刑事司法都对企业环保合规问题给予了高度关注。刑法及相关司法解释是我国企业环境资源保护刑事合规风险的主要依据。目前,我国刑法涉及的环境资源保护犯罪主要集中在刑法第六章中破坏环境资源保护罪一节中,笔者将从污染环境犯罪和违反资源管理犯罪两个方面进行介绍。

(一)污染环境犯罪

我国企业污染环境犯罪主要包括污染环境罪、非法处置进口的固体废物罪和擅自进口固体废物罪❸。因此,企业在进行生产活动过程中向大自然排放了废物或有害物质,破坏了环境质量,根据情节轻重程度,可能被依法追究刑事责任。单位犯上述罪的,对单位判处罚金,并对其直接负责的主管人员和其他直接责任人员依照个罪的规定处罚。

污染环境罪是指违反国家规定,排放、倾倒或者处置有放射性的废物、含传染病病原体的废物、有毒物质或者其他有害物质,严重污染环境的行为。污染环境罪侵犯的是国家防治环境污染的管理制度,行为主体为个人或单位,主观表现为故意,即行为人能够意识到自己排放、倾倒或者处置有害物质的行为会造成环境严重污染的后果,并且放任或者主动追求污染结果的发生。客观表现为:一是违反国家规定,包括《环境保护法》《大气污染防治法》《水污染防治法》等法律

---

❶　根据《最高人民法院、最高人民检察院、公安部、司法部、生态环境部印发〈关于办理环境污染刑事案件有关问题座谈会纪要〉的通知》,会议要求各部门要坚持最严格的环保司法制度、最严密的环保法治理念,统一执法司法尺度,加大对环境污染犯罪的惩治力度。

❷　《刑法修正案(十一)》第四十条将污染环境罪的最高量刑由"三年以上七年以下有期徒刑"提高到"七年以上有期徒刑"。

❸　参见《刑法》第三百三十八条、第三百三十九条。

法规；二是实施了排放、倾倒或处置行为；三是造成严重污染环境的后果❶。例如在重庆三班斧实木家具有限公司（简称三班斧公司）污染环境一案❷中，三班斧公司从事实木家具喷漆生产制造经营，公司喷漆房水池内设有暗管一根，先后多次通过该暗管向外环境非法排放喷漆房水池废水，经鉴定，排放的生产废水中含有铅、镉、汞、铬等重金属，以及邻二甲苯、间二甲苯、对二甲苯等物质，具有毒性，三班斧公司行为构成污染环境罪。刑事责任包括有期徒刑、拘役，并处或单处罚金。

非法处置进口的固体废物罪是指违反国家规定，将境外的固体废物进境倾倒、堆放、处置的行为。非法处置进口的固体废物罪侵犯的是国家防止固体废物污染环境的管理制度，行为主体是个人或单位，实践中单位犯罪的情况较多。主观表现为故意。客观表现为违反国家规定和实施将境外的固体废物倾倒、堆放和处置的行为，为了预防行为人的犯罪行为，对行为后果不作要求，只要行为人实施了上述行为，就构成此罪。例如在徐某非法处置进口的固体废物一案❸中，徐某购得"含铜物料"（实为矿渣，属于国家明令禁止进口的固体废物）1050.98 吨，全部用于磨粉后配矿对外出售，经黄石环境监测站鉴定该"含铜物料"属于危险废物，构成非法处置进口的固体废物罪。刑事责任包括有期徒刑、拘役，并处罚金。

擅自进口固体废物罪是指未经国务院有关主管部门许可，擅自进口固体废物用作原料，造成重大环境污染事故，致使公私财产遭受重大损失或者严重危害人体健康的行为。擅自进口固体废物罪侵犯的是国家对固体废物污染环境的防治制度。行为主体是个人或单位。主观表现为过失，行为人对造成的严重危害后果主观是过失的，但是，对于未经国务院有关部门许可，擅自进口固体废物用作原料是法律禁止的，行为人是明知的且必须造成重大环境污染事故，致使公私财产遭受重大损失或者严重危害人体健康，才构成本罪。刑事责任上，包括十年以下有期徒刑、拘役，并处罚金。

（二）违反资源管理犯罪

我国企业违反资源管理犯罪指企业生产经营活动违反相关资源保护法律法

---

❶　"严重污染环境"的认定参见《最高人民法院、最高人民检察院关于办理环境污染刑事案件适用法律若干问题的解释》第一条。

❷　参见重庆市第五中级人民法院（2020）渝 05 刑终 831 号刑事判决书。

❸　参见湖北省黄石市下陆区人民法院（2015）鄂下陆刑初字第 00076 号刑事判决书。

规，破坏了自然生态环境，主要为：①破坏动物资源的犯罪，包括非法捕捞水产品罪、危害珍贵、濒危野生动物罪和非法猎捕、收购、运输、出售陆生野生动物罪 ❶；②违反土地管理的犯罪，包括非法占用农用地罪、破坏自然保护地罪和非法转让、倒卖土地使用权罪 ❷；③破坏矿产资源的犯罪，即非法采矿罪和破坏性采矿罪 ❸；④破坏植物资源的犯罪，包括危害国家重点保护植物罪、盗伐林木罪、滥伐林木罪和非法收购、运输盗伐、滥伐的林木罪 ❹。上述犯罪主体都可以是个人或单位，犯以上罪的，根据情节轻重程度，司法机关依法追究刑事责任。单位犯上述罪的，对单位判处罚金，并对其直接负责的主管人员和其他直接责任人员依照各罪的规定追究刑事责任。

1. 破坏动物资源的犯罪

非法捕捞水产品罪是指违反国家关于保护水产资源的法律法规，在禁渔区、禁渔期或者使用禁用的工具、方法捕捞水产品，情节严重 ❺ 的行为。客体是国家对水产资源和水生态环境的保护管理制度。水产资源保护法律法规，主要是指《渔业法》《水产资源繁殖保护条例》等保护水产资源的法律法规。主观方面为故意，即行为人明知是禁渔期、禁渔区或者是禁止使用的工具、方法而仍然实施捕捞行为。对于明知的认定，不要求行为人准确知道禁渔区的具体界线、禁渔期的具体日期以及禁用工具的具体尺寸大小等，也不能以行为人的具体供述为判断标准，而应结合有关部门在当地的宣传程度、行为人的文化程度、职业、一贯表现、是否有前科等综合判断。例如荣成伟伯渔业有限公司（简称荣成渔业公司）非法捕捞水产品罪一案 ❻ 中，荣成渔业公司为谋取非法利益，违反保护水产资源法规，在禁渔期内，使用禁用的工具，组成船队出海捕捞水产品，价值人民币共计 13855712.63 元，情节严重，构成非法捕捞水产品罪。刑事责任包括处三年以下有期徒刑、拘役、管制或者罚金。

危害珍贵、濒危野生动物罪是指非法猎捕、杀害国家重点保护的珍贵、濒危野生动物或者非法收购、运输、出售国家重点保护的珍贵、濒危野生动物及其制品的行为，行为对象是国家重点保护的珍贵、濒危野生动物及其制品。主观表现

---

❶ 参见《刑法》第三百四十条、第三百四十一条。
❷ 参见《刑法》第三百四十二条、第三百四十二条之一、第二百二十八条。
❸ 参见《刑法》第三百四十三条。
❹ 参见《刑法》第三百四十四条、第三百四十五条。
❺ 参见最高人民法院《关于审理发生在我国管辖海域相关案件若干问题的规定（二）》第4条。
❻ 参见江苏省连云港市中级人民法院（2019）苏07刑终405号刑事裁定书。

为故意，客观行为表现为非法猎捕、杀害或非法收购、运输、出售行为。例如罗源湾滨海旅游文化开发有限公司（简称罗源湾公司）危害珍贵、濒危野生动物罪一案❶中，罗源湾公司未经野生动物保护主管部门批准，为展览牟利，从海口一木海洋之家水产品有限公司处非法收购 5 只海龟，经浙江海洋大学鉴定，上述 5 只海龟均为绿海龟，属于国家重点保护野生动物。罗源湾公司构成危害珍贵、濒危野生动物罪。刑事责任包括有期徒刑或者拘役，并处罚金或者没收财产。

非法猎捕、收购、运输、出售陆生野生动物罪是违反野生动物保护管理法规，以食用为目的非法猎捕、收购、运输、出售国家重点保护的珍贵、濒危动物以外的在野外环境自然生长繁殖的陆生野生动物，情节严重的行为。此罪侵犯的客体是国家对陆生野生动物资源的管理制度和公共卫生安全。客观方面表现为违反野生动物保护管理法规，非法猎捕、收购、运输、出售《刑法》第 341 条第 1 款规定以外的在野外环境自然生长繁殖的陆生野生动物，情节严重的行为。行为方式包括猎捕、收购、运输、出售等行为。行为对象是在野外环境自然生长繁殖的非珍贵、濒危的陆生野生动物。入罪需要达到"情节严重"❷。主观方面是故意，并要求以食用为犯罪目的❸。刑事责任包括三年以下有期徒刑、拘役、管制或者罚金。

2. 违反土地管理的犯罪

非法占用农用地罪和破坏自然保护地罪侵犯的客体是国家对相关土地进行保护的管理制度，行为对象分别是农用地和自然保护地，主观表现为故意，都是结果犯，需要造成大量相关土地被毁坏或其他严重的结果。刑事责任上，处五年以下有期徒刑或者拘役，并处或者单处罚金。非法占用农用地罪是指违反土地管理法规，非法占用耕地、林地等农用地，改变被占用土地用途，数量较大，造成耕地、林地等农用地大量毁坏的行为。例如在丹东某矿业有限公司❹非法占用农用地一案中，丹东矿业公司在未办理土地用地审批手续的情况下，对租用的土地用掺杂石块的土回填、平整，并在平整后的场地堆放石材、建设活动彩钢房。经国土资源局鉴定，丹东矿业公司非法占用旱地 86.66 亩，造成耕地种植条件严重毁

---

❶　参见徐州铁路运输法院（2021）苏 8601 刑初 76 号刑事判决书。

❷　参见《最高人民法院、最高人民检察院关于办理破坏野生动物资源刑事案件适用法律若干问题的解释》第 8 条。

❸　同上。

❹　参见辽宁省丹东市中级人民法院（2017）辽 06 刑终 117 号刑事裁定书。

坏，构成非法占用农用地罪。破坏自然保护地罪是指违反自然保护地管理法规，在国家公园、国家级自然保护区进行开垦、开发活动或者修建建筑物，造成严重后果或者有其他恶劣情节的行为。

非法转让、倒卖土地使用权罪是指以牟利为目的，违反土地管理法规，非法转让、倒卖土地使用权，情节严重[1]的行为。客体为国家对土地使用权的正常管理制度。客观方面表现为违反土地管理法规，非法转让、倒卖土地使用权的行为。企业犯非法转让、倒卖土地使用权罪具体表现为擅自改变城市土地用途出售、合法获批土地后直接出售以及直接转手倒卖城市土地[2]。主观上只能由故意构成，且需具备牟利目的。刑事责任包括七年以下有期徒刑或者拘役，并处或者单处非法转让、倒卖土地使用权价额 5% 以上 20% 以下罚金。

3. 破坏矿产资源的犯罪

非法采矿罪是指违反矿产资源法的规定，未取得采矿许可证擅自采矿，擅自进入国家规划矿区、对国民经济具有重要价值的矿区和他人矿区范围采矿，或者擅自开采国家规定实行保护性开采的特定矿种，情节严重的行为。侵犯的客体是国家对矿产资源和矿业生产的管理制度和国家对矿产资源的所有权。客观上表现为违反矿产资源保护法的规定，非法采矿，破坏矿产资源的行为。其中非法采矿包括四种情形：一是无证采矿，及没有取得采矿许可证而擅自采矿；二是擅自在未批准矿区采矿；三是擅自开采保护矿种；四是"越界采矿"，即虽持有采矿许可证，但违反采矿许可证上所规定的地点、范围和其他要求，擅自进入他人矿区非法采矿。例如在海南大源建设工程有限公司（简称大源公司）非法采矿一案[3]中，大源公司竞得城投公司公开招标的保城镇石岫河打南河段的河砂开采权。其后大源公司超范围采砂量约 $13019m^3$，价值人民币 2211928 元，其行为已构成非法采矿罪。刑事责任包括七年以下有期徒刑、拘役或者管制，并处或者单处罚金。

破坏性采矿罪是指违反矿产资源法的规定，采取破坏性的开采方法开采矿产资源，造成矿产资源严重破坏的行为。侵犯的客体是国家对矿产资源的管理制度。主观表现为故意，具体指行为人明知其行为会造成矿产资源严重破坏的结果而仍然实施，最终导致上述结果发生的心理态度。破坏性采矿罪的构成条件之一

---

[1]　参见《最高人民法院关于审理破坏土地资源刑事案件具体应用法律若干问题的解释》第 1 条。

[2]　参见周光权. 非法倒卖转让土地使用权罪研究 [J]. 法学论坛 . 2014（5）。

[3]　参见海南省高级人民法院（2020）琼刑终 62 号刑事裁定书。

是须造成矿产资源严重破坏的结果❶。刑事责任上，处五年以下有期徒刑或者拘役，并处罚金。

4.破坏植物资源的犯罪

危害国家重点保护植物罪指违反国家规定，非法采伐、毁坏珍贵树木或者国家重点保护的其他植物，或者非法收购、运输、加工、出售珍贵树木或者国家重点保护的其他植物及其制品的行为。侵犯的客体是国家的植物资源，即犯罪对象是国家重点保护的植物及其制品。主观方面由故意构成，即行为人明知其采伐、毁坏的是珍贵树木或者国家重点保护的其他植物，仍进行采伐、毁坏。客观方面表现为违反国家规定，非法采伐、毁坏珍贵树木或者国家重点保护的其他植物，或者非法收购、运输、加工、出售珍贵树木或者国家重点保护的其他植物及其制品的行为。刑事责任包括七以下有期徒刑、拘役或者管制，并处罚金。

盗伐林木罪是指盗伐林木罪是指盗伐森林或者其他林木，数量较大的行为。滥伐林木罪是指违反森林法的规定，滥伐森林或者其他林木，数量较大的行为。而非法收购、运输明知是盗伐、滥伐的林木，情节严重的行为则构成非法收购、运输盗伐、滥伐的林木罪。侵犯的客体都是国家对林业资源的管理制度。主观上均为故意。盗伐林木罪和滥伐林木罪的区别主要表现在行为对象的不同，盗伐林木罪的行为对象是国家、集体或者是他人所有或经营的林木，而滥伐林木罪的行为对象包括自己所有或者经营的林木，主要表现为不按规定采伐。例如在常德桃花源新华旅游开发有限公司（简称新华旅游公司）盗伐林木一案❷中，新华旅游公司在未经桃花源国有林场同意、未办理林木采伐许可证的情况下，雇请民工在桃花源景区砍伐桃花源国有林场所有的杉木 151 株，后经鉴定，新华旅游公司砍伐的杉木立木蓄积为 29.36m³，折合材积为 20.27m³，其行为已构成盗伐林木罪。而在四川省岳池电力建设总公司（简称岳池电力公司）滥伐林木一案❸中，岳池电力公司与华能四川水电有限公司签订工程承包合同，由岳池电力公司负责对"220kV 民兴线"等若干线路进行维护，之后，岳池电力公司在未办理林木采伐许可证的情况下，组织施工人员将芦山县龙门镇沙帽山"220kV 民兴线"线路下的共计 6 块地的林木进行采伐，经鉴定，采伐林木的蓄积共计 166.66 m³，构成

---

❶　参见《最高人民法院关于办理非法采矿、破坏性采矿刑事案件适用法律若干问题的解释》第三条。

❷　参见湖南省桃源县人民法院（2015）桃刑初字第 191 号刑事判决书。

❸　参见四川省高级人民法院（2020）川刑终 27 号刑事裁定书。

滥伐林木罪。刑事责任都包括刑事责任包括有期徒刑、拘役或者管制，并处或者单处罚金，其中滥伐林木罪和非法收购、运输盗伐、滥伐的林木罪刑事责任中的有期徒刑限制于七年以下，最高人民法院《关于审理破坏森林资源刑事案件适用法律若干问题的解释》对上述罪名涉及的林木立木蓄积、株数和价值，以及"情节严重""情节特别严重"的认定标准作了规定。

三、环境资源保护行政合规风险

环境资源保护行政合规风险依据包括综合性法律、污染治理单行法、环境标准、环境资源保护立法、可再生能源开发利用和碳达峰碳中和方面法律法规、基本建设全过程环境保护。

（一）综合性法律

《环境保护法》对企业环境违法的处罚不设上限，拒不改正则按照原处罚数额按日连续处罚 ❶，对于超标排污的企业，则可能被限制生产、停产整治等，情节严重甚至可能被责令停业、关闭 ❷。这增加了企业的违法成本，能够有效惩治企业环境违法行为。重点排污单位不公开或者不如实公开环境信息，将被责令公开、罚款和公告 ❸。在环境影响评价方面，作出了以下规范：建设单位未持有合法的建设项目环境影响评价文件而擅自开工建设，可能被停止建设、罚款、责令恢复原状 ❹；因前述行为被责令停止建设而拒不执行，相关责任人员还可能被处以十五日以下拘留。❺

（二）污染治理单行法

污染单行法包括《大气污染防治法》《水污染防治法》《土壤污染防治法》《固体废物污染环境防治法》《噪声污染防治法》等。

《大气污染防治法》《水污染防治法》《土壤污染防治法》《固体废物污染环境防治法》《噪声污染防治法》等是为了防治大气污染、水污染、土壤污染、固体废弃物污染环境、噪声污染等而制定的。在《环境保护法》的基础上针对特定自然资源防治措施的特点作出规范。如针对大气污染、水污染规定企业逃避监管

---

❶　参见《环境保护法》第五十九条。
❷　参见《环境保护法》第六十条。
❸　参见《环境保护法》第六十二条。
❹　参见《环境保护法》第六十一条。
❺　参见《环境保护法》第六十三条。

排污、超标排污或未获许可证排污则可能被限制生产、停产整治，并处 10 万元以上 100 万元以下的罚款，甚至可能被责令停业、关闭❶；针对土壤污染规定企业向农用地排放重金属或者其他有毒有害物质含量超标的污水、污泥，以及可能造成土壤污染的清淤底泥、尾矿、矿渣等，可能被责令改正并处以 10 万元以上 200 万元以下罚款，对相关责任人员处五日至十五日拘留并没收违法所得❷；针对固体废弃物污染规定企业生产、销售、进口或者使用淘汰的设备，或者采用淘汰的生产工艺则可能被责令改正，并处 10 万元以上 100 万元以下的罚款并没收违反所得，甚至可能被责令停业、关闭❸；针对噪声污染规定建设单位不符合民用建筑隔声设计相关标准要求建设噪声敏感建筑物，可能被责令改正，并处建设工程合同价款 2% 以上 4% 以下的罚款。❹

（三）环境标准

环境标准具体分为水环境保护、大气环境保护、环境噪声与振动、土壤环境保护、固体废物与化学品环境污染控制、核辐射与电磁辐射环境保护、生态环境保护、环境影响评价、排污许可等方面。包括《电子工业水污染物排放标准》（GB 39731—2020）、《工业企业挥发性有机物泄漏检测与修复技术指南》（HJ 1230—2021）、《建筑施工场界环境噪声排放标准》（GB 12523—2011）、《建设用地土壤修复技术导则》（HJ 25.4—2019）、《报废机动车拆解企业污染控制技术规范》（HJ 348—2022）、《核技术利用放射性废物库选址、设计与建造技术规范》（HJ 1258—2022）等。

（四）环境资源保护方面立法

环境资源保护方面立法包括《矿产资源法》《野生动物保护法》《长江保护法》《黄河保护法》等。

《矿产资源法》为保护矿产资源的勘查和开发利用，对无许可和超越许可采矿、进入国家保护特定区域对特定矿种采矿等行为作出了处罚性规定，包括可能会被没收采出或越界开采的矿产品和违法所得，并处罚款❺。2022 年底新修订的《野生动物保护法》加大了对珍贵、濒危野生动物的保护。如针对企业生产、经

---

❶ 参见《水污染防治法》第八十三条和《大气污染防治法》第九十九条。
❷ 参见《土壤污染防治法》第八十七条。
❸ 参见《固体废物污染环境防治法》第一百零九条。
❹ 参见《噪声污染防治法》第七十三条。
❺ 参见《矿产资源法》第三十九条、第四十条。

营使用国家重点保护野生动物及其制品制作的食品的行为，在维持责令停止违法行为、没收野生动物及其制品和违法所得处罚的同时，增加了责令关闭违法经营场所的处罚，在并处罚金上由原来的"野生动物及其制品价值二倍以上十倍以下的罚款"改为"违法所得十五倍以上三十倍以下罚款"。❶

《长江保护法》和《黄河保护法》是近两年为了长江流域和黄河流域生态环境保护新制定的法律。企业于禁捕期间在长江流域、黄河流域及其相关重点水域从事天然渔业资源生产性捕捞，将被没收渔获物、违法所得以及用于违法活动的渔船、渔具和其他工具，并处 1 万元以上 50 万元以下罚款❷。企业在长江流域违反生态环境准入清单的规定进行生产建设活动则可能被令停止违法行为、限期拆除并恢复原状，所需费用由违法企业承担，同时可能被没收违法所得，并处 50 万元以上 500 万元以下罚款，甚至可能被责令关闭；相关责任人员则可能被处以 5 万元以上 10 万元以下罚款❸。企业在黄河流域河道、湖泊管理范围内建设妨碍行洪的建筑物、构筑物或者从事影响河势稳定、危害河岸堤防安全和其他妨碍河道行洪的活动，则可能被责令停止违法行为，限期拆除违法建筑物、构筑物或者恢复原状，并处 5 万元以上 50 万元以下罚款；企业拒不执行，则相关建筑物、构筑物将被强制拆除或者代为恢复原状，所需费用由违法企业承担。❹

（五）可再生能源开发利用和碳达峰碳中和方面法律法规

《可再生能源法》所保护的可再生能源是指风能、太阳能、水能、生物质能、地热能等清洁能源，是我国多轮驱动能源供应体系的重要组成部分。《可再生能源法》规定电网企业全额收购其电网覆盖范围内符合并网技术标准的可再生能源并网发电项目的上网电量，若电网企业未完成收购可再生能源电量而造成可再生能源发电企业经济损失，则被责令限期改正，若电网企业拒不改正的，则可能被处以可再生能源发电企业经济损失额一倍以下的罚款。❺

2020 年 12 月 31 日，生态环境部发布了《碳排放权交易管理办法（试行）》。针对碳排放权的管理，规定重点排放单位虚报、瞒报温室气体排放报告，或者拒绝履行温室气体排放报告义务的，可能被责令限期改正并处 1 万元以上 3 万元

---

❶　参见《野生动物保护法》第五十三条。

❷　参见《长江保护法》第八十六条和《黄河保护法》第一百一十二条。

❸　参见《长江保护法》第八十八条。

❹　参见《黄河保护法》第一百一十八条。

❺　参见《可再生能源法》第二十九条。

以下的罚款，同时对虚报、瞒报部分，相关单位将被等量核减其下一年度碳排放配额❶。重点排放单位未按时足额清缴碳排放配额的，将被责令限期改正并处2万元以上3万元以下的罚款，对欠缴部分，可能被等量核减其下一年度碳排放配额❷。在此基础上，生态环境部组织制定了《碳排放权登记管理规则（试行）》《碳排放权交易管理规则（试行）》和《碳排放权结算管理规则（试行）》，进一步规范全国碳排放权登记、交易、结算活动，保护全国碳排放权交易市场各参与方合法权益。

（六）基本建设全过程环境保护

基本建设全过程环境保护方面包括《环境影响评价法》《建设项目环境保护管理条例》《防治海洋工程建设项目污染损害海洋环境管理条例》等。

《环境影响评价法》对规划编制机关、规划审批机关、建设单位、生态环境相关政府部门的行为作出了规定。针对建设单位未报批建设项目环境影响报告书而擅自开工的违法行为，处建设项目总投资额1%以上5%以下的罚款❸。建设单位未依法备案建设项目环境影响登记表，将被责令备案，并处5万元以下的罚款❹。若建设项目环境影响报告书（表）存在严重质量问题，建设单位将被处50万元以上200万元以下的罚款，同时建设单位的相关责任人员，可能被处5万元以上20万元以下的罚款。❺

《建设项目环境保护管理条例》主要对建设项目产生新的污染、破坏生态环境进行管控。建设项目未编制环境影响报告书或环境影响报告书未经审批，建设单位不得开工建设❻。建设项目需要配套建设的环境保护设施，必须与主体工程同时设计、同时施工、同时投产使用。建设单位需要配套建设的环境保护设施应在建设项目投产前验收通过方可投入生产或者使用，否则将被责令限期改正，处20万元以上100万元以下的罚款；逾期不改正的，处100万元以上200万元以下的罚款；同时相关责任人员可能被处5万元以上20万元以下的罚款；若造成重大环境污染或者生态破坏，建设单位可能被责令停止生产或者使用、关闭。❼

---

❶ 参见《碳排放权交易管理办法（试行）》第三十九条。
❷ 参见《碳排放权交易管理办法（试行）》第四十条。
❸ 参见《环境影响评价法》第三十一条。
❹ 参见《环境影响评价法》第三十一条。
❺ 参见《环境影响评价法》第三十二条。
❻ 参见《建设项目环境保护管理条例》第九条。
❼ 参见《建设项目环境保护管理条例》第二十三条。

《防治海洋工程建设项目污染损害海洋环境管理条例》规定建设单位未对海洋工程环境保护设施申请验收或者经验收不合格即投入运行，可能被责令停止建设、运行，限期补办手续，并处 5 万元以上 20 万元以下的罚款❶。建设单位进行海上爆破作业时未采取有效措施保护海洋资源可能被责令限期改正，逾期未改正则处 1 万元以上 10 万元以下的罚款。❷

四、政府及有关部门环境资源保护合规监管

（一）全国环境资源保护合规监管持续加强

党中央、国务院高度重视生态环境保护工作。2012 年，党的十八大把生态文明建设纳入中国特色社会主义事业"五位一体"总体布局，首次把"美丽中国"作为生态文明建设的宏伟目标。十年来，我国生态环境保护工作取得重大成就，空气质量显著改善，全国地表水环境质量稳步改善，土壤环境质量总体保持稳定，土壤污染风险得到了基本管控。生态环境部于 2022 年 3 月印发了《"十四五"生态环境保护规划》，进一步提出了环境治理、应对气候变化、环境风险防控、生态保护四个方面的指标，明确了推动绿色低碳发展、控制温室气体排放、改善大气环境、提升水生态环境等方面重点任务，部署了重点行业大气污染治理、水生态环境提升、重点海湾生态环境综合治理等领域的重点工程。"十四五"时期，我国生态文明建设进入了以降碳为重点战略方向的关键时期，在强调污染治理同时，提倡低碳绿色环保。同时应实施可持续发展战略，完善生态文明领域统筹协调机制，构建生态文明体系，推动经济社会发展全面绿色转型，建设美丽中国。❸2023 年 6 月 28 日，第十四届全国人大常委会第三次会议决定："将 8 月 15 日设立为全国生态日"，要求社会各界开展多种形式生态文明宣传活动。

近几年来，生态环境部会同各地区、各部门持续扎实推进环保监管，2019 年全国实施生态环境行政处罚案件 16.29 万件，罚款金额 119.18 亿元。组织开展打击破坏生态环境犯罪"昆仑 4 号"专项行动，共破获案件 16983 起。❹

---

❶ 参见《防治海洋工程建设项目污染损害海洋环境管理条例》第四十五条。

❷ 参见《防治海洋工程建设项目污染损害海洋环境管理条例》第五十一条。

❸ 参见《中华人民共和国国民经济和社会发展第十四个五年规划和 2035 年远景目标纲要》第十一篇"推动绿色发展 促进人与自然和谐共生"。

❹ 参见中国人大网，国务院关于 2019 年度环境状况和环境保护目标完成情况与研究处理水污染防治法执法检查报告及审议意见情况的报告 [EB/OL]. http://www.npc.gov.cn/npc/c30834/202005/96a10e30f77a45948a04179edb64eb61.shtml。

2020 年全国日常监管执法检查 66.14 万家·次，其中对一般排污单位检查 32.19 万家·次，对重点排污单位检查 10.24 万家·次，对特殊监管对象检查 2.06 万家·次，对其他执法事项监管检查 21.65 万家·次，参加其他部门联合执法检查 1.65 万家·次。全国下达环境行政处罚决定书 12.6 万份，罚没款数额总计 82.4 亿元❶。组织实施"昆仑 2020"专项行动，共侦办破坏生态环境资源犯罪案件 4.8 万起。❷

2021 年，生态环境部分三批对 17 个省（区）及 2 家中央企业开展中央生态环境保护督察，受理转办群众举报约 6.56 万件，办结或阶段办结约 6.25 万件，曝光典型案例 91 个。各级生态环境部门在 2021 年共下达环境行政处罚决定书 13.28 万份，罚没款数额总计 116.87 亿元，案件平均罚款金额 8.8 万元。其中，按日连续处罚案件数量为 199 件，罚款金额为 18580.62 万元；适用查封、扣押案件数量为 8897 件；适用限产、停产案件数量为 1093 件；移送拘留案件数量为 3397 件❸。同时，公安部组织开展"昆仑 2021"专项行动，共立案侦办破坏环境资源犯罪案件 5.4 万起。自然资源部牵头深入开展全国违建别墅问题专项清理整治。全国法院共审理环境资源民事刑事行政案件 25.7 万件。全国检察机关共办理生态环境和资源保护领域公益诉讼案件近 8.8 万件❹，生态环境法治建设不断加强。

（二）环境保护违规情况依然不容忽视

根据《A 股上市公司环境风险报告（2020 ~ 2021）》，2020 年 9 月 ~ 2021 年 9 月，4000 多家 A 股上市公司中有 705 家存在环境风险受到的环保处罚超过 2000 条，行政处罚金额累计近 3 亿元。❺

暴露环境风险上市公司及旗下企业涉及违法类型分布情况如图 14-2 所示。上市公司及旗下企业最常见的环境违法行为是大气污染，2020 年 9 月 ~ 2021 年

---

❶ 参见生态环境部，2020 年中国生态环境统计年报 [EB/OL]，54 页。https：//www.mee.gov.cn/hjzl/sthjzk/sthjtjnb/202202/t20220218_969391.shtml。

❷ 参见中国人大网，国务院关于 2020 年度环境状况和环境保护目标完成情况、研究处理土壤污染防治法执法检查报告及审议意见情况、依法打好污染防治攻坚战工作情况的报告 [EB/OL]. http：//www.npc.gov.cn/npc/c30834/202104/3686107825e44b5d9d735ee05a580837.shtml。

❸ 参见生态环境部，生态环境部通报 2021 年 1~12 月环境行政处罚案件与《环境保护法》配套办法执行情况 [EB/OL]. https：//www.mee.gov.cn/ywdt/xwfb/202201/t20220122_967946.shtml。

❹ 参见中国人大网，国务院关于 2021 年度环境状况和环境保护目标完成情况的报告 [EB/OL]. http：//www.npc.gov.cn/npc/c30834/202204/7235ffaa4b1547a3860e7196c80b003a.shtml。

❺ 参见宋可嘉 . 透视超 2000 条环境数据、涉及超 700 家上市公司，A 股上市公司环境风险报告（2020-2021）出炉 [EB/OL]. http：//news.sohu.com/a/510623984_115362。

9 月，与大气污染相关的环境监管记录共 850 条，其次是噪声污染 437 条，排名第三和第四的污染类型分别是水污染和固体废物污染，分别是 325 条和 169 条。此外，有 216 条环境监管记录污染类型是核与辐射、重金属、环境评价等，其余 236 条环境监管记录为企业涉及 2 种及以上类型的环境违法行为。

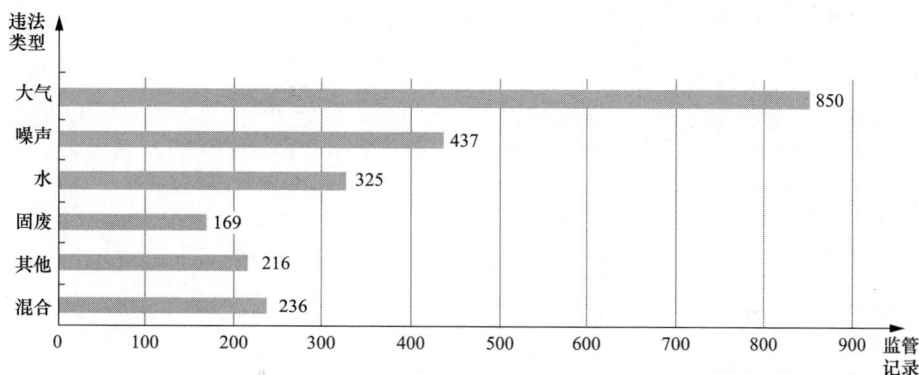

图 14-1 暴露环境风险上市公司及旗下企业涉及违法类型分布情况

暴露环境风险 A 股上市公司行业分布 TOP5 如图 14-2 所示。2020 年 9 月～2021 年 9 月，暴露环境风险的 705 家上市公司分布在多个行业，数量排在第一名和第二名的行业为基础化工和电力及公共事业，上市公司涉及的环境风险主要是大气污染和水污染等；排名第三的是建筑行业，与上市公司相关的环境风险主要是噪声及其扬尘污染；机械行业上市公司环境风险数量排名第四，主要涉及大气污染、固体废物管理及处置等；排在第五的是电力设备及新能源行业，该行业上市公司涉及的环境风险是违反环评制度及大气污染等。

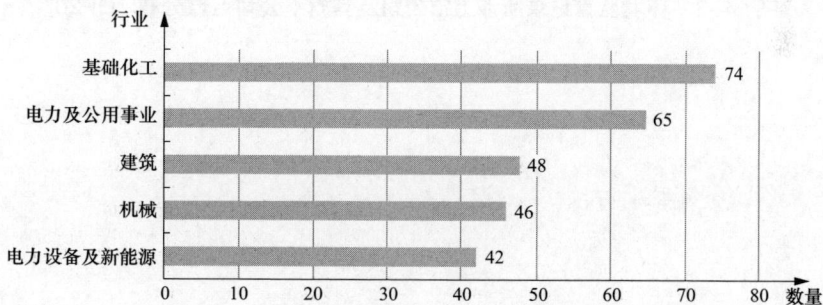

图 14-2 暴露环境风险 A 股上市公司行业分布 TOP5

环境监管记录所涉上市公司及其旗下公司区域分布 TOP20 如图 14-3 所示。从涉及环境违法违规的当事公司分布区域来看，发生环境风险事件的当事公司分布在全国 82 座城市，主要集中在北京、上海等一线城市，涉及的环境处罚主要包括噪声污染、工地扬尘、大气污染排放超标等。被处罚企业数量最多的城市是北京，主要分布在建筑工程企业和物流运输企业，被处罚原因主要是机动车尾气排放超标、使用排放不合格的非道路移动器械等。排在第二的城市是上海，被处罚原因还包括各类海事处罚，如上市公司旗下船舶不按照规定向海洋排放污染物，或超标排放污染物等。

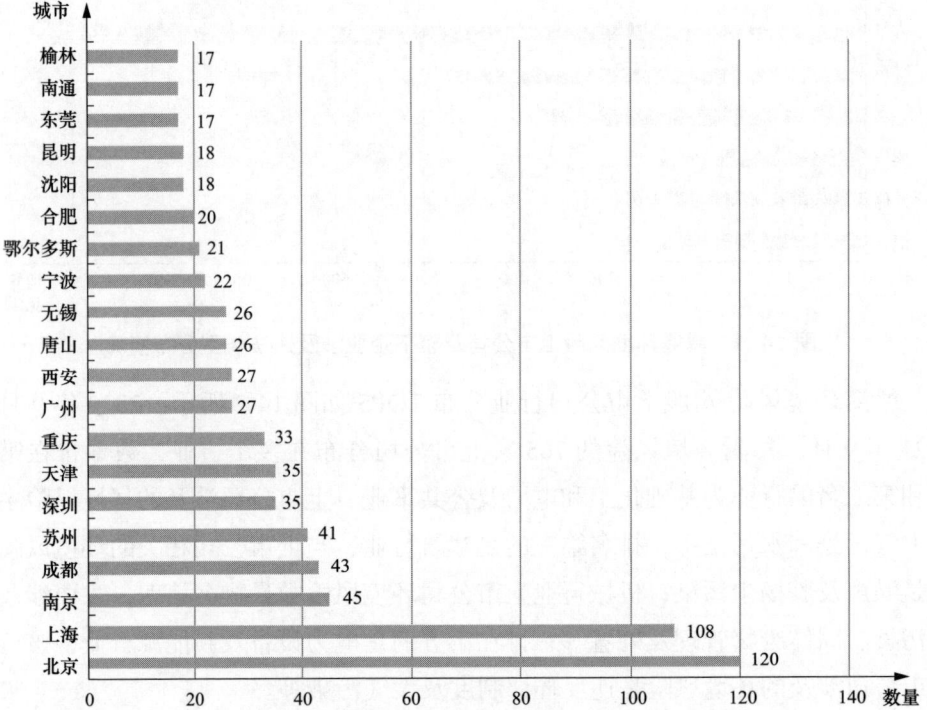

图 14-3　环境监管记录所涉上市公司及其旗下公司区域分布 TOP20

第十五章　公司治理合规风险

公司治理，从广义角度理解，是研究企业权力安排的一门科学。从狭义角度上理解，是居于企业所有权层次，研究如何授权给职业经理人并针对职业经理人履行职务行为行使监管职能的科学 ❶。公司治理既要避免代理者侵犯所有者的利益，同时要防止大股东侵犯小股东的利益。一个公司如果没有健全的治理结构和治理机制，公司和股东的资产将被滥用，而股东的财产权也将受到损害。上市公司是中国企业的"排头兵"，是国民经济的"压舱石"，国家对公司治理监管聚焦于上市公司。当前，部分上市公司因违规占用资金、违规担保、财务造假、操纵并购等违规问题导致巨额诉讼、监管处罚、公司信誉严重受损、股价暴跌等问题，根源上是公司治理存在严重缺陷。因此，建立健全公司治理组织架构和公司治理制度，督促控股股东、实际控制人、董事、监事、高级管理人员等"关键少数"忠实审慎履行职责，避免公司治理违规行为十分必要。

一、公司治理合规风险概述

（一）公司治理合规风险内涵

公司治理合规风险是指企业在生产经营过程中未遵守《公司法》《刑法》和上市公司治理相关法律法规规定及公司章程，被行政处罚或承担刑事责任的风险。公司治理合规风险主要包括：一是企业因违规行为遭受的行政处罚；二是企业因犯罪行为受到的刑事责任的追究；三是企业因前述行政责任或刑事责任的追究遭受相关营业资格的丧失，如被剥夺特许经营资格、被吊销营业执照、因社会声誉的下降导致交易机会丧失、股票价格下跌等。

（二）公司治理合规依据

我国目前关于公司治理方面的相关规定主要包括《公司法》及公司章程，对于上市公司治理方面的相关规定主要有《公司法》《证券法》及《上市公司治理准则》。此外，证监会就上市公司股东大会、章程指引、信息披露、股权激励、

---

❶　参见朱长春．公司治理标准（第一集）[M]．北京：清华大学出版社，2014：5-15。

与投资者关系等分别制定了规范指引，包括《上市公司股东大会规则》《上市公司章程指引》《上市公司信息披露管理办法》《上市公司股权激励管理办法》《上市公司投资者关系管理工作指引》，目的在于规范上市公司信息披露行为和投资者关系管理，保证股东大会依法行使职权，维护公司、股东和债权人的合法权益，促进上市公司建立健全激励与约束机制。此外，2020 年刑法修正案（十一）加大了对证券类犯罪的刑事处罚力度，为完善投资者保护制度，推行证券发行注册制度改革提供了法律保障。

二、公司治理刑事合规风险

目前刑法及相关司法解释是我国企业公司治理刑事合规风险主要依据。下面从公司注册登记发行证券犯罪、公司注销破产犯罪和企业员工失职或滥用职权侵害公司利益犯罪三个方面进行介绍。

（一）公司注册登记和发行证券犯罪

公司注册登记和发行证券犯罪是公司在注册登记和发行证券环节的犯罪，包括虚报注册资本罪，虚假出资、抽逃出资罪和欺诈发行证券罪。上述犯罪行为主体可以是个人或单位，主观上都是故意构成，过失不构成上述犯罪。虚报注册资本罪侵犯的是国家公司登记管理制度；虚假出资、抽逃出资罪侵犯的是国家公司资本管理制度；欺诈发行证券罪侵犯的是国家对证券市场的管理制度，此外还有投资者的合法权益。

虚报注册资本罪是指申请公司登记的单位，使用虚假证明文件或者采取其他欺诈手段虚报注册资本，欺骗公司登记主管部门，取得公司登记，虚报注册资本数额巨大、后果严重或者其他严重情节的行为❶。该罪行为主体为特殊主体，即申请公司登记的人或单位，只适用于依法实行注册资本实缴登记制的公司❷。构成此罪的需满足以下后果之一：一是数额巨大；二是后果严重；三是其他严重情节。例如在嘉兴银信担保有限公司（简称银信公司）虚报注册资本一案❸中，为按时缴足第二期新增注册资本 1500 万元，银信公司借得人民币 1500 万元存入公司账户，同日通过验资并取得工商行政管理部门的变更登记后，又将人民币

---

❶　参见《刑法》第一百五十八条。

❷　参见全国人民代表大会常务委员会《关于〈中华人民共和国刑法〉第一百五十八条、第一百五十九条的解释》。

❸　参见浙江省嘉兴市中级人民法院（2011）浙嘉刑初字第 55 号刑事判决书。

1500 万元从公司账户转出归还，银信公司采取欺诈手段虚报注册资本 1500 万元，构成虚报注册资本罪。刑事责任上，处三年以下有期徒刑或者拘役，并处或者单处虚报注册资本金额 1% 以上 5% 以下罚金；单位犯罪的，对单位判处罚金，并对其直接负责的主管人员和其他直接责任人员，处三年以下有期徒刑或者拘役。

虚假出资、抽逃出资罪是指公司发起人、股东违反公司法的规定未交付货币、实物或者未转移财产权，虚假出资，或者在公司成立后又抽逃其出资，数额巨大、后果严重或者有其他严重情节的行为 ❶。犯罪主体为特殊主体，即公司发起人或者股东，只适用于依法实行注册资本实缴登记制的公司 ❷。本罪必须是数额巨大、后果严重或者有其他严重情节的行为。例如在周某抽逃出资罪一案中 ❸，江苏国腾融资担保有限公司（简称国腾公司）的实际控制人周某通过向多公司、个人借款及自行筹集的 1030 万元，合计 10030 万元，经注册验资后成立国腾公司，注册资本实缴 10030 万元，后安排财务人员从国腾公司抽逃并转账以归还验资借款，同时公司仍对外开展融资性担保业务，导致公司严重资不抵债而破产，构成抽逃出资罪。刑事责任上，处五年以下有期徒刑或者拘役，并处或者单处虚假出资金额或者抽逃出资金额 2% 以上 10% 以下罚金。单位犯前款罪的，对单位判处罚金，并对其直接负责的主管人员和其他直接责任人员，处五年以下有期徒刑或者拘役。

欺诈发行证券罪是指在招股说明书、认股书、公司、企业债券募集办法等发行文件中隐瞒重要事实或者编造重大虚假内容，发行股票或者公司、企业债券、存托凭证或者国务院依法认定的其他证券，数额巨大、后果严重或者有其他严重情节的行为 ❹。犯罪主体大多数是单位。根据《公司法》规定，公司尚未登记成立，不存在公司承担法律责任的问题，只能由发起人承担，如果个人作为发起人，实施了上述行为，则个人构成本罪。本罪构成条件之一是达到一定的严重程度，即数额巨大、后果严重或者有其他严重情节，否则不构成本罪。例如在欣某

---

❶　参见《刑法》第一百五十九条。

❷　参见全国人民代表大会常务委员会《关于〈中华人民共和国刑法〉第一百五十八条、第一百五十九条的解释》。

❸　参见江苏省扬州市中级人民法院（2020）苏 10 刑终 186 号刑事裁定书。

❹　参见《刑法》第一百六十条。

股份有限公司欺诈发行股票案❶中，欣某公司原系深圳证券交易所创业板上市公司，该公司实际控制人温某乙与财务总监刘某丙为达到使欣某公司上市的目的，虚构财务数据，在向证监会报送的首次公开发行股票并在创业板上市申请文件和招股说明书中记载了重大虚假内容，骗取了证监会的股票发行核准，公开发行股票募集资金 2.57 亿元，构成欺诈发行证券罪。在刑事责任上❷，处五年以下有期徒刑或者拘役，并处或者单处罚金；数额特别巨大、后果特别严重或者有其他特别严重情节的，处五年以上有期徒刑，并处罚金。如果控股股东、实际控制人组织、指示实施上述行为的，根据不同情节，处有期徒刑或者拘役，并处或者单处非法募集资金金额 20% 以上一倍以下罚金。对犯罪单位则判处非法募集资金金额 20% 以上一倍以下罚金，并对其直接负责的主管人员和其他直接责任人员依法追究刑事责任。

（二）公司注销破产犯罪

公司注销破产犯罪是在公司进行破产清算环节相关犯罪行为，包括妨害清算罪和虚假破产罪。

妨害清算罪是指公司、企业进行清算时，隐匿财产，对资产负债表或者财产清单作虚伪记载或者在未清偿债务前分配公司、企业财产，严重损害债权人或者其他人利益的行为❸。本罪的主体是特殊主体，即进行清算的公司、企业。清算是在公司或企业已依法解散、被责令关闭或宣告破产的，已经停止对外进行活动，原来的法人已不能进行有法律意义的活动，而是由清算组代表公司、企业进行活动，因此，构成本罪的犯罪行为实际上是由清算组代表公司、企业所实施的，承担刑事责任的是清算组成员中直接负责的主管人员和其他直接责任人员。本罪在主观上故意构成，侵犯的客体是国家公司、企业管理制度以及债权人或其他人的合法权益。客观上表现为在公司、企业清算时，实施下列行为之一：一是隐匿财产；二是对资产负债表或财产清单作虚伪记载；三是在未清偿债务前，分配公司、企业财产。且必须严重损害债权人或其他利益人，如果只有行为而未造成后果或后果不严重，则不构成本罪。其他利益人主要指公司、企业职工、清算组成员及其代表征取公司、企业所欠税款的税务部门等。例如在卢某妨害清

---

❶　参见最高人民检察院网上发布厅. 最高检、证监会联合发布证券违法犯罪典型案例 [EB/OL].
https://www.spp.gov.cn/spp/xwfbh/wsfbh/202011/t20201106_484204.shtml。

❷　参见《刑法》第一百六十二条。

❸　参见《刑法》第一百五十八条。

算一案 ❶ 中，福建省永安市马岩水泥有限公司（简称马岩公司）进行清算时，马岩公司清算组在未清偿债务前先行支付他人和其他公司货款、钱款共计人民币964.48805 万元，严重损害了债权人的权益，卢某作为该公司清算组直接负责的主管人员，其行为构成妨害清算罪。刑事责任上，对其直接负责的主管人员和其他直接责任人员，处五年以下有期徒刑或者拘役，并处或者单处 2 万元以上 20 万元以下罚金。

虚假破产罪是指公司、企业通过隐匿财产、承担虚构的债务或者以其他方法转移、处分财产，实施虚假破产，严重损害债权人或者其他人利益的行为 ❷。侵犯的客体是公司、企业的破产制度和债权人或其他人的合法权益，破产制度主要是指国家破产法所保护的破产秩序；债权人或者其他人的合法权益则主要是指财产权利。犯罪主体是公司、企业，但是承担刑事责任的是犯罪单位的直接负责的主管人员和其他直接责任人员。主观表现为故意，一般是为了逃债，客观表现为以下三方面，缺一不可：一是必须实施了隐匿财产、承担虚构的债务或其他转移财产、处分财产的行为；二是必须实施了虚假破产，即在未发生破产原因的情况下人为虚构伪造破产原因申请宣告破产；三是严重损害了债权人和其他人的利益。例如沈某虚假破产一案 ❸ 中，2016 年 5 月 10 日，沈某身为 Z 公司法定代表人和主要负责人，为逃避偿还债务，以虚报 Z 公司欠下王某等人共计 1.1 亿余元的债务，采取转移、隐匿财产等方式缩小公司财产数额、夸大负债状况，造成 Z 公司资不抵债的假象，向安徽省寿县人民法院申请 Z 公司破产，严重损害债权人和其他人的利益。沈某的上述行为构成虚假破产罪。刑事责任上，对其直接负责的主管人员和其他直接责任人员，处五年以下有期徒刑或者拘役，并处或者单处 2 万元以上 20 万元以下罚金。

（三）企业员工失职或滥用职权侵害公司利益犯罪

企业员工失职或滥用职权侵害公司利益犯罪是指企业员工由于失职或滥用职权做出侵害公司利益构成犯罪的行为，包括私分国有资产罪、挪用资金罪、非法经营同类营业罪、为亲友非法牟利罪以及签订、履行合同失职被骗罪等，具体分述如下。

私分国有资产罪是指国家机关、国有公司、企业、事业单位、人民团体，违

---

❶ 参见福建省三明市中级人民法院（2019）闽 04 刑终 26 号刑事裁定书。
❷ 参见《刑法》第一百六十二条之二。
❸ 参见上海市第一中级人民法院（2018）沪 01 刑终 1318 号刑事裁定书。

反国家规定，以单位名义将国有资产集体私分给个人，数额较大的行为❶。行为主体是国家机关、国有公司、企业、事业单位、人民团体。本罪是单位犯罪，但处罚的是直接负责的主管人员和其他直接责任人员。主观表现为故意。侵犯的客体是国有资产的管理制度及其所有权。例如在滨州市滨城区运输公司（简称滨城运输公司）私分国有资产一案❷中，齐某在担任滨城运输公司经理期间，违反国家规定，将本单位办公、经营场所租赁、承包所产生的收益由该公司副经理作为账外资金予以管理，并多次以单位奖金的名义集体私分给个人，共计455115元，数额较大，作为直接负责的主管人员的齐某构成私分国有资产罪。刑事责任上，对其直接负责的主管人员和其他直接责任人员，处三年以下有期徒刑或者拘役，并处或者单处罚金；数额巨大的，处三年以上七年以下有期徒刑，并处罚金。

挪用资金罪是指公司、企业或者其他单位的工作人员，利用职务上的便利，挪用本单位资金归个人使用或者借贷给他人，数额较大、超过三个月未还的，或者虽未超过三个月，但数额较大、进行营利活动的，或者进行非法活动的行为❸。侵犯的客体是公司、企业或者其他单位资金的使用收益权，行为主体是公司、企业或者其他单位的工作人员，不包括具有国家工作人员身份的人，具有国家工作身份的人实施上述行为则构成挪用公款罪。挪用本单位资金10万元以上的，为数额较大❹。例如在胡某、怀化丽都商贸有限公司（简称丽都公司）挪用资金一案❺中，丽都公司的董事长胡某同时担任湖南丽都鸿福投资担保有限公司（简称鸿福公司）的法定代表人，2015年7月、8月期间，胡某安排范某以丽都公司的名义和丽都大酒店装修为由，用该公司的集体资产作抵押，向华融湘江银行迎丰支行申办了1300万元的抵押贷款。2015年9月，胡某将抵押贷款用于支付胡某个人保险费用和鸿福公司借款及支付利息以及鸿福公司到期担保贷款，上述资金未能归还丽都公司，胡某的行为已构成挪用资金罪。刑事责任上，包括拘役和有期徒刑。

非法经营同类营业罪是指国有公司、企业的董事、经理利用职务便利，自己经营或者为他人经营与其所任职公司、企业同类的营业，获取非法利益，数额巨

---

❶ 参见《刑法》第三百九十六条。

❷ 参见山东省滨州市中级人民法院（2019）鲁16刑终172号刑事裁定书。

❸ 参见《刑法》第二百七十二条。

❹ 参见《最高人民法院、最高人民检察院关于办理贪污贿赂刑事案件适用法律若干问题的解释》第十一条。

❺ 参见湖南省怀化市中级人民法院（2019）湘12刑终139号刑事裁定书。

大的行为❶。行为主体是特殊主体，即国有公司、企业的董事、经理。侵犯的客体是国有公司、企业的财产权益以及国家对公司的管理制度。主观表现为故意，并且具有获取非法利益的目的。例如在徐某非法经营同类营业一案❷中，徐某在任信阳市乡镇企业物资公司（简称信阳公司）经理期间，成立无锡中宣能源有限公司（简称中宣公司），公司经营范围为煤炭销售，徐某占股60%。徐某利用职务便利，将信阳公司的煤炭以远低于同期正常价格销售给中宣公司，再由中宣公司销售盈利，非法获利596922.09元，徐某的行为已构成非法经营同类营业罪。刑事责任上，包括七年以下有期徒刑、拘役，并处或者单处罚金。

为亲友非法牟利罪是指国有公司、企业、事业单位的工作人员，利用职务便利，使国家利益遭受重大损失的行为❸。行为主体是特殊主体，即公司、企业、事业单位的工作人员，侵犯的客体是国有公司、企业、事业单位的财产权益，主观表现为故意，并具有非法牟利的目的。客观表现为以下几种情形：一是将本单位的盈利业务交由自己的亲友进行经营；二是以明显高于市场的价格向自己的亲友经营管理的单位采购商品或者以明显低于市场的价格向自己的亲友经营管理的单位销售商品；三是向自己的亲友经营管理的单位采购不合格商品。例如在余某滥用职权为亲友非法牟利一案❹中，余某利用担任云南省烟草专卖局(公司)党组书记、局长、总经理职务的便利，安排云南省烟草公司下属的中国烟草云南进出口有限公司和云岭四季酒店以高于市场零售单价的价格向殷某（余某的特定关系人）控制的西双版纳梓香茶叶有限公司购买茶叶，其超出市场价格部分的获利累计人民币244.391875万元，构成为亲友非法牟利罪。刑事责任上，包括七年以下有期徒刑和拘役，并处或者单处罚金。

签订、履行合同失职被骗罪是指国有公司、企业、事业单位直接负责的主管人员，在签订、履行合同过程中，因严重不负责任被诈骗，致使国家利益遭受重大损失的行为❺。行为主体是特殊主体，即国有公司、企业、事业单位的直接负责的主管人员。侵犯的客体是国有公司、企业、事业单位的财产权益和社会市场经济秩序。主观表现为过失，即行为人对签订、履行合同过程中被诈骗，并造成重大损失的危害后果，不是抱希望或放任其发生的心理态度，而是由于其过失

---

❶ 参见《刑法》第一百六十五条。
❷ 参见河南省信阳市中级人民法院（2018）豫15刑终389号刑事裁定书。
❸ 参见《刑法》第一百六十六条。
❹ 参见云南省高级人民法院（2019）云刑终378号刑事裁定书。
❺ 参见《刑法》第一百六十七条。

造成的。例如在赵晨签订合同失职被骗案❶中，赵晨在担任上海县城乡建设发展总公司（原上海县建设局所属的国有企业）的法定代表人、总经理期间，轻信朋友的介绍就指派下属签订购销合同，特别是在下属提醒其应当了解签约对方的业务真伪情况时，仍拒不接受该意见，由于赵晨严重不负责任，致使本单位公款被骗，造成国家财产被骗近130万元的重大损失，构成签订合同失职被骗罪。刑事责任上，包括七年以下有期徒刑和拘役。

国有公司、企业、事业单位人员失职罪和国有公司、企业、事业单位人员滥用职权罪是指国有公司、企业的工作人员，由于严重不负责任或者滥用职权，造成国有公司、企业破产或者严重损失，致使国家利益遭受重大损失的行为❷。行为主体是特殊主体，即国有公司、企业、事业单位人员。侵犯的客体是国有公司、企业财产权益和社会主义市场经济秩序。主观方面只能由间接故意与过失构成。行为人的行为虽是直接故意的，但其对致使国家利益遭受重大损失的结果却不是直接故意的，即其并不希望国有公司、企业破产或严重亏损，其对此损害结果的发生多出于过失，因此不排除间接故意。例如在宋某失职一案❸中，宋某任中国农业发展银行东安县支行（简称东安农发行）驻湖南省东安金某米某有限公司（简称金某米某公司）客户经理。2012年8～9月，在金某米某公司向东安农发行申请和发放、支付贷款过程中，宋某严重不负责任，未认真审查申报材料的真实性，致使该笔贷款共计4200万元被贷出后，被金某米某公司违规用于归还民间贷款和高利贷，造成东安农发行29388011.63元的贷款无法收回，给国家财产造成重大损失，宋某的行为构成国有企业人员失职罪。刑事责任上，包括七年以下有期徒刑和拘役。

徇私舞弊低价折股、出售国有资产罪是指国有公司、企业或者其上级主管部门直接负责的主管人员，徇私舞弊，将国有资产低价折股或者低价出售，致使国家利益遭受重大损失的行为❹。行为主体为特殊主体，即国有公司、企业或者其上级主管部门直接负责的主管人员。侵犯的客体是国有公司、企业财产的国有所有权和国有资产管理制度。主观表现为故意，并有明确的徇私动机。例如魏某

---

❶　参见中国法院网．赵晨签订合同失职被骗案[EB/OL]．https：//www.chinacourt.org/article/detail/2002/11/id/17975.shtml．

❷　参见《刑法》第一百六十八条。

❸　参见湖南省高级人民法院（2018）湘刑再6号刑事裁定书。

❹　参见《刑法》第一百六十九条。

徇私舞弊低价折股、出售国有资产一案❶中,深圳市属国企长虹工贸公司的法定代表人和总经理魏某为获取改制后的公司股份,在资产评估期间,故意隐瞒长虹大厦土地增值费只需补缴人民币 173.374 万元的事实,导致长虹工贸公司评估后净资产减少人民币 933.973249 万元。改制后,国有资产产生实际损失人民币 933.973249 万元,魏某的上述行为已构成徇私舞弊低价折股、出售国有资产罪。刑事责任上,包括七年以下有期徒刑和拘役。

背信损害上市公司利益罪是指上市公司的董事、监事、高级管理人员违背对公司的忠实义务,利用职务便利,操纵上市公司,致使上市公司利益遭受重大损失的行为❷。行为主体是特殊主体,即上市公司的董事、监事、高级管理人员。侵犯的客体是上市公司及其股东的合法权益和证券市场的管理秩序。主观表现为故意。客观上表现为以下几种情形:一是无偿向其他单位或者个人提供资金、商品、服务或者其他资产的;二是以明显不公平的条件,提供或者接受资金、商品、服务或者其他资产的;三是向明显不具有清偿能力的单位或者个人提供资金、商品、服务或者其他资产的;四是为明显不具有清偿能力的单位或者个人提供担保,或者无正当理由为其他单位或者个人提供担保的;五是无正当理由放弃债权、承担债务的;六是采用其他方式损害上市公司利益的。例如在鲜言背信损害上市公司利益案❸中,鲜言利用担任上市公司多伦公司及其子公司汉通公司的法定代表人及实际控制人的职务便利,为粉饰公司业绩,采用伪造汉通公司开发的荆门楚天城项目分包商林某某签名、制作虚假的资金支付申请与审批表等方式,以支付工程款和往来款名义,将汉通公司资金通过林某某个人账户、项目部账户划转至鲜言实际控制的多个公司、个人账户内,转出资金循环累计达人民币 1.2 亿余元,鲜言上述行为构成背信损害上市公司利益罪。刑事责任上,包括七年以下有期徒刑和拘役,并处或者单处罚金。上市公司的控股股东或者实际控制人,指使上述行为主体实施上述行为的,依照上述的规定处罚。单位犯罪的,对单位判处罚金,并对其直接负责的主管人员和其他直接责任人员,依照自然人犯本罪的规定处罚。

---

❶ 参见广东省深圳市罗湖区人民法院(2019)粤 0303 刑初 1487 号刑事判决书。
❷ 参见《刑法》第一百六十九条之一。
❸ 参见上海市高级人民法院(2019)沪刑终 110 号刑事判决书。

三、公司治理行政合规风险

（一）以《公司法》为基础

《公司法》第十二章规定了相关法律责任，对公司登记机关、公司及其发起人和股东、清算组以及资产评估、验资或验证机构的行为作出规范。笔者主要针对公司及其发起人和股东、清算组的违法行为导致的行政合规风险进行阐述。

公司违法行为行政合规风险主要有以下十一种情形[1]：一是虚报注册资本、提交虚假材料或者采取其他欺诈手段隐瞒重要事实取得公司登记；二是在法定的会计账簿以外另立会计账簿；三是提供的财务会计报告等材料上作虚假记载或者隐瞒重要事实；四是不依法提取法定公积金；五是在合并、分立、减少注册资本或者进行清算时，不依照《公司法》规定通知或者公告债权人；六是公司在进行清算时，隐匿财产，对资产负债表或者财产清单作虚假记载或者在未清偿债务前分配公司财产；七是在清算期间开展与清算无关的经营活动；八是未依法登记为有限责任公司或者股份有限公司，而冒用有限责任公司或者股份有限公司名义的，或者未依法登记为有限责任公司或者股份有限公司的分公司，而冒用有限责任公司或者股份有限公司的分公司名义；九是成立后无正当理由超过六个月未开业，或者开业后自行停业连续六个月以上；十是外国公司擅自在中国境内设立分支机构；十一是利用公司名义从事危害国家安全、社会公共利益的严重违法行为。公司上述违法行为可能受到警告、责令改正或者予以取缔、罚款、撤销公司登记或者吊销营业执照等处罚。

公司的发起人、股东行政合规风险主要有[2]：一是虚假出资，未交付或未按期交付作为出自的货币或者非货币财产；二是在公司成立后抽逃其出资。发起人、股东可能被处以虚假出资或抽逃出资金额 5% 以上 15% 以下的罚款。

对清算组的行政合规风险主要是清算组不依照《公司法》规定向公司登记机关报送清算报告，或者报送清算报告隐瞒重要事实或者有重大遗漏的，由公司登记机关责令改正。清算组成员利用职权徇私舞弊、谋取非法收入或者侵占公司财产的，可能被责令退还公司财产，没收违法所得，并可以处以违法所得一倍以上

---

[1] 　参见《公司法》第一百九十八条、第二百零一条至第二百零五条、第二百一十条至第二百一十三条。

[2] 　参见《公司法》第一百九十九条、第二百条。

五倍以下的罚款。❶

（二）以相关法律规定和行业规范为补充

1. 其他相关法律法规规定

其他相关规定主要为《证券法》《企业国有资产监督管理暂行条例》和《上市公司治理准则》。

《证券法》全面推行证券发行注册制❷，与核准制❸相比，注册制❹大大提升了证券发行效率，发行人的成本更低，减少社会资源的耗费，快速实现资源配置功能。证券法禁止证券交易场所、证券公司、结算机构、证券服务机构、行业协会的工作人员利用未公开信息，从事或者诱使他人从事交易活动❺。此外，对于欺诈发行行为，发行人可能被处以 2000 万元以下或非法所募资金金额 10% 以上一倍以下的罚款，相关责任人员则可能被处以 100 万元以上 1000 万元以下的罚款。❻

《上市公司治理准则》则适用于中国境内的上市公司，阐明了我国上市公司治理的基本原则，投资者权利保护的实现方式，以及上市公司董事、监事、经理等高级管理人员所应当遵循的基本的行为准则和职业道德等内容，是评判上市公司是否具有良好的公司治理结构的主要衡量标准。

《企业国有资产监督管理暂行条例》适用于国有及国有控股企业、国有参股企业中的国有资产的监督管理，对国有资产监督管理机构、国有独资企业或公司、国有及国有控股企业的企业负责人的行为作出了规范。国有独资企业、国有独资公司如未按照规定向国有资产监督管理机构报告财务状况、生产经营状况和国有资产保值增值状况的，将被予以警告；情节严重时，直接负责的主管人员和

---

❶ 参见《公司法》第二百零六条。

❷ 《证券法》第九条规定，公开发行证券，必须符合法律、行政法规规定的条件，并依法报经国务院证券监督管理机构或者国务院授权的部门注册。未经依法注册，任何单位和个人不得公开发行证券。

❸ 核准制是指证券的发行不仅要以真实状况的充分公开为条件，而且必须符合证券管理机构制定的若干适于发行的实质条件。符合条件的发行公司，经证券管理机关批准后方可取得发行资格，在证券市场上发行证券。

❹ 注册制主要是指发行人申请发行股票时，必须依法将公开的各种资料完全准确地向证券监管机构申报。证券监管机构负责对申报文件的全面性、准确性、真实性及及时性作形式审查，不对发行人的资质进行实质性审核和价值判断，而将发行公司股票的优劣留给市场来决定。

❺ 参见《证券法》第五十四条。

❻ 参见《证券法》第一百八十一条。

其他直接责任人员则可能被纪律处分❶。国有及国有控股企业的企业负责人如滥用职权、玩忽职守，造成企业国有资产损失，不仅应承担赔偿责任，还会受到纪律处分❷。此外，该条例还另设了对企业负责人的限制性规定，造成企业国有资产损失并受到撤职以上纪律处分的国有及国有控股企业的企业负责人，5 年内不得担任任何国有及国有控股企业的企业负责人；如造成企业国有资产重大损失或者被判刑，则该限制期限为终身。❸

2. 行业规范

公司治理方面行业监管规范主要是《银行保险机构公司治理准则》，适用于股份有限公司形式的商业银行、保险公司，准则指出良好公司治理包括但不限于以下内容：①清晰的股权结构；②健全的组织架构；③明确的职责边界；④科学的发展战略；⑤高标准的职业道德准则；⑥有效的风险管理与内部控制；⑦健全的信息披露机制；⑧合理的激励约束机制；⑨良好的利益相关者保护机制；⑩较强的社会责任意识❹。《银行保险机构公司治理准则》明确了各治理主体的职责，强化了治理机制运行的规范性，明确股东的权利义务、股东大会的职权、股东大会会议及表决等相关规则；强调董事特别是独立董事的选任、职责及履职保障，明确董事会及其专门委员会的组成、职权及会议表决等要求；规范监事选任履职及监事会、高管层的设置和运行；加强风险管理与内部控制及内外部审计等。

四、政府及有关部门公司治理合规监管

（一）上市公司治理合规监管

2020 年 10 月 9 日，国务院《关于进一步提高上市公司质量的意见》（简称《意见》）发布，提出六方面十七项重点举措，推动提升上市公司质量。提高上市公司治理水平，是《意见》部署的第一项重点工作，也是提高上市公司质量的基础工程。2020 年 12 月 11 日，证监会启动上市公司治理专项行动，拟用两年时间，通过公司自查、现场检查、整改提升 3 个阶段，推动上市公司治理水平全面提升，健全各司其职、各负其责、协调运作、有效制衡的上市公司治理结构。从

---

❶ 参见《企业国有资产监督管理暂行条例》第三十七条。
❷ 参见《企业国有资产监督管理暂行条例》三十八条。
❸ 参见《企业国有资产监督管理暂行条例》第三十九条。
❹ 参见《银行保险机构公司治理准则》第四条。

治理效能情况看，上市公司规范运作水平有了比较明显的提升，集中整治大股东资金占用、违规担保等资本市场"痼疾"取得了明显的成效，上市公司分红积极性提升，业绩说明会逐渐成为"标配"。2020 年以来，监管部门为提高上市公司治理水平采取诸多举措，主要体现在设立"红线"，加强"三公"建设，坚持原则性监管下，充分发挥市场作用。从效果来看，上市公司信披违法违规以及内部人控制企业进行财务造假的违法违规行为越来越少，上市公司质量明显提升。2022 年 9 月，证监会在中央第八轮巡视整改进展情况的通报中指出，将制定实施新一轮上市公司质量提升三年行动计划，持续化解存量公司风险，严格执行退市制度，促进优胜劣汰。

2020 年证监会发布上市公司专项自查清单，共七大部分 119 个问题，组织上市公司围绕公司治理全链条和上市公司突出问题认真自查，督促上市公司将整改薄弱问题和提升治理水平结合起来，以整改促提升，形成上市公司规范治理的长效机制。2020 年各地证监局共开展现场检查 954 家·次，采取行政监管措施 612 家·次；沪深交易所采取自律监管措施 10754 家·次，采取纪律处分措施 235 家·次❶。证监会官网显示，2020 年全年累计作出行政处罚超过 289 份，罚没金额合计 40 余亿元，集中力量查处一批市场高度关注、影响恶劣的重大案件。其中，康美药业、獐子岛、康得新等一批重大财务造假案件终落地。另外，罚公司也罚个人。2020 年，一对父女因涉嫌内幕交易而被证监会共同处以了 36 亿元的高额罚款，成为证监会历史上开出的最大单笔罚单。❷

2021 年，证监会落实国务院《关于进一步提高上市公司质量的意见》要求，全面启动上市公司治理专项活动。通过公司自查、现场检查、整改提升 3 个阶段，抓重点、补短板、强弱项，推动上市公司治理水平全面提升。3867 家公司提交了自查报告，完成对上市公司治理状况的全面摸底。2021 年全年上市公司监管条线对上市公司及相关方采取监管措施 709 家·次、自律监管措施 10399 家·次、纪律处分 205 家·次❸。2021 年深圳证监局深入开展上市公司治理专项行

❶　参见中国证券监督管理委员会 2020 年年报 .45 页 [EB/OL]. http：//www.csrc.gov.cn/csrc/c100024/c1492179/1492179/files/7bc8658d6c8a444a98d4e10655b136b9.pdf

❷　参见央视网，2020 年 58 家上市公司被立案调查：监管持续加强 A 股开出最大单笔罚单 [EB/OL]. http：//news.cctv.com/2021/01/11/ARTI8pbRLt8xiKIVbozIlJC1210111.shtml。

❸　参见中国证券监督管理委员会 2021 年年报 .49 页 [EB/OL]. http：//www.csrc.gov.cn/csrc/c100024/c5799921/5799921/files/%E4%B8%AD%E5%9B%BD%E8%AF%81%E5%88%B8%E7%9B%91%E7%9D%A3%E7%AE%A1%E7%90%86%E5%A7%94%E5%91%98%E4%BC%9A%E5%B9%B4%E6%8A%A5%EF%BC%882021%EF%BC%89.pdf。

动，聚焦财务造假、资金占用、违规担保、公司治理违法违规和规避退市监管四个方面重点内容，全年累计开展各类上市公司现场检查 57 家·次，出具行政监管措施 61 份。❶

2022 年深交所针对各类违规主体作出纪律处分决定书 265 份，上市公司监管方面，全年共作出 256 份纪律处分决定，同比增长近 27%，创近五年新高。处分上市公司 137 家，责任人员 895 人·次❷。2022 年上交所共发出纪律处分决定 186 份，同比增加 21%，发出书面警示决定 189 份，同比增加 17%，发出口头警示 322 次；涉及上市公司 224 家、控股股东和实际控制人 103 人·次、董监高人员 898 人、一般股东 81 人·次。2022 年度沪市上市公司纪律处分工作聚焦财务造假、违规担保、定期报告披露中的董监高履职、退市公司违规行为和中介机构履职情况等领域。❸

（二）银行保险业公司治理合规监管

2020 年 8 月 17 日，为进一步深化银行业保险业公司治理改革、加强公司治理监管，持续提升我国银行业保险业公司治理的科学性、稳健性和有效性，中国银保监会在监管系统内印发《健全银行业保险业公司治理三年行动方案（2020 ~ 2022 年）》（简称《方案》）。近年来，银保监会按照《方案》持续开展股权和关联交易专项整治，开展专项整治和"回头看"以来，共清退违法违规股东 2600 多个，处罚违规机构和责任人合计 1.4 亿元，处罚责任人 395 人，督促内部问责处理 360 家·次，问责个人 5383 人·次，严厉打击了资本造假、股权代持等突出问题，形成有效震慑。集中分四批次向社会公开 81 家重大违法违规股东名单，进一步强化了市场约束。❹

银保监会持续提升银行保险机构公司治理运行的规范性，建立并实施覆盖全部商业银行和保险机构的公司治理监管综合评估体系，连续两年开展评估，及

---

❶ 参见《深证证监局 2021 年监管年报》.16 页 [EB/OL]. http：//www.csrc.gov.cn/shenzhen/c101531/c4215363/4215363/files/%E6%B7%B1%E5%9C%B3%E8%AF%81%E7%9B%91%E5%B1%802021%E5%B9%B4%E7%9B%91%E7%AE%A1%E5%B9%B4%E6%8A%A5.pdf.

❷ 参见新京报百家号，2022 年深交所作出纪律处分决定书 265 份 增长约 17%[EB/OL]. https：//baijiahao.baidu.com/s?id=1756894585218332274&wfr=spider&for=pc.

❸ 参见第一财经百家号，2022 年 224 家沪市公司被处分，退市公司违规高发 [EB/OL]. https：//baijiahao.baidu.com/s?id=1754969211207835937&wfr=spider&for=pc.

❹ 参见中国产业经济信息网，银保监会：不断推动银行业保险业公司治理改革取得新成效 [EB/OL]. http：//www.cinic.org.cn/xw/bwdt/1264437.html.

时发现并督促机构完善公司治理薄弱环节。另外，将评估结果与市场准入、现场检查及高风险机构改革重组和风险处置相结合，主动向社会公开评估结果总体情况。从 2021 年评估结果来看，银行保险机构公司治理水平总体稳定并呈现向好变化。被评为 E 级（差）的机构 138 家，较 2020 年减少 44 家，占比下降 2.7 个百分点。值得注意的是，在中小机构公司治理方面，虽然由于机构数量众多、情况复杂，治理难度较大，但近年来通过积极推动对中小机构的市场化重组等措施，相关工作取得一定进展。如 2021 年内，辽沈银行、山西银行、秦农银行和中原银行等中小银行成功新设或合并。

第十六章　企业信用合规风险

企业诚信有利于树立良好的企业形象，获得合作伙伴的信任，促进双方合作，增加消费者对企业的好感和认可，有助于提升企业核心竞争力。反之，企业诚信缺失就意味着企业没有了品牌的效应，失去市场空间，失去核心竞争力的优势，这对一个企业的长期发展是致命的。因此，信用合规是企业健康持续发展的基石，是提高企业竞争力的保障，是企业交易安全的保证，是企业与国际接轨的关键。当前，我国不断优化营商环境，大力推动社会诚信制度建设，营造"让诚信者一路畅通，让失信者寸步难行"的社会大环境。例如为了给民营企业发展营造良好的外部环境，各地政府都在大力推动"信用＋"的机制建设，将信用要素纳入政府行政监管管理工作中。

一、企业信用合规风险概述

（一）企业信用合规风险内涵

企业信用合规风险是指企业在生产经营活动中未遵守各类诚信规范，做到诚信经营，而受到处罚、名誉受损、失去市场空间，失去核心竞争力优势的风险。

（二）企业信用合规风险依据

2013 年 7 月，最高人民法院《关于公布失信被执行人名单信息的若干规定》出台，这是我国失信被执行人名单制度首次通过法律文件的形式确立，并且法院向社会开通"全国法院失信被执行人名单信息公布与查询"平台，社会各界通过该平台查询全国法院（不包括军事法院）失信被执行人名单信息。2014 年，国务院印发《社会信用体系建设规划纲要（2014 ～ 2020 年）》，在国家层面对社会信用体系的建设作出了顶层设计。2016 年，国务院印发《关于建立完善守信联合激励和失信联合惩戒制度加快推进社会诚信建设的指导意见》，建立完善守信联合激励和失信联合惩戒制度，加快推进社会诚信建设。2020 年 12 月，国务院办公厅印发《关于进一步完善失信约束制度构建诚信建设长效机制的指导意见》，进一步规范和健全了失信行为的认定、公开、惩戒等机制，有助于构建诚信建设长效机制。

企业信用合规风险依据主要有三类。第一类是法律法规有关诚信的条款，《民法典》规定当事人应当遵循诚信原则按照约定全面履行义务。《招标投标法》规定招标投标活动应当遵循公开、公平、公正和诚实信用的原则❶；《广告法》规定，广告主、广告经营者、广告发布者从事广告活动，应当遵守法律、法规，遵循公平竞争、诚实信用原则❷；《消费者权益保护法》规定经营者与消费者进行交易，应当遵循自愿、平等、公平、诚实信用的原则❸；《产品质量法》规定，在广告中对产品质量作虚假宣传，欺骗和误导消费者，应当追究法律责任❹。第二类是行业协会规范性文件规定，如中国证券业协会发布的《证券行业诚信准则》《证券行业执业声誉信息管理办法》；中国保险行业协会发布的《保险销售从业人员执业失信行为认定指引》等。第三类是诚信承诺，包括行业协会、商会组织发布的信用承诺，以及企业作出的诚信承诺（如为投标作出诚信承诺，服务承诺等）。

企业信用合规风险依据除上述三类外，对于"走出去"参与世行项目的企业，还有世界银行颁布的《世界银行集团诚信合规指南》等一系列诚信合规规范。

二、企业信用刑事合规风险

目前刑法及相关司法解释是我国企业信用刑事合规风险主要依据，涉及罪名❺包括：①违规披露、不披露重要信息罪；②隐匿、故意销毁会计凭证、会计账簿、财务会计报告罪；③虚假广告罪；④串通投标罪；⑤损害商业信誉、商品声誉罪；⑥合同诈骗罪；⑦证券、期货交易等金融相关犯罪。主观上都表现为故意。行为主体都可以是单位或个人，单位犯罪的采取双罚制，即对单位判处罚金，并对其直接负责的主管人员和其他直接责任人员，依照各罪规定处罚。以下对企业信用刑事合规风险涉及罪名分别作阐述。

违规披露、不披露重要信息罪是指依法负有信息披露义务的公司、企业向股东和社会公众提供虚假的或者隐瞒重要事实的财务会计报告，或者对依法应当披

---

❶　参见《招标投标法》第五条。

❷　参见《广告法》第五条。

❸　参见《消费者权益保护法》第四条。

❹　参见《产品质量法》第五十九条。

❺　参见《刑法》第一百六十一条、第一百六十二条之一、第二百二十一条至第二百二十四条、第一百八十条至第一百八十二条。

露的其他重要信息不按照规定披露，严重损害股东或者其他人利益，或者有其他严重情节的行为。行为主体是特殊主体，即依法负有信息披露义务的公司、企业及相关责任人员。侵犯的客体是国家对公司、企业的信息公开披露制度和股东、社会公众和其他利害关系人的合法权益。入罪条件还必须是严重损害股东或者其他人利益，或者有其他严重情节。例如在郑某违规披露、不披露重要信息一案❶中，上海普天邮通科技股份有限公司（简称上海普天）副董事长、总经理郑某为实现上海普天年度报告盈利，授意他人虚增利润，其后，郑某在明知财务报告虚假的情况下，仍对年度报告书面确认。经鉴定，上海普天共计虚增主营业务收入人民币 12295.28 万元，虚增利润 1810.35 万元，虚增利润占当期披露利润总额的 133.61%，将亏损披露为盈利。郑某构成违规披露、不披露重要信息罪。刑事责任包括十年以下有期徒刑或者拘役，并处或者单处罚金。

隐匿、故意销毁会计凭证、会计账簿、财务会计报告罪是指隐匿或者故意销毁依法应当保存的会计凭证、会计账簿、财务会计报告，情节严重的行为。侵犯的客体是国家对公司、企业的财会管理制度。行为主体是个人或单位。例如在秦某故意销毁会计账簿一案❷中，秦某为至尊南岗海鲜楼实际控制人，为逃避公安机关及税务机关检查，指使他人将保存至尊南岗海鲜楼电子账簿数据的电脑销毁，并安排负责维护酒楼食神系统的工作人员将安装有食神系统的电脑主机以及财务电脑主机硬盘全部更换，后将存有酒楼财务资料的移动 U 盘丢弃。秦某的上述行为构成故意销毁会计账簿罪。刑事责任包括五年以下有期徒刑或者拘役，并处或者单处 2 万元以上 20 万元以下罚金。

虚假广告罪是指广告主、广告经营者、广告发布者违反国家规定，利用广告对商品或者服务作虚假宣传，情节严重的行为。侵犯的客体是社会主义市场经济条件下商品正当的交易活动和竞争活动。主体是特殊主体，即广告主、广告经营者和广告发布者，可以是个人或单位。本罪属情节犯，不仅要求具有违反国家规定，利用虚假广告对商品或服务作虚假宣传的行为，而且还必须达到情节严重的程度才能构成本罪。例如钟长兴虚假广告罪一案❸中，钟长兴作为宏扬国某公司监事，在公司没有任何生产基地及产品专利等相关资质的情况下，在百度网页上的好商汇平台推广发布了宏扬国某公司所售的"奥特曼太阳能"系列产品拥有三

---

❶ 参见上海市第三中级人民法院（2020）沪 03 刑初 57 号刑事判决书。
❷ 参见广东省深圳市宝安区人民法院（2015）深宝法刑初字第 587 号刑事判决书。
❸ 参见湖北省云梦县人民法院（2020）鄂 0923 刑初 203 号刑事判决书。

大生产基地、十三项产品专利等虚假广告信息。被害人张某在网上看到该广告并相信其内容，与宏扬国某公司签订了"奥特曼太阳能"系列产品的渭南地区销售代理协议。双方签订协议后，宏扬国某公司无法履约，致使张某经济损失 10 万元。钟长兴构成虚假广告罪。刑事责任包括二年以下有期徒刑、拘役，并处或者单处罚金。

串通投标罪是指投标人相互串通投标报价，损害招标人或者其他投标人利益，情节严重的行为。侵犯的客体是复杂客体，即其他投标人或国家、集体的合法权益和社会主义市场经济的自由贸易和公平竞争的秩序。客观表现为以下两种情形：一是投标者相互的串通投标；二是投标者与招标者串通投标。例如薛某某串通投标罪一案❶中，山东省沂水县财政局对沂水县中小学信息化设备采购项目进行招标，被告人薛某某与四川虹信软件股份有限公司（简称四川虹信公司）投标负责人刘某某，伙同沂水县财政局原副局长丁某某，通过协调评审专家修改分数、与其他投标公司围标等方式串通投标，后四川虹信公司中标该项目，中标金额 9000 余万元，薛某某上述行为严重损害国家及其他投标人利益，构成串通投标罪。刑事责任包括三年以下有期徒刑或者拘役，并处或者单处罚金。

损害商业信誉、商品声誉罪是指捏造并散布虚伪事实，损害他人的商业信誉、商品声誉，给他人造成重大损失或者有其他严重情节的行为。侵犯的客体是他人，或其他企业商誉和市场秩序。例如在泉州市江鸿网络科技有限公司（简称江鸿公司）损害商业信誉、商品声誉罪一案❷中，江鸿公司主要经营微信公众号相关业务，法定代表人许某某为扩大江鸿公司微信公众号知名度，增加点击量，从网上下载了多年前"蒙牛纯牛奶被检出致癌物超标 140%"的视频，并对原始视频作了实质性修改，发布在"腾讯视频"平台中，该视频被大量点击，不良影响迅即遍布全国，使人误以为是最近刚发生的事件，因该视频的发布及扩散给内蒙古蒙牛乳业（集团）股份有限公司造成了重大的经济损失，其行为构成损害商业信誉、商品声誉罪。刑事责任包括二年以下有期徒刑、拘役，并处或者单处罚金。

合同诈骗罪是指以非法占有为目的，在签订、履行合同过程中，骗取对方当事人财物，数额较大的行为。侵犯的客体是合同他方当事人的财产所有权和市场秩序。客观表现为以下五种情形：一是以虚构的单位或者冒用他人名义签订合

---

❶　参见山东省临沂市中级人民法院（2020）鲁 13 刑终 645 号刑事裁定书。

❷　参见内蒙古自治区和林格尔县人民法院（2017）内 0123 刑初 83 号刑事判决书。

同；二是以伪造、变造、作废的票据或者其他虚假的产权证明作担保；三是没有实际履行能力，以先履行小额合同或者部分履行合同的方法，诱骗对方当事人继续签订和履行合同；四是收受对方当事人给付的货物、货款、预付款或者担保财产后逃匿；五是以其他方法骗取对方当事人财物。例如在开原市再生资源公司合同诈骗罪一案❶ 中，开原市再生资源公司的法定代表人方某为偿还该公司的到期贷款，商议向徐某借款 5000 万元用于还旧贷借新贷。为获得借款，方某向徐某提供开原市再生资源公司虚假的财务报表、资产审计报告，谎称银行重新发放的贷款将进入徐某提供的受托支付账户，对外无其他债务。而新贷款发放后，方某未将贷款用于归还徐某的借款，而将其用于偿还公司的其他债务，造成徐某经济损失 4875 万元。开原市再生资源公司构成合同诈骗罪。刑事责任包括有期徒刑、无期徒刑、拘役，并处或者单处罚金、没收财产。

证券、期货交易等金融相关犯罪包括以下五种罪名：①内幕交易、泄露内幕信息罪；②利用未公开信息交易罪；③编造并传播证券、期货交易虚假信息罪；④诱骗投资者买卖证券、期货合约罪；⑤操纵证券、期货市场罪。

内幕交易、泄露内幕信息罪是指证券、期货交易内幕信息的知情人员或者非法获取证券、期货交易内幕信息的人员，在涉及证券的发行，证券、期货交易或者其他对证券、期货交易价格有重大影响的信息尚未公开前，买入或者卖出该证券，或者从事与该内幕信息有关的期货交易，或者泄露该信息，或者明示、暗示他人从事上述交易活动，情节严重的行为。侵害的客体是证券、期货市场的正常管理秩序和证券、期货投资人的合法利益。主体为特定主体，即知悉内幕信息的人，即内幕人员。客观表现为以下两种情形：一是行为人利用内幕信息，直接参与证券、期货买卖；二是行为人故意泄露内幕信息。例如王某内幕交易、泄露内幕信息一案❷ 中，某基金公司总经理王某，具体参与了青某公司非公开发行股票的全过程。青某公司复牌并公告非公开发行股票预案，上述公告内容系内幕信息，在内幕信息敏感期内，王某分别与其亲友联络、接触，其亲友在青某公司内幕信息敏感期内大量买入该公司股票共计 1019 万余股，成交金额 2936 万余元，并分别于青某公司非公开发行股票信息公告复牌后将所持有的青某公司股票全部卖出，非法获利共计 1229 万余元，王某构成内幕交易、泄露内幕信息罪。刑事

---

❶　参见辽宁省高级人民法院（2021）辽刑终 39 号刑事裁定书。

❷　参见最高人民检察院网上发布厅.最高检、证监会联合发布证券违法犯罪典型案例 [EB/OL]. https://www.spp.gov.cn/spp/xwfbh/wsfbh/202011/t20201106_484204.shtml。

责任包括十年以下有期徒刑、拘役，并处或者单处违法所得一倍以上五倍以下罚金。

利用未公开信息交易罪是指证券交易所、期货交易所、证券公司、期货经纪公司、基金管理公司、商业银行、保险公司等金融机构的从业人员以及有关监管部门或者行业协会的工作人员，利用因职务便利获取的内幕信息以外的其他未公开的信息，违反规定，从事与该信息相关的证券、期货交易活动，或者明示、暗示他人从事相关交易活动，情节严重的行为。例如胡某夫利用未公开信息交易一案❶中，胡某夫在某基金管理公司工作，按照基金经理指令下单交易股票后，使用其父与岳父证券账户，同期交易买入与本公司相同的股票，非法获利共计人民币4186.07万元。胡某上述行为构成利用未公开信息交易罪。刑事责任包括十年以下有期徒刑、拘役，并处或者单处违法所得一倍以上五倍以下罚金。

编造并传播证券、期货交易虚假信息罪是指编造并且传播影响证券、期货交易的虚假信息，扰乱证券、期货交易市场，造成严重后果的行为。行为主体是一般主体。侵犯的客体是复杂客体，不仅会侵犯国家有关证券、期货交易的管理制度，扰乱证券、期货交易市场，而且还会由此造成投资者的利益主要是经济利益重大损害。本罪是结果犯，满足条件之一是造成了严重后果。例如滕某雄、林某编造并传播证券、期货交易虚假信息罪一案❷中，海某股份有限公司董事长滕某雄未经过股东大会授权，明知未经股东大会同意无法履行协议条款，仍代表海某公司签订了以自有资金2.25亿元认购某银行定增股的认购协议，林某山在明知该协议不可能履行的情况下，仍按照滕某雄的指示发布该虚假消息。虚假信息的传播，导致海某公司股票价格异常波动，交易量异常放大，严重扰乱了证券市场秩序，滕某雄、林某山上述行为构成编造并传播证券、期货交易虚假信息罪。刑事责任包括五年以下有期徒刑或者拘役，并处或者单处1万元以上10万元以下罚金。

诱骗投资者买卖证券、期货合约罪是指证券交易所、期货交易所、证券公司、期货经纪公司的从业人员，证券业协会、期货业协会或者证券期货监督管理部门的工作人员，故意提供虚假信息或者伪造、变造、销毁交易记录，诱骗投资者买卖证券、期货合约，造成严重后果的行为。行为主体是特殊主体，即证券、期货相关从业人员和工作人员及单位。侵犯的客体是复杂客体，即证券、期货市

---

❶　参见最高人民检察院网上发布厅. 最高检、证监会联合发布证券违法犯罪典型案例 [EB/OL]. https://www.spp.gov.cn/spp/xwfbh/wsfbh/202011/t20201106 484204.shtml。

❷　同上。

场正常的交易管理秩序和其他投资者的利益。本罪为结果犯，只有因行为人的行为造成了实际的严重后果才能构成本罪。刑事责任包括十年以下有期徒刑或者拘役，并处 1 万元以上 20 万元以下罚金。

操纵证券、期货市场罪是操纵证券、期货市场，影响证券、期货交易价格或者证券、期货交易量，情节严重的行为。侵犯的客体是复杂客体，即国家证券、期货管理制度和投资者的合法权益。客观表现为以下七种情形：一是单独或者合谋，集中资金优势、持股或者持仓优势或者利用信息优势联合或者连续买卖；二是与他人串通，以事先约定的时间、价格和方式相互进行证券、期货交易；三是在自己实际控制的账户之间进行证券交易，或者以自己为交易对象，自买自卖期货合约；四是不以成交为目的，频繁或者大量申报买入、卖出证券、期货合约并撤销申报；五是利用虚假或者不确定的重大信息，诱导投资者进行证券、期货交易；六是对证券、证券发行人、期货交易标的公开作出评价、预测或者投资建议，同时进行反向证券交易或者相关期货交易；七是以其他方法操纵证券、期货市场。本罪属于情节犯，即以"情节严重"作为其成立的必要构成要件。例如张家港保税区伊世顿国际贸易有限公司（简称伊世顿公司）操纵期货市场案❶中，伊世顿公司利用以逃避期货公司资金和持仓验证等非法手段获取的交易速度优势，大量交易中证 500 股指期货主力合约、沪深 300 股指期货主力合约合计377.44 万手，从中非法获利人民币 3.893 亿余元，构成操纵证券、期货市场罪。刑事责任包括上十年以下有期徒刑、拘役，并处或者单处罚金。

三、企业信用行政合规风险

企业信用行政合规风险依据包括法律法规有关诚信的条款和行业协会相关文件。

（一）法律法规有关诚信的条款

法律法规有关诚信的条款主要集中在《招标投标法》《广告法》《会计法》《证券法》及《反不正当竞争法》。

《招标投标法》主要对企业在招投标过程中的行为进行规范，具体对招标、投标、开标、评标和中标环节招标人、投标人、中标人、投标代理机构以及评标委员会的行为作出了规范。投标人不得相互串通投标或者与招标人串通投标，投

---

❶ 参见中国法院网. 张家港保税区伊世顿国际贸易有限公司、金文献等操纵期货市场案 [EB/OL]. https：//www.chinacourt.org/article/detail/2020/09/id/5471343.shtml。

标人不得以向招标人或者评标委员会成员行贿的手段谋取中标，否则相关企业不但中标无效，还将被处中标项目金额 5‰ 以上 10‰ 以下的罚款，同时被没收违法所得，甚至可能被取消其一年至二年内参加依法必须进行招标的项目的投标资格并予以公告，直至被吊销营业执照。❶

《广告法》主要对企业在对商品或服务进行广告宣传过程中的行为作出规范，其中涉及企业诚信的规定有：广告不得含有虚假或者引人误解的内容，不得欺骗、误导消费者，广告主应当对广告内容的真实性负责❷。企业若发布虚假广告，将被责令停止发布广告，并在相应范围内消除影响，被处以广告费用三倍以上十倍以下的罚款，广告费用无法计算或者明显偏低则处以 20 万元以上 200 万元以下的罚款，甚至可能被吊销营业执照，并由广告审查机关撤销广告审查批准文件、一年内不受理其广告审查申请。❸

《会计法》是为了规范会计行为、保证会计资料真实和完整而制定的。企业未按照规定建立并实施单位内部会计监督制度或者拒绝依法实施的监督或者不如实提供有关会计资料及有关情况，企业将被责令限期改正，并处 3000 元以上 5 万元以下的罚款，相关责任人员可能被处以 2000 元以上 2 万元以下的罚款❹。企业伪造、变造会计凭证、会计账簿，编制虚假财务会计报告或者隐匿或者故意销毁依法应当保存的会计凭证、会计账簿、财务会计报告，尚不构成犯罪，将被通报，并处以 5000 元以上 10 万元以下的罚款；相关责任人员可能被处以 3000 元以上 5 万元以下的罚款❺。企业职工授意、指使、强令会计机构、会计人员及其他人员实施上述行为，尚不构成犯罪的，可以处 5000 元以上 5 万元以下的罚款❻。上述相关会计人员，五年内不得从事会计工作。

《证券法》是规范证券发行和交易行为而制定的。企业在其公告的证券发行文件中隐瞒重要事实或者编造重大虚假内容，如企业尚未发行证券，则可能被处以 200 万元以上 2000 万元以下的罚款；如企业已经发行证券，则可能被处以非法所募资金金额 10% 以上一倍以下的罚款；相关责任人员可能被处以 100 万元

---

❶ 参见《招标投标法》第三十二条和第五十三条。
❷ 参见《广告法》第四条。
❸ 参见《广告法》第五十五条。
❹ 参见《会计法》第四十二条。
❺ 参见《会计法》第四十三条、第四十四条。
❻ 参见《会计法》第四十五条。

以上 1000 万元以下的罚款❶。企业从事内幕交易或利用未公开信息进行交易，将被责令依法处理非法持有的证券，没收违法所得，并处以违法所得一倍以上十倍以下的罚款，如无违法所得或者违法所得不足 50 万元，将被处以 50 万元以上 500 万元以下的罚款；相关责任人员将被给予警告，并处以 20 万元以上 200 万元以下的罚款❷。企业操纵证券市场将被责令依法处理其非法持有的证券，没收违法所得，并处以违法所得一倍以上十倍以下的罚款；若企业无违法所得或者违法所得不足 100 万元，处以 100 万元以上 1000 万元以下的罚款；相关责任人员将被给予警告，并处以 50 万元以上 500 万元以下的罚款❸。企业编造、传播虚假信息或者误导性信息，扰乱证券市场，将被没收违法所得，并处以违法所得一倍以上十倍以下的罚款，若企业无违法所得或者违法所得不足 20 万元的，将被处以 20 万元以上 200 万元以下的罚款。且企业在证券交易活动中作出虚假陈述或者信息误导，将被要求责令改正，并处以 20 万元以上 200 万元以下的罚款。❹

此外还有文旅部发布的《文化和旅游市场信用管理规定》作为文化和旅游市场信用管理方面的基础和依据，涵盖失信主体的认定与管理、信用信息的采集归集公开与共享、信用修复、信用评价、信用承诺和权利保障等多项制度，为信用管理各环节、全流程提供制度支撑。

（二）行业协会规范性文件规定及行业承诺

2022 年 5 月 20 日，中国证券业协会发布施行《证券行业诚信准则》，准则定位为行业机构及其工作人员诚信自律行为的主动约束，同日还发布了《证券行业执业声誉信息管理办法》，自 2022 年 9 月 1 日起生效，定位为自律管理对象执业声誉信息（包括诚信信息）管理的外部约束。2021 年 12 月 31 日，中国保险行业协会发布《保险销售从业人员执业失信行为认定指引》，指引对保险销售人员执业失信行为的分类界定、认定程序和执业失信行为记录的管理及应用等内容进行了规范，对健全公司内控和行业自律制度机制，指导地方协会开展相关自律工作，解决保险行业销售市场乱象有重要意义。

关于诚信承诺，全国工商联汽车经销商商会 2020 ～ 2022 年连续三年组织开展《信用承诺书》签署工作，旨在持续加强行业自身建设，构建守信践诺营商环

---

❶ 参见《证券法》第一百八十一条。
❷ 参见《证券法》第一百九十一条。
❸ 参见《证券法》第一百九十二条。
❹ 参见《证券法》第一百九十三条。

境，厚植诚信理念和契约精神，引导会员企业自觉履行社会责任，大力营造崇尚诚信、践行诚信的良好风尚。此外，企业一般在投标活动中会作出诚信承诺，承诺不串通投标，不提供虚假信息或证明材料等违反诚信原则的行为。

四、政府及有关部门企业信用合规监管

（一）国家信用体系建设情况

经过多年努力，我国社会信用体系建设在一些关键性、基础性领域已经取得了重大进展，信用日益成为影响经济社会运行的重要因素。

（1）中央各部门和各地方政府逐渐建成了多样化的信用信息平台。在中央层面，社会信用体系建设由发改委和人民银行作为双牵头部门，协调各部委共同推进；在地方层面，各级发改委负责本行政区内的公共信用信息综合协调与监督管理。目前，我国社会信用体系的抓手主要包括人民银行主导的金融基础信用信息和发改委主导的公共信用信息。前者形成了应用广泛的金融征信，后者主要的应用是失信联合惩戒信息公示。此外，还有国家企业信用信息公示系统、纳税信用发布平台、全国法院失信被执行人名单信息公布与查询平台、资本市场诚信数据库和市场诚信信息查询平台等中央政府、司法部门统筹的信用信息平台。上海、广东、浙江、江苏等先进地区在地方大数据局的基础上也形成了丰富的地方信用信息应用。2021 年 12 月发布的《加强信用信息共享应用促进中小微企业融资实施方案》正是基于前期建设完成的多样化信用信息平台。

（2）初步完成了社会信用体系信用信息基础设施建设。首先，我国建立了组织和个人的统一社会信用代码制度，并在商事制度改革中成功运用，奠定了部门间信息共享的基础。其次，建立了全国信用信息共享平台，为各地区各部门信用信息的交换共享和查询服务提供了基础设施。最后，相关标准逐渐制定。目前，我国已建立起包括信用主体标识规范、个人信用调查报告格式规范、基本信息报告、企业信用等级表示方法等数十条社会信用国家标准，涵盖了电子商务、诚信管理、信用中介组织等领域。

（3）初步构建了市场化信用服务生态。虽然我国社会信用体系的建设呈现出由政府主导的特征，但目前已经形成了包括个人征信、企业征信、信用评级、信用调查、商业保理、信用保险、基于大数据的新型征信等各类信用服务机构。不同机构依托各自的优势资源，在金融、商业、公共等不同场景中提供服务。近几年有些机构深耕一些细分领域，例如天创信用在汽车金融和政府园区，凭安信用

在电子商务，百融云创在普惠金融等，初步形成了多样化的信用服务生态。

（4）社会信用体系建设结合"放管服"改革，形成了信用监管体制。在同步推进社会信用体系建设和行政管理体制改革的过程中，依托于信用的监管成为行政管理从事前向事中、事后管理转型的重要工具。本质上讲，信用监管就是根据市场主体的信用状态实施差异化监管，实现对守信者"无事不扰"，对失信者"利剑高悬"，从而提高监管效率，提升社会治理能力。

（二）相关部门信用合规监管

1. 证监会合规监管

2019 年全年，证监会共下发 136 份行政处罚书，下发市场禁入决定书 13份。主要涉及内幕交易、信息披露违规、市场操纵、从业人员炒股等违法行为，数量分别为 55 宗、29 宗、14 宗和 9 宗。此外还包括关联交易、传播虚假信息、非法经营证券投资咨询业务等。共处罚 10 家中介机构，包括券商、会计师事务所和资产评估机构（如新时代证券、大信、会计师事务所、银信评估等）。部分情节严重的案件当事人收到了"天价"罚单，例如在阳雪初内幕交易深圳中青宝一案中，阳雪初被没收违法所得 1.97 亿元，并处以一倍罚款，罚没金额将近 4亿元❶。2020 年，证监会及其派出机构共开出 327 张行政处罚罚单，处罚对象包括个人和企业，罚没总金额高达 51.87 亿，同比增加 24%，罚单数量和金额均较2019 年有明显增加。内幕交易违规行为在罚单数量还是累计罚没金额排在第一位，2020 年共开出 115 张内幕交易罚单，罚没约 38.09 亿。由于内幕交易严重侵害中小投资者利益，因此内幕交易是证监会 2020 年重点关注的违规行为之一❷。2021 年，证监会加大中介机构监管力度，压实"看门人"责任，共作出处罚决定 371 项，罚没款金额 45.53 亿元，市场禁入 95 人·次，向公安机关移送和通报涉嫌证券期货犯罪案件线索 177 起。证监会 2021 年对上市公司及相关方、非上市公众公司分别采取行政监管措施 709 家·次、211 次。全年对证券基金经营机构、私募机构分别采取行政监管措施 194 家·次、378 家·次。❸

---

❶ 参见金融界，证监会 2019 行政处罚"成绩单"：55 宗内幕交易 4 券商被罚 1.05 亿 [EB/OL]. https：//baijiahao.baidu.com/s?id=1655884517824167411&wfr=spider&for=pc。

❷ 参见东方财富网，2020 年证监会合计罚没 52 亿 [EB/OL]. https：//baijiahao.baidu.com/s?id=1694 235531419088506&wfr=spider&for=pc。

❸ 参见中国政府网，证监会：中国证监会 2021 年法治政府建设情况 [EB/OL]. http：//www.gov.cn/ xinwen/2022-04/10/content_5684351.htm。

2.市场监管总局对虚假广告合规监管

2021年4月起，市场监管总局在全国组织开展"'守护夕阳红'——医疗、药品、保健食品虚假违法广告整治行动"和"'呵护青少年健康成长'——教育培训类广告清理整治行动"。整治行动重点打击医疗、药品、保健食品、教育培训等领域广告乱象，如以介绍健康、养生知识等形式变相发布虚假医疗、药品、保健食品广告；利用科研单位、学术机构、教育机构等作推荐、证明发布教育培训广告；假扮医生、专家、教授、学者，误导老年人、青少年的"神医""名师"广告；未经医疗广告审批发布广告、夸大效果以及违背公序良俗的医疗美容虚假违法广告等。在医疗领域，针对群众反映强烈的"神医"广告，市场监管部门对相关媒体依法作出行政处罚，并向中医药管理部门通报涉及的中医师情况。在教育培训领域，针对社会关注度较高的"代言人在多个教育培训广告中假扮不同学科老师"的典型广告问题，市场监管部门对涉案的猿辅导、作业帮、高途课堂、清北网校4家在线教育机构作出合计71.51万元罚款的行政处罚，对广告制作、经营单位作出罚没款30万元的行政处罚。在医美领域，针对广州美生专医疗美容门诊部有限公司发布医疗用毒性药品广告的违法行为，依法作出罚款41万元的行政处罚 ❶。整治行动期间，全国各级市场监管部门针对医疗、药品、保健食品虚假违法广告处罚共计8665万元，针对教育培训类虚假违法广告处罚共计4172万元 ❷。对于损害消费者合法权益尤其是"一老一小"合法权益的虚假违法广告行为，市场监管总局始终保持"全覆盖、零容忍"的监管高压态势，利剑高悬，重拳出击，露头就打，决不姑息。

3.公安机关对养老诈骗合规监管

全国公安机关打击整治养老诈骗专项行动部署会于2020年4月19日召开，部署各级公安机关依法严厉打击整治养老诈骗违法犯罪，切实维护老年人合法权益。2022年5月，中央政法委在12337智能化举报平台开通"养老诈骗"举报通道，各省网络举报部门也相继开设"涉养老网络诈骗信息举报专区"，重点受理处置以提供"养老服务"、投资"养老项目"、销售"养老产品"、宣称"以房养老"、代办"养老保险"、开展"养老帮扶"等名义，对老年人进行网络诈骗的相关举报。2022年，全国公安机关深入贯彻落实党中央决策部署，深入推

---

❶　参见广州市天河区市场监督管理局穗天市监处字〔2021〕263号行政处罚决定书。

❷　参见国家市场监督管理总局，走近3·15，广告监管在行动——整治虚假违法广告 守护"一老一小"权益[EB/OL]. https：//www.samr.gov.cn/xw/zj/202203/t20220311_340372.html。

进打击整治养老诈骗专项行动，切实维护老年人合法权益。截至 12 月底，公安机关共破案 3.9 万余起，打掉团伙 4730 余个，追赃挽损 300 余亿元，取得显著战果。❶

4."3·15"晚会曝光案例

中央广播电视总台"3·15"晚会是由中央广播电视总台联合国家政府部门为维护消费者权益在每年 3 月 15 日晚共同主办并现场直播的公益晚会，第一届晚会于 1991 年播出，至今已播出 31 年，每年都会成为消费者关注的焦点。多年来，"3·15"晚会揭露曝光了众多大大小小企业失信案例，通过卧底暗访揭露行业违背诚信经营行为。30 年来，晚会曝光案例达到上百起，涉及金融、汽车、食品、互联网、医疗保健、日用消费品、建筑家装等十几个领域。例如 2022 年曝光在线直播电商行业主播背后问题，秀下限演戏，打擦边球，在直播中设置价格欺诈陷阱等，疯狂消费粉丝的信任和情感。2021 年曝光 A 股上市公司三六零产品 360 搜索医药广告造假链条；名表维修陷阱，机械手表同电视、手机等会产生磁性的设备放在一起，很容易导致手表受磁，直观体现就是走时不准，受磁的手表，正常维修是用消磁仪、退磁仪进行退磁就可以了，这样一个简单的问题，这些名表维修中心却给出了高达 1000 多元的更换游丝、时轮的维修项目。2020 年曝光在美上市的趣头条 App 上存在大量虚假广告甚至是非法广告；全球大型连锁企业汉堡王员工对到期的食品更换日期标签，过期的食物仍然销售。每一届"3·15"晚会都在维护消费者权益，"3·15"晚会有助于推动市场治理，更有助于监管部门督促企业反省自己的行为。

---

❶　参见中国政府网，公安机关打击整治养老诈骗工作战果显著 [EB/OL]. http://www.gov.cn/xinwen/2023-01/17/content_5737583.htm.

第十七章　知识产权合规风险

知识产权，是指权利人依法就下列客体享有的专有的权利：①作品；②发明、实用新型、外观设计；③商标；④地理标志；⑤商业秘密；⑥集成电路布图设计；⑦植物新品种；⑧法律规定的其他客体❶。知识产权有广义和狭义之分，广义的知识产权包括著作权、邻接权、商标权、商号权、商业秘密权、产地标记权、专利权、集成电力布图设计权、新植物品种权等各种权利。狭义的知识产权即传统意义上的知识产权，包括著作权（含邻接权）、专利权和商标权❷。近年来，随着知识经济快速发展，社会越来越重视知识的创新和对知识产权的保护。知识产权是企业非常重要的无形资产，滥用或未保护知识产权会导致企业遭受严重的经济损失，也破坏了市场经济公平竞争秩序。保护知识产权有利于鼓励和调动发明创造的积极性，为企业带来经济效益，促进社会经济健康发展。

一、知识产权合规风险概述

（一）知识产权合规风险内涵

知识产权合规风险是指企业及其员工因违反知识产权法律法规及相关规范，而可能导致企业承担刑事责任或行政处罚、经济或声誉损失以及其他负面影响的风险。从狭义知识产权内涵角度，企业知识产权的合规风险包括专利权合规风险、商标权合规风险、著作权合规风险、商业秘密合规风险。

（二）知识产权合规风险依据

我国关于知识产权合规风险依据主要有《刑法》第三章"破坏社会主义市场经济秩序罪"中第七节关于侵犯知识产权的犯罪的规定、《专利法》及其实施细则、《商标法》及其实施条例、《著作权法》及其实施条例、《反不正当竞争法》《著作权集体管理条例》《计算机软件保护条例》《信息网络传播权保护条例》《知识产权海关保护条例》等。同时，我国还颁布了国家标准《企业知识产权管理规

---

❶　参见《民法典》第一百二十三条。

❷　参见王楷. 知识产权的新趋势研究 [J]. 管理科学文摘 .2006(06)：18-19。

范》（GB/T 29490—2013），该标准于 2019 年启动修订工作，修订后的标准将更名为《企业知识产权合规管理体系》，为新阶段企业建立完善知识产权管理体系提供指引。

知识产权是中国企业参与国际竞争过程中无法回避的焦点。为了保护我国企业自主知识产权，不断提升中国科技的世界地位，应对发达国家利用知识产权攫取利益，公平保护知识产权，我国加入大量知识产权国际公约，相关企业在生产经营过程中应当遵守。我国加入最重要的知识产权国际公约主要为《建立世界知识产权组织公约》和《与贸易有关的知识产权协定》。目前，我国加入并生效的知识产权领域多边国际条约有：

（1）世界知识产权组织（WIPO）管理的国际多边条约，保护著作权方面包括《伯尔尼保护文学和艺术作品公约》及其涉及数字环境著作权保护的《世界知识产权组织版权条约》《试听表演北京条约》等；保护商标方面包括《商标注册用商品和服务国际分类尼斯协定》《商标国际注册马德里协定有关协定书》等；涉及专利保护包括《保护工业产权巴黎公约》（我国加入的是 1967 年 7 月 14 日斯德哥尔摩文本）《关于集成电路的知识产权条约》《工业品外观设计国际注册海牙协定》《专利合作条约》等。

（2）其他国际组织所管理的知识产权国际条约。如世界贸易组织管理的《修改〈与贸易有关的知识产权协定〉议定书》以及联合国教科文组织发起的《世界版权公约》。

二、知识产权刑事合规风险

目前刑法及相关司法解释是我国知识产权刑事合规风险主要依据。根据侵犯的客体不同，知识产权犯罪分为假冒专利罪、侵犯商标权犯罪、侵犯著作权犯罪和侵犯商业秘密罪。知识产权犯罪主体为单位或个人，主观方面均为故意。在刑事责任上，单位犯罪则对单位判处罚金，并对相关直接责任人员依照个罪规定处罚。

（一）假冒专利罪

假冒专利罪是指假冒他人专利，情节严重的行为 ❶。侵犯的客体包括国家专利管理部门的正常活动和单位或者个人的专利权利。假冒他人专利的行为主要表

---

❶ 参见《刑法》第二百一十六条。

现在两个方面：一是未经专利权人同意，在其制造、使用或者出售的产品上标注、缀附或者在与该产品有关的广告中冒用专利权人的姓名、专利名称、专利号或者专利权人的其他专利标记的行为；二是由于专利产品在公众中有较高的信誉，行为人利用公众对专利产品的信任感，假冒专利，便公众相信自己生产的产品是专利权人生产、使用或者销售的，或者是经专利权人许可生产、使用或销售的，从而牟取巨额的非法利益。例如在张某甲、朱某假冒专利案❶中，张某甲、朱某为谋取非法利益，在推销、宣传自己生产的锅炉清灰剂时，未经许可，在产品宣传册及网站上使用专利权人陆某的炉窑添加剂发明专利号，非法经营额为人民币 491750 元，构成假冒专利罪。刑事责任包括三年以下有期徒刑或者拘役，并处或者单处罚金。

（二）侵犯商标权犯罪

侵犯商标权犯罪包括假冒注册商标罪、销售假冒注册商标的商品罪和非法制造、销售非法制造的注册商标标识罪❷。侵犯的客体都是国家有关商标的管理制度和他人的注册商标的专用权。刑事责任都为十年以下有期徒刑，并处或者单处罚金。

假冒注册商标罪是指未经注册商标所有人许可，在同一种商品、服务上使用与其注册商标相同的商标，情节严重的行为。一般情况下，假冒他人注册商标罪的行为人都具有获利的目的，但"以营利为目的"不是假冒他人注册商标罪的必要构成要件，可能有些假冒商标的行为是为了损害他人注册商标的信誉。例如在厦门德乐盟科技有限公司（简称德乐盟公司）、厦门兴恒昌贸易有限公司（简称兴恒昌公司）等假冒注册商标一案❸中，德乐盟公司和在兴恒昌公司在未经注册商标权利人许可的情况下，使用激光打码一体机、角磨机、封口机等工具设备，擅自将与他人注册商标相同的商标标识打印在其购入的无商标标识的轴承上进行销售，两公司非法经营数额达 285 万余元，其行为构成假冒注册商标罪。

销售假冒注册商标的商品罪是指销售明知是假冒注册商标的商品，违法所得数额较大或者有其他严重情节的行为。例如在广州时客贸易有限公司（简称时客公司）销售假冒注册商标的商品一案❹中，时客公司通过"京东""苏宁易购"

---

❶ 参见江苏省南通市中级人民法院（2015）通中知刑初字第 0001 号刑事判决书。
❷ 参见《刑法》第二百一十三条至第二百一十五条。
❸ 参见福建省厦门市中级人民法院（2018）闽 02 刑终 632 号刑事判决书。
❹ 参见江苏省南京市中级人民法院（2020）苏 01 刑终 413 号刑事裁定书。

等电商平台网店对外销售假冒香奈儿、迪奥、纪梵希、圣罗兰、魅可等品牌的口红、润唇膏、面霜等化妆品，销售金额合计人民币 1380 余万元，时客公司上述行为构成销售假冒注册商标的商品罪。

非法制造、销售非法制造的注册商标标识罪是指伪造、擅自制造他人注册商标标识或者销售伪造、擅自制造的注册商标标识，情节严重的行为。行为主体明知是他人的注册商标标识而仍故意伪造，或明知违反注册商标标识印制委托合同的规定，仍然故意超量制造，或明知是伪造的或擅自制造的他人注册商标标识，却仍故意销售。例如在深圳市俊轩印刷制品有限公司（简称俊轩公司）非法制造、销售非法制造的注册商标标识一案❶中，俊轩公司员工余某于 2015 年 4 月接到生产带有"ZA""姬芮"注册商标的包装盒 30000 个的订单，俊轩公司法定代表人柯某与余某在没有取得商标权利人授权许可的情况下便开始安排生产，俊轩公司上述行为构成非法制造注册商标标识罪。

（三）侵犯著作权犯罪

侵犯著作权犯罪包括侵犯著作权罪和销售侵权复制品罪❷。侵犯的客体都是国家的著作权管理制度以及他人的著作权和与著作权有关的权益。主观方面除了都为故意犯罪，还都须具有营利的目的。❸

侵犯著作权罪是指以营利为目的，侵犯著作权或者与著作权有关的权利，违法所得数额较大或者有其他严重情节的行为。在结果上，违法所得数额较大的才能构成犯罪，指违法所得数额在 3 万元以上、非法经营数额在 5 万元以上或者未经著作权人许可复制发行其作品复制品合计一千张（份）以上❹。客观表现为以下六种情形：一是未经著作权人许可，复制发行、通过信息网络向公众传播其文字作品、音乐、美术、视听作品、计算机软件及法律、行政法规规定的其他作品；二是出版他人享有专有出版权的图书；三是未经录音录像制作者许可，复制发行、通过信息网络向公众传播其制作的录音录像；四是未经表演者许可，复制发行录有其表演的录音录像制品，或者通过信息网络向公众传播其表演；五是制作、出售假冒他人署名的美术作品的；六是未经著作权人或者与著作权有关的权

---

❶　参见广东省深圳市中级人民法院（2016）粤 03 刑终 672 号刑事裁定书。

❷　参见《刑法》第二百一十七条、第二百一十八条。

❸　参见《最高人民法院、最高人民检察院、公安部印发〈关于办理侵犯知识产权刑事案件适用法律若干问题的意见〉的通知》第十条。

❹　参见《最高人民法院、最高人民检察院关于办理侵犯知识产权刑事案件具体应用法律若干问题的解释》第五条。

利人许可，故意避开或者破坏权利人为其作品、录音录像制品等采取的保护著作权或者与著作权有关的权利的技术措施。例如在丽江在线网络科技有限公司（简称丽江在线公司）侵犯著作权一案❶中，丽江在线公司为丽江亿客欣商贸有限公司（简称亿客欣公司）开发建设综合性电子商务平台，丽江在线公司法定代表人冯某雇请杨某组建技术团队负责开发事宜，杨某在冯某的指示下盗用福建方维信息科技有限公司享有著作权的方维Ｏ２Ｏ商业系统源代码并将该复制的商业系统交付给亿客欣公司上线使用，丽江在线公司共获得开发费用30万元，构成侵犯著作权罪。刑事责任包括十年以下有期徒刑，并处或者单处罚金。

销售侵权复制品罪是指以营利为目的，销售明知是侵权复制品，违法所得数额巨大或者有其他严重情节的行为。例如北京宏坤润博文化传播有限公司（简称宏坤公司）销售侵权复制品一案❷中，新经典文化股份有限公司享有《平凡的世界》《活着》等11部作品在中国大陆地区的专有或独占图书出版发行使用权，宏坤公司多次批量购买前述11部作品的盗版图书，用于在宏坤公司下属的天猫网店销售，构成销售侵权复制品罪。刑事责任包括五年以下有期徒刑，并处或者单处罚金。

（四）侵犯商业秘密罪

侵犯商业秘密罪是指以盗窃、贿赂、欺诈、胁迫、电子侵入或者其他不正当手段获取权利人的商业秘密，或者披露、使用或者允许他人使用其所非法掌握的或获取的商业秘密的行为❸。侵犯的客体是商业秘密权以及受国家保护的正常有序的市场经济秩序。客观表现为以下三种情形：一是以盗窃、贿赂、欺诈、胁迫、电子侵入或者其他不正当手段获取权利人的商业秘密；二是披露、使用或者允许他人使用以不正当手段获取权利人的商业秘密；三是违反保密义务或者违反权利人有关保守商业秘密的要求，披露、使用或者允许他人使用其所掌握的商业秘密。此外，明知或应当知道属于上列三种行为，获取、使用、披露或者允许他人使用权利人的商业秘密的，亦应以侵犯商业秘密论。例如宋某侵犯商业秘密罪一案❹中，宋某作为研发团队成员参与了梅花生物科技集团股份有限公司（简称梅花公司）对"色氨酸生产技术开发"的研发工作，并签订了相关保密协议，工

---

❶　参见云南省大理白族自治州中级人民法院（2019）云29刑初137号刑事判决书。
❷　参见江苏省张家港市人民法院（2020）苏0582刑初565号刑事判决书。
❸　参见《刑法》第二百一十九条。
❹　参见河北省廊坊经济技术开发区人民法院（2015）廊开刑初字第058号刑事判决书。

作期间宋某私自复制了一份"色氨酸提取工艺试生产总结"的电子版，2013 年 10 月 16 日，宋某在网上发帖公布"色氨酸提取技术方案"，色氨酸提取技术系梅花公司的商业秘密，研发成本为 1600 万余元，宋某上述行为构成侵犯商业秘密罪。刑事责任包括十年以下有期徒刑，并处或者单处罚金。

三、知识产权行政合规风险

（一）专利权相关规定

专利权行政合规风险依据主要为《专利法》及其实施细则。《专利法》是为保护专利权人的合法权益，鼓励发明创造而制定。对授予专利权的条件、专利的申请、专利申请的审查和批准、专利权的期限、终止和无效、专利实施的特别许可以及专利权的保护作出了规定。假冒专利的企业将被责令改正并予公告，没收违法所得，并处违法所得五倍以下的罚款，若企业无违法所得或者违法所得在 5 万元以下，可以处 25 万元以下的罚款❶。企业销售不知道是假冒专利的产品，并且能够证明该产品的合法来源，可以免除罚款的处罚，但应当立即停止销售。❷

（二）商标权相关规定

商标权行政合规风险依据主要为《商标法》及其实施条例、《驰名商标认定和保护规定》等。《商标法》及其实施条例是为保护商标专用权而制定，对商标注册的申请、审查和核准，注册商标的续展、变更、转让和使用许可、无效宣告，商标使用的管理，注册商标专用权的保护作出了规定。如规定法律、行政法规规定必须使用注册商标的商品，必须申请商标注册，未经核准注册的，不得在市场销售。否则由地方工商行政管理部门责令限期申请注册，违法经营额 5 万元以上的，可以处违法经营额 20% 以下的罚款，没有违法经营额或者违法经营额不足 5 万元的，可以处 1 万元以下的罚款❸。相关企业请求工商行政管理部门处理商标侵权行为时，实施侵权行为的企业将被责令立即停止侵权行为，同时被没收、销毁侵权商品和主要用于制造侵权商品、伪造注册商标标识的工具，违法经营额 5 万元以上则被处以违法经营额五倍以下的罚款，没有违法经营额或者违法经营额不足 5 万元则被处 25 万元以下的罚款❹。企业未经许可使用他人注册商

---

❶ 参见《专利法》第六十八条。
❷ 参见《专利法实施细则》第八十四条。
❸ 参见《商标法》第六条和第五十一条。
❹ 参见《商标法》第六十条。

标，必须在使用该注册商标的商品上标明被许可人的名称和商品产地，否则将被责令限期改正，若拒不改正，则应停止销售，否则将被处 10 万元以下的罚款[1]。《驰名商标认定和保护规定》为规范驰名商标[2]认定工作，保护驰名商标持有人的合法权益而制定。驰名商标认定遵循个案认定、被动保护的原则[3]，即驰名商标只可以由当事人申请商标局、商标评审委员会将商标认定为驰名商标，商标局、商标评审委员会不得主动认定某商标为驰名商标。企业通过弄虚作假或者提供虚假证据材料等不正当手段骗取驰名商标保护，将被撤销对涉案商标已作出的认定[4]。

（三）著作权相关规定

著作权行政合规风险依据主要为《著作权法》及其实施条例、《计算机软件保护条例》《信息网络传播权保护条例》等。《著作权法》及其实施条例为保护文学、艺术和科学作品作者的著作权，以及与著作权有关的权益而制定。企业若侵犯著作权的同时损害了公共利益，将被责令停止侵权行为，并予以警告，同时被没收违法所得，被没收、无害化销毁处理侵权复制品以及主要用于制作侵权复制品的材料、工具、设备等，企业违法经营额在 5 万元以上则可能并处违法经营额 1 倍以上 5 倍以下的罚款；企业无违法经营额、违法经营额难以计算或者不足 5 万元，则可能并处 25 万元以下的罚款[5]。在前述条款的基础上，《计算机软件保护条例》和《信息网络传播权保护条例》作出了相应的规定。企业未经软件著作权人许可复制或者部分复制著作权人的软件或者向公众发行、出租、通过信息网络传播著作权人的软件，同时损害社会公共利益，将被没收违法所得，没收、销毁侵权复制品，并处每件 100 元或者货值金额 1 倍以上 5 倍以下的罚款[6]。企业通过信息网络实施擅自向公众提供他人的作品、表演、录音录像制品等侵害他人著作权的行为，且同时损害公共利益，将被没收违法所得，企业非法经营额在 5 万元以上则将被处以非法经营额 1 倍以上 5 倍以下的罚款，如企业无非法经营额或者非法经营额 5 万元以下，将被处 25 万元以下的罚款[7]。

---

[1] 参见《商标法实施条例》第七十一条。
[2] 参见《驰名商标认定和保护规定》第二条。
[3] 参见《驰名商标认定和保护规定》第四条。
[4] 参见《驰名商标认定和保护规定》第十七条。
[5] 参见《著作权法》第五十三条和《著作权法实施条例》第三十六条。
[6] 参见《计算机软件保护条例》第二十四条。
[7] 参见《信息网络传播权保护条例》第十八条。

（四）商业秘密相关规定

商业秘密保护行政合规风险依据主要为《反不正当竞争法》和《关于禁止侵犯商业秘密行为的若干规定》。2019年修改的《反不正当竞争法》对侵犯商业秘密行为作出解释：①以盗窃、贿赂、欺诈、胁迫、电子侵入或者其他不正当手段获取权利人的商业秘密；②披露、使用或者允许他人使用以前项手段获取的权利人的商业秘密；③违反保密义务或者违反权利人有关保守商业秘密的要求，披露、使用或者允许他人使用其所掌握的商业秘密；④教唆、引诱、帮助他人违反保密义务或者违反权利人有关保守商业秘密的要求，获取、披露、使用或者允许他人使用权利人的商业秘密。此外，经营者以外的其他自然人、法人和非法人组织实施前款所列违法行为的，视为侵犯商业秘密。第三人明知或者应知商业秘密权利人的员工、前员工或者其他单位、个人实施本条第一款所列违法行为，仍获取、披露、使用或者允许他人使用该商业秘密的，视为侵犯商业秘密❶。《反不正当竞争法》对侵犯商业秘密行为的处罚作出了规定。企业侵犯商业秘密将被责令停止违法行为，没收违法所得，处10万元以上500万元以下的罚款。❷

四、政府及有关部门知识产权合规监管

我国高度重视知识产权保护工作。2021年9月22日，中共中央、国务院印发的《知识产权强国建设纲要（2021～2035年）》为我国加快建设知识产权强国作出全面部署。该纲要指出，建设中国特色、世界水平的知识产权强国，对于提升国家核心竞争力，扩大高水平对外开放，实现更高质量、更有效率、更加公平、更可持续、更为安全的发展，满足人民日益增长的美好生活需要，具有重要意义。

近年来，国家知识产权局、最高人民法院、市场监管总局、中国海关等多部门深入开展知识产权保护专项行动，持续严厉打击知识产权侵权假冒行为。

（一）知识产权的司法保护

2019年1月1日，最高人民法院知识产权法庭在北京揭牌。最高人民法院设立知识产权法庭，是为了统一审理全国范围内专业技术性较强的专利等上诉案件，促进知识产权案件审理专门化、管辖集中化、程序集约化和人员专业化，对

---

❶ 参见《反不正当竞争法》第九条。
❷ 参见《反不正当竞争法》第二十一条。

提高知识产权审判质效，促进严格公正司法，服务创新驱动发展，依法平等保护中外市场主体知识产权，营造法治化、国际化、便利化营商环境等发挥重要作用。2021 年 4 月 21 日，最高人民法院发布《中国法院知识产权司法保护状况（2021 年）》白皮书，介绍中国法院 2021 年知识产权司法保护成果。2021 年，人民法院受理、审结知识产权案件数量再创历史新高，双双突破 60 万件。2021 年，新收一审、二审、申请再审等各类知识产权案件 642968 件，审结 601544 件（含旧存），比 2020 年分别上升 22.33% 和 14.71%。人民法院审理了一批具有重大影响和典型意义的案件，如"双飞人"商标侵权案、"香兰素"技术秘密侵权案等，彰显了人民法院保护知识产权和维护市场公平竞争秩序的决心和信心。❶

（二）市场监管部门知识产权合规监管

2019 年，市场监管部门积极开展知识产权执法"铁拳"行动，全国共查处商标、专利等违法案件 3.9 万件，案值 5.1 亿元，罚没款 4.7 亿元，移送司法机关 724 件，切实保护了权利人和消费者的合法权益，维护了公平竞争的市场秩序，促进创新环境持续优化，取得了显著成效❷。2020 年全年，全国市场监管部门组织开展知识产权执法等专项行动，各类专项行动共查处案件 31.6 万余件，其中，商标侵权案件 3.1 万余件，抗疫防护用品、食品、家居用品、电子产品等关系健康安全的重点商品商标违法案件 2.8 万余件，针对侵权假冒高发多发的重点实体市场开展执法行动 12 万余次❸。2021 年，市场监管部门深入推进重点领域知识产权执法，全年共查处违法案件 5 万余件，案值 10 亿余元，移送司法机关 1000 余件，有力震慑了违法者，保护了消费者和权利人的合法权益，促进了营商环境持续优化。❹

（三）中国海关知识产权合规监管

中国海关保持打击进出口侵权商品高压态势，为保持打击进出口侵权商品高压态势，全国海关突出重点开展专项整治行动。"龙腾行动 2021"期间，上海、

---

❶　参见新华社新媒体，2021 年知识产权司法保护成果 [EB/OL]，https：//baijiahao.baidu.com/s?id=1730721137755797957&wfr=spider&for=pc。

❷　参见中国市场监管报，2019 年知识产权执法"铁拳"行动 [EB/OL]，https：//baijiahao.baidu.com/s?id=1665034309454339796&wfr=spider&for=pc。

❸　参见中国网，中国发布丨去年全国市场监管部门开展知识产权执法等专项行动共查处案件 31.6 万余件 [EB/OL]，http：//news.china.com.cn/txt/2021-03/26/content_77348364.htm。

❹　参见中国质量新闻网，市场监管总局推进重点领域知识产权执法 2021 年共查处违法案件 5 万余件 [EB/OL]，https：//baijiahao.baidu.com/s?id=1727194382742939592&wfr=spider&for=pc。

南京、宁波等海关扣留侵权糖果、番茄酱、饮料等 198.9 万件，坚决守护消费者"舌尖上的安全"；天津、拉萨等海关重点关注儿童用品安全，扣留侵权童装、童车、玩具等近 90 万件；杭州、青岛、黄埔等海关开展假冒汽车零配件专项执法，扣留侵权发动机零件、滤清器、雨刷等 58.8 万余件。针对侵权商品寄递口岸向全国分散趋势，海关总署近年来连续部署开展"蓝网行动"，对跨境邮寄快件渠道侵权商品实施严密监管。2021 年在邮递快件渠道扣留侵权嫌疑货物近 750 万批，有力打击了"化整为零""蚂蚁搬家"式的侵权行为。随着互联网新业态的发展，跨境电商渠道逐步成为海关执法重点，2021 年全国海关共查扣跨境电商侵权嫌疑货物近 200 万件，扣留数量在非货运渠道执法的占比由 2020 年的近 10% 提升到 2021 年的 18%。2022 年，海关总署已连续第 6 年部署开展"龙腾行动"，聚焦群众反映强烈、社会舆论关注、侵权假冒多发的重点商品，尤其对进出口关乎生命健康、威胁公众安全的侵权商品的行为实施重拳打击。

（四）国家知识产权局知识产权合规监管

2021 年 3 月 11 日，国家知识产权局发布《关于深入开展"蓝天"专项整治行动的通知》，严厉打击无资质专利代理机构从事非正常申请行为，2021 年各地处罚近 200 家无资质代理机构，罚没款超千万元，单笔最高罚没达到 104 万元[1]。2022 年国家知识产权局持续深化知识产权代理行业"蓝天"专项整治行动，将代理非正常专利申请、恶意商标申请、无资质专利代理、伪造变造公文、以不正当手段招揽业务等 5 类违法代理行为作为重点整治内容，继续通过大数据、互联网、人工智能等技术手段，加强专利、商标申请数据分析和违法代理线索监控，组织各地集中查处，并加大对重大案件直接查办和督办力度。2022 年 3 月 29 日，国家知识产权局发布《关于持续严厉打击商标恶意注册行为的通知》（简称《通知》），要求以"零容忍"的态度持续严厉打击商标恶意注册行为，保护市场主体合法权益，维护社会公共利益。《通知》明确，强化整治以"囤商标""傍名牌""搭便车""蹭热点"为突出表现的商标恶意囤积和商标恶意抢注行为，重点打击违反诚实信用原则，违背公序良俗，谋取不正当利益，扰乱商标注册秩序的典型违法行为。

---

[1] 参见中国经济网，国家知识产权局：全年累计打击恶意商标注册申请 37.6 万件 推进各地处罚近 200 家无资质代理机构 [EB/OL]. http://www.ce.cn/cysc/newmain/yc/jsxw/202112/09/t20211209_37157229.shtml.

第十八章　网络数据安全与信息保护合规风险

当前，数据对全球经济增长的贡献已经超越了传统国际经济与贸易，成为推动全球经济增长的新动能。我国十分重视数据经济，制定实施网络强国战略、国家大数据战略、"互联网 +"行动计划、《中国制造 2025》等。数据是信息的表现方式，随着信息化与经济社会持续深度融合，全球信息化时代已经来临，以网络为重要载体的信息化成为生产生活的新空间、经济发展的新引擎、交流合作的新纽带。但伴随着信息化发展，网络数据安全问题频发，世界重要国家与国际组织先后通过立法对数据安全问题进行规制。一些企业、机构甚至个人，从商业利益出发，随意收集、违法获取、过度使用、非法买卖个人信息，个人信息滥用侵扰人民群众生活安宁、危害人民群众生命健康和财产安全等问题已不容忽视。

一、网络数据安全与信息保护合规风险概述

（一）网络数据安全与信息保护合规风险内涵

网络数据安全与信息保护合规风险包含网络数据安全合规风险和个人信息保护合规风险两个方面。企业网络数据安全合规主要关注企业自身的网络数据安全，保障企业遵守法律、法规、政策、行业规范等网络数据安全法律规范，维护受监管数据或重要数据的安全性，实行数据分类分级保护以及依法合理开发应用数据，避免企业数据财富受到侵害或实施数据侵权行为，规避企业网络数据刑事犯罪风险以及被行政处罚的风险。

数字经济时代，个人信息已成为相关企业必备的生产资料。个人信息保护的对象是个人信息自决权。个人信息保护合规要求企业平衡个人信息保护与企业合理利用需求，遵循个人信息处理原则，合法合理正当处理个人信息，避免违法处理承担刑事责任或遭受行政处罚。

（二）网络数据安全与信息保护合规依据

网络数据安全和个人信息保护合规方面的法律依据主要有《网络安全法》《数据安全法》《个人信息保护法》《居民身份证法》《全国人民代表大会常务委员

会关于加强网络信息保护的决定》《刑法》及相关司法解释（如最高人民法院、最高人民检察院《关于办理侵犯公民个人信息刑事案件适用法律若干问题的解释》《关于办理非法利用信息网络、帮助信息网络犯罪活动等刑事案件适用法律若干问题的解释》等）。

行政法规依据主要为《计算机信息网络国际联网管理暂行规定》《计算机信息网络国际联网安全保护管理办法》《关键信息基础设施安全保护条例》《互联网信息服务管理办法》《征信业管理条例》等。

部门规章依据主要为《网络安全审查办法》《通信网络安全防护管理办法》《医疗卫生机构网络安全管理办法》《互联网用户账号信息管理规定》《民用航空安全信息管理规定》《互联网信息服务算法推荐管理规定》《数据出境安全评估办法》《电信和互联网用户个人信息保护规定》等。

二、网络数据安全与信息保护刑事合规风险

网络数据安全与个人信息保护刑事合规风险依据为《刑法》相关罪名，包括拒不履行信息网络安全管理义务罪、非法侵入计算机信息系统罪和提供侵入、非法控制计算机信息系统程序、工具罪，以及非法获取计算机信息系统数据、非法控制计算机信息系统罪、破坏计算机信息系统罪、非法利用信息网络罪、帮助信息网络犯罪活动罪和侵犯公民个人信息罪。❶

拒不履行信息网络安全管理义务罪保护的是信息网络管理秩序。主观方面表现为不履行法律、行政法规规定的信息网络安全管理义务，经监管部门责令采取改正措施而拒不改正，情节严重的行为。因此为故意犯罪。主要表现为拒不履行信息网络安全管理义务，致使违法信息大量传播、用户信息泄露并造成严重后果以及影响定罪量刑的刑事案件❷。拒不履行信息网络安全管理义务罪是不作为犯罪，其不作为的重点不是不履行信息网络安全管理义务，而是未按照监管部门的整改责令采取改正措施。因此，经监管部门责令采取改正措施而拒不改正是定罪的前提条件，即网信、电信、公安等依照法律、行政法规的规定承担信息网络安全监管职责的部门，以责令整改通知书或者其他文书形式，责令网络服务提供

---

❶ 参见《刑法》第二百八十五条至第二百八十七条之二、第二百五十三条之一。

❷ 参见《刑法》第二百八十六条之一。

者采取改正措施❶。同时还应当满足达成相应情节严重的程度，才构成犯罪。例如远特（北京）通信技术有限公司总监李某将大量带有公民个人信息的回收卡交给亚飞达信息科技股份有限公司，违反用户实名制进行挑卡，导致回收卡上绑定的微信号被大量盗取，且在两年内经监管部门多次责令改正而拒不改正，构成本罪❷。犯罪主体局限于网络服务提供者，包括自然人和单位，对于网络服务提供者的认定，可以参照相关司法解释的规定认定❸。在处罚上，对于单位则判处罚金，而对于犯该罪的自然人或者单位的直接负责的主管人员和其他直接责任人员，处三年以下有期徒刑、拘役或者管制，并处或者单处罚金。

非法侵入计算机信息系统罪、非法获取计算机信息系统数据、非法控制计算机信息系统罪、破坏计算机信息系统罪、非法利用信息网络罪、帮助信息网络犯罪活动罪以及侵犯公民个人信息罪的犯罪主体包括自然人和单位。主观方面都由故意构成。在处罚上，对于单位则判处罚金，对其直接负责的主管人员和其他直接责任人员，依照各自对自然人的处罚规定处罚。

非法侵入计算机信息系统罪保护的是国家事务、国防建设、尖端科学技术领域计算机信息系统的安全。对于计算机信息系统的认定，指具备自动处理数据功能的系统，包括计算机、网络设备、通信设备、自动化控制设备等❹。而本罪限定于国家事务、国防建设、尖端科学技术领域的计算机信息系统。具体行为表现为违反国家规定，目前主要是指违反《计算机信息系统安全保护条例》规定，未取得国家有关主管部门合法授权或者批准，通过计算机终端访问国家重要计算机信息系统或者进行数据截收的行为。在司法实践中，通常表现为行为人采用破译、窃取、刺探、骗取电脑安全密码等手段，操作计算机，非法侵入国家事务、国防建设、尖端科学技术领域的计算机信息系统。例如超出授权范围使用账号、

---

❶ 参见《最高人民法院、最高人民检察院关于办理非法利用信息网络、帮助信息网络犯罪活动等刑事案件适用法律若干问题的解释》第二条。

❷ 参见云南省昆明市盘龙区人民法院（2020）云 0103 刑初 1206 号刑事判决书。

❸ 参见《最高人民法院、最高人民检察院关于办理非法利用信息网络、帮助信息网络犯罪活动等刑事案件适用法律若干问题的解释》第一条："提供下列服务的单位和个人，应当认定为刑法第二百八十六条之一第一款规定的'网络服务提供者'：（一）网络接入、域名注册解析等信息网络接入、计算、存储、传输服务；（二）信息发布、搜索引擎、即时通讯、网络支付、网络预约、网络购物、网络游戏、网络直播、网站建设、安全防护、广告推广、应用商店等信息网络应用服务；（三）利用信息网络提供的电子政务、通信、能源、交通、水利、金融、教育、医疗等公共服务。"

❹ 参见《最高人民法院、最高人民检察院关于办理危害计算机信息系统安全刑事案件应用法律若干问题的解释》第十一条。

密码登录计算机信息系统，属于侵入计算机信息系统的行为❶。在处罚上，处三年以下有期徒刑或者拘役，并处或者单处罚金。

入侵国家事务、国防建设、尖端科学技术领域以外的计算机信息系统，或者采用其他技术手段，获取该计算机信息系统中存储、处理或者传输的数据，或者对该计算机信息系统实施非法控制，情节严重的，则构成非法获取计算机信息系统数据、非法控制计算机信息系统罪。所谓其他技术手段，是指侵入以外的技术手段（如通过设置钓鱼网站、中途劫持等）。非法控制是未经授权或者超越授权控制他人计算机信息系统执行特定操作。例如李某在上某公司担任高级 JAVA 开发工程师期间，私自使用 POSTMAN 软件违规调用"比心"手机软件"钻石"抽奖活动中的兑奖程序接口，通过修改参数数据的方式，为其控制的两个软件账户内虚增"钻石"合计 14990000 个，转换成软件中的"魅力值"后，提现或对外出售牟利，被害单位共计损失人民币 62000 余元，构成非法获取计算机信息系统数据罪❷。在处罚上，处三年以下有期徒刑或者拘役，并处或者单处罚金。特别说明，若符合情节特别严重的情形，❸ 则处三年以上七年以下有期徒刑，并处罚金。

提供侵入、非法控制计算机信息系统程序、工具罪保护的是计算机信息系统的安全。行为主要表现为两种形式：主动提供专门用于侵入、非法控制计算机信息系统的程序、工具❹，或者明知他人实施侵入、非法控制计算机信息系统的违法犯罪行为而为其提供程序、工具；同时应当满足情节严重❺的条件。处罚规则参照非法获取计算机信息系统数据、非法控制计算机信息系统罪。

破坏计算机信息系统罪保护的亦是计算机信息系统的安全。犯罪对象为计算机信息系统及其中存储、处理或者传输的数据和应用程序。行为表现为违反《网络安全法》《计算机信息系统安全保护条例》《计算机信息网络国际联网安全保护管理办法》等规定，对计算机信息系统功能进行删除、修改、增加、干扰，造成计算机信息系统不能正常运行；对计算机信息系统中存储、处理或者传输的数据和应用程序进行删除、修改、增加的操作；故意制作、传播计算机病毒等破坏性程序，影响计算机系统正常运行，同时满足后果严重的条件。例如武汉粤楚至臻

---

❶ 参见最高人民检察院指导案例 36 号卫梦龙、龚旭、薛东东非法获取计算机信息系统数据案。
❷ 参见上海市第一中级人民法院（2020）沪 01 刑终 74 号刑事裁定书。
❸ 参见《关于办理危害计算机信息系统安全刑事案件应用法律若干问题的解释》第一条。
❹ 参见《关于办理危害计算机信息系统安全刑事案件应用法律若干问题的解释》第二条。
❺ 参见《关于办理危害计算机信息系统安全刑事案件应用法律若干问题的解释》第三条。

文化传播有限责任公司在一家非法提供 DDOS 攻击服务的网站上充值并提交对武汉多家教育培训公司网站的 11 个 IP 地址或域名提交 117 次套餐攻击，造成前述多家公司的网站或服务器不能正常运行的后果，构成本罪❶。在处罚上，处五年以下有期徒刑或者拘役；后果特别严重的，处五年以上有期徒刑。

非法利用信息网络罪同时侵犯了正常的信息网络管理秩序和被害人的人身、财产等合法权益。具体表现为非法利用信息网络，情节严重的行为，如设立用于违法犯罪活动的网站、通信群组；发布违法犯罪信息，包括利用信息网络提供信息的链接、截屏、二维码等；为实施诈骗等违法犯罪活动发布信息。为实施诈骗等违法犯罪活动发布信息。例如七台河市鑫明网络科技有限公司明知他人介绍的组建微信群组的业务系用于网络赌博等违法犯罪活动，仍组织公司员工从事拉人入群的"引流"业务，通过国外电信网络诈骗团伙提供的"料"和"码"，共计拉入 1797 人到指定的 83 个微信通信群组，造成多人被诈骗遭到财产损失，构成非法利用信息网络罪❷。在处罚上，处三年以下有期徒刑或者拘役，并处或者单处罚金。

帮助信息网络犯罪活动罪侵犯的客体与非法利用信息网络罪相同，行为上不局限于为他人信息网络犯罪提供技术支持，还包括提供广告推广、支付结算等帮助，并强调应当达到相应情节严重的程度❸。例如武汉旭文信息科技有限公司明知余某等人通过进行线上虚假投资实施诈骗，五次为其制作、销售虚假的投资类微盘（手机交易软件），共计非法获利 298500 元，构成本罪❹。这种帮助不仅是线上帮助，还包括线下帮助如提供金融账户、出售电话卡等❺。应当注意的是，帮助信息网络犯罪活动罪并不意味着只有被帮助的对象的犯罪行为经人民法院生效裁判确认才可构成本罪，只要被帮助对象相关犯罪查证属实即可❻。相关司法解释对本罪中信息网络犯罪作了扩大解释，当犯罪情节远高于所谓情节严重的程度，即使无法查证被帮助对象构成犯罪，但帮助行为本身具有十分严重的社会危

---

❶　参见江苏省南通市中级人民法院（2019）苏 06 刑终 318 号刑事裁定书。
❷　参见黑龙江省七台河市桃山区人民法院（2021）黑 0903 刑初 114 号刑事判决书。
❸　参见《最高人民法院、最高人民检察院关于办理非法利用信息网络、帮助信息网络犯罪活动等刑事案件适用法律若干问题的解释》第十二条。
❹　参见江苏省无锡市中级人民法院（2019）苏 02 刑终 516 号刑事判决书。
❺　参见《最高人民法院、最高人民检察院、公安部关于办理电信网络诈骗等刑事案件适用法律若干问题的意见（二）》第七条。
❻　参见最高人民法院、最高人民检察院《关于办理非法利用信息网络、帮助信息网络犯罪活动等刑事案件适用法律若干问题的解释》第十三条。

害性，则可以独立刑事惩处 ❶。在处罚上，处三年以下有期徒刑或者拘役，并处或者单处罚金。

侵犯公民个人信息罪保护的是公民个人信息的安全及相关权益。侵犯公民个人信息罪重点把握公民个人信息的范围。公民的个人信息是指电子或者其他方式记录的能够单独或者与其他信息结合识别特定自然人身份或者反映特定自然人活动情况的各种信息，包括姓名、身份证件号码、通信通讯联系方式、住址、账号密码、财产状况、行踪轨迹等 ❷。根据概念可以进一步看出，本罪涉及的公民个人信息不局限于中国公民的个人信息，其主体包括我国公民和其他无国籍人，同时不要求个人信息必须具有个人隐私的特征，因为出售、提供公开的信息是否合法还需要依据具体情况判断 ❸。如根据《民法典》第 1036 条规定，行为人在不侵害自然人重大利益的情况下合理处理该自然人未明确拒绝的自行公开的或者其他已经合法公开的信息则不承担民事责任，因此，在上述情况下行为人获取相关信息后出售、提供的行为不构成犯罪。反之，则可能构成本罪。具体表现为窃取或以其他方法非法获取、向他人出售或者提供公民个人信息 ❹。同时应当达到情节严重的程度才可构成犯罪。例如四川亿胜建设集团有限公司成都一分公司为发展业务，在经营期间存在由公司出资购买、从同行处拷贝等多种方式非获取公民个人信息，数量达 40 余万条，构成本罪。❺ 在处罚上，处三年以下有期徒刑或者拘役，并处或者单处罚金；情节特别严重的，处三年以上七年以下有期徒刑，并处罚金。需要注意的是，本罪犯罪主体虽然是一般主体，但是对于特殊主体在处罚上作了特别规定，这类特殊主体因为职业特殊在履行职责或者提供服务过程中可以获得公民个人信息若其违反国家有关规定，将相关公民个人信息出售或者提供给他人，将受到从重处罚。❻

---

❶　参见最高人民法院、最高人民检察院《关于办理非法利用信息网络、帮助信息网络犯罪活动等刑事案件适用法律若干问题的解释》第十三条。

❷　参见最高人民法院、最高人民检察院《关于办理侵犯公民个人信息刑事案件适用法律若干问题的解释》第一条。

❸　参见胡云腾，熊选国，高憬宏，万春主编.刑法罪名精释（第五版）[M].北京：人民法院出版社，2022.739.

❹　参见最高人民法院、最高人民检察院《关于办理侵犯公民个人信息刑事案件适用法律若干问题的解释》第二条至第四条。

❺　参见四川省成都市武侯区人民法院（2018）川 0107 刑初 439 号刑事判决书。

❻　参见《刑法》第二百五十三条之一第二款。

三、网络数据安全与信息保护行政合规风险

（一）以《网络安全法》《数据安全法》以及《个人信息保护法》为基础

《网络安全法》要求网络运营者按照网络安全等级保护制度的要求履行安全保护义务，制定网络安全事件应急预案，及时处置网络安全风险，否则将被处以高额罚款。同时要求网络运营者只能为提供真实身份信息的用户办理入网手续，提供信息发布、即时通信等服务，开展网络安全认证、检测、风险评估等活动向社会发布网络安全信息应当遵守国家规定，严禁网络运营者侵害个人信息安全，否则除单位和相关责任人员被处以高额罚款外，还可能有关主管部门责令暂停相关业务、停业整顿、关闭网站、吊销相关业务许可证或者吊销营业执照❶。经营者从事危害网络安全的活动或者为其提供帮助尚不构成犯罪的，由公安机关没收违法所得并处以罚款，相关责任人员不仅会被罚款，还会遭受从业禁令❷。同时也规定了关键信息基础设施的运营者的网络安全保护义务以及应当提供安全审查合格的网络产品和服务等内容。❸

《数据安全法》是我国首部以规制数据安全为核心内容的专项法案，其施行有利于弥补我国数据安全保护领域的法律空白，为保护我国数据安全以及维护数据主权提供法律支持。《数据安全法》主要要求企业与个人依法开展数据处理活动，建立健全全流程数据安全管理制度，在网络安全等级保护制度的基础上，履行数据安全保护义务，定期开展风险评估，并报送风险评估报告。同时加强风险监测，发现数据安全缺陷、漏洞等风险时，应当立即补救、处置，及时报告有关部门。否则除单位和相关责任人员被处以高额罚款外，还可能有关主管部门责令暂停相关业务、停业整顿、关闭网站、吊销相关业务许可证或者吊销营业执照❹。从事数据交易中介服务的机构应当要求数据提供方说明数据来源，审核交易双方的身份，并留存审核、交易记录，否则将会被没收违法所得，单位和直接负责的主管人员和其他责任人员被处高额罚款，甚至可能被责令暂停相关业务、停业整顿、吊销相关业务许可证或者吊销营业执照。❺

《个人信息保护法》主要针对企业、机构或个人为商业利益违法获取、越权

---

❶　参见《网络安全法》第五十九条、第六十一条、第六十二条、第六十四条。
❷　参见《网络安全法》第六十三条。
❸　参见《网络安全法》第五十九条、第六十五条。
❹　参见《数据安全法》第二十七条、第二十九条、第三十条、第四十五条。
❺　参见《数据安全法》第四十七条。

使用、非法买卖个人信息等问题制定的。在处罚上，违反规定侵害公民个人信息，除没收违法所得和高额罚款外，还可以责令暂停相关业务或者停业整顿、通报有关主管部门吊销相关业务许可或者吊销营业执照，并对相关责任人员施加从业禁令❶。如在 2022 年 7 月，国家网信办对"滴滴出行"App 存在严重违法违规收集使用个人信息等 16 项违法事实❷以及拒不履行监管部门的明确要求、阳奉阴违、恶意逃避监管等其他违法违规问题，对滴滴全球股份有限公司处人民币 80.26 亿元罚款，对滴滴全球股份有限公司董事长兼 CEO 程维、总裁柳青各处人民币 100 万元罚款。❸

（二）以相关行政法规和部门规章为补充

行政法规依据主要为《计算机信息网络国际联网安全保护管理办法》和《关键信息基础设施安全保护条例》。《计算机信息网络国际联网安全保护管理办法》主要是要求互联网信息服务提供者不得制作、复制、发布、传播违法、违规内容❹，否则将对企业责令停业整顿直至吊销经营许可证，通知企业登记机关；对于非经营性单位或个人则责令暂时关闭网站直至关闭网站。《关键信息基础设施安全保护条例》对关键信息基础设施的范围认定、各监管部门的职责、运营者责任义务等内容提出具体要求。如要求企业关键信息基础设施进行安全管理，在法定情形下如未设置专门安全管理机构和未建立健全网络安全保护制度和责任制等，企业拒不改正或者导致危害网络安全等后果，企业将被处以 10 万元以上 100 万元以下罚款，其直接负责的主管人员将被处以 1 万元以上 10 万元以下罚款❺。同时要求运营者采购可能影响国家安全的网络产品和服务前应当进行安全审查，企业被处以 1 倍以上 10 倍以下罚款，其直接负责的主管人员拒不改正则

---

❶ 参见《个人信息保护法》第六十六条。

❷ 包括违法收集用户手机相册中的截图信息 1196.39 万条；过度收集用户剪切板信息、应用列表信息 83.23 亿条；过度收集乘客人脸识别信息 1.07 亿条、年龄段信息 5350.92 万条、职业信息 1633.56 万条、亲情关系信息 138.29 万条、"家"和"公司"打车地址信息 1.53 亿条；过度收集乘客评价代驾服务时、App 后台运行时、手机连接桔视记录仪设备时的精准位置（经纬度）信息 1.67 亿条；过度收集司机学历信息 14.29 万条，以明文形式存储司机身份证号信息 5780.26 万条；在未明确告知乘客情况下分析乘客出行意图信息 539.76 亿条、常驻城市信息 15.38 亿条、异地商务/异地旅游信息 3.04 亿条等。

❸ 参见中国网信网.国家互联网信息办公室对滴滴全球股份有限公司依法作出网络安全审查相关行政处罚的决定 [EB/OL]. http：//www.cac.gov.cn/2022-07/21/c 166021534306352.htm,2022-07-21.

❹ 参见《计算机信息网络国际联网安全保护管理办法》第十五条、第二十条。

❺ 参见《关键信息基础设施安全保护条例》第三十九条。

被处以 1 万元以上 10 万元罚款。❶

部门规章重点关注 2021 年发布的《网络安全审查办法》以及 2022 年发布的《医疗卫生机构网络安全管理办法》《互联网用户账号信息管理规定》和《数据出境安全评估办法》。《网络安全审查办法》将网络平台运营者开展数据处理活动影响或者可能影响国家安全等情形纳入网络安全审查范围 ❷，并明确要求掌握超过 100 万用户个人信息的网络平台运营者赴国外上市必须申报网络安全审查等。《医疗卫生机构网络安全管理办法》是对医疗卫生机构网络安全管理的细化，重点保障关键信息基础设施、网络安全等级保护第三级及以上网络以及重要数据和个人信息安全。《互联网用户账号信息管理规定》是对互联网用户账号的注册和使用作出详细规定，要求互联网信息服务提供者严格落实真实身份信息认证、账号信息核验、信息内容安全等管理工作，采取措施防止未经授权的访问以及个人信息泄露、篡改、丢失，违反本规定可能被相关部门警告、通报批评、责令限期改正，并可以处 1 万元以上 10 万元以下罚款 ❸。《数据出境安全评估办法》对数据出境安全评估重新进行明确和梳理，提出"风险自评估与安全评估相结合" ❹。要求在法定情形下数据处理者向境外提供在境内运营中收集和产生的重要数据和个人信息应当申报数据出境安全评估。❺

四、政府及有关部门网络数据安全与信息保护合规监管

2021 年，全国网信系统进一步加大执法力度，依法查处各类违法违规案件，取得显著成效。据统计，全国网信系统全年共依法约谈网站平台 5654 家，警告 4445 家，罚款处罚 401 家，暂停功能或更新 3008 家，下架移动应用程序 1007 款，会同电信主管部门取消网站许可或备案、关闭违法网站 17456 家，移送相关案件线索 4728 件。❻

（一）依法严处网上各类违法违规行为，维护清朗网络空间

各级网信部门结合开展"清朗商业网站平台和自媒体违规采编发布财经类信

---

❶　参见《关键信息基础设施安全保护条例》第四十一条。

❷　参见《网络安全审查办法》第二条、第七条。

❸　参见《互联网用户账号信息管理规定》第二十二条。

❹　参见《数据出境安全评估办法》第三条。

❺　参见《数据出境安全评估办法》第四条。

❻　参见中国长安网 .2021 年全国网络执法取得显著成效 [EB/OL]. https：//baijiahao.baidu.com/s?id=1723112924408510261&wfr=spider&for=pc。

息专项整治""清朗互联网用户账号运营乱象专项整治行动"等"清朗"系列专项行动。针对整治网上历史虚无主义、治理算法乱用、整治未成年人网络环境、整治弹窗新闻信息突出问题、规范网站账号运营、整治网上文娱及热点排行乱象等问题，重点查处一批传播各类违法违规有害信息、存在违法违规行为的平台和账号。依法查处"中国传承人网""搜了网""中礼集文化公司网""公文知识仓库"等一批借建党 100 周年和党史学习教育开展营销活动的网站和账号。依法关闭"FX168 财经网""中国全民记者网""人民在线观察网""国内记者网"等违规从事互联网新闻信息服务、社会影响恶劣的网站和账号。依法关闭"中国非遗保护研究中心""中新融媒网""中国国际新闻网""中新慈善"等一批假冒或侵权网站。依法下架和关停大量传播淫秽色情、低俗恶俗内容的"花生头条""狸番漫画"等移动应用程序。

（二）重点查处严重违法违规平台，形成有效震慑

国家网信办指导各级网信部门，综合运用执法约谈、责令整改、处置账号、移动应用程序下架、暂停功能或更新、关闭网站、罚款、处理责任人、通报等多种处置处罚手段，对严重违反有关互联网信息内容管理法律法规的网站平台，依法予以严处。

针对新浪微博及其平台账号屡次出现法律、法规禁止发布或者传输的信息的问题，国家网信办负责人依法约谈新浪微博主要负责人、总编辑，责令其立即整改，严肃处理相关责任人。北京市网信办对新浪微博依法予以罚款的行政处罚。

针对豆瓣网及其平台账号屡次出现法律、法规禁止发布或者传输的信息的问题，国家网信办负责人依法约谈豆瓣网主要负责人、总编辑，责令其立即整改，自行暂停相关跟评功能和更新，严肃处理相关责任人。北京市网信办对豆瓣网依法予以罚款的行政处罚。

针对微信对用户发布的信息未尽到审核管理义务、多个微信公众号传播涉历史虚无主义等有害信息的问题，广东省网信办依法约谈微信负责人，责令其立即整改，处置相关账号，从严处理责任人，并对微信依法予以罚款的行政处罚。

针对百度贴吧出现法律、法规禁止发布或者传输的信息的问题，北京市网信办依法约谈百度公司相关负责人、百度贴吧主要负责人，责令其限期整改，自行暂停百度贴吧及其应用程序新用户注册功能，从严处理相关责任人，并对百度依法予以罚款的行政处罚。

针对知乎网跟评环节存在法律、法规禁止发布或者传输的信息的问题，国家

网信办指导北京市网信办依法约谈知乎网负责人，责令其立即整改，自行暂停跟评功能，严肃处理相关责任人，并对知乎网依法予以罚款的行政处罚。

针对金山毒霸应用程序弹窗推送诋毁革命烈士邱少云内容，国家网信办指导北京市网信办依法对其主办方负责人进行约谈，责令立即停止违法行为，暂停弹窗信息推送功能，进行全面深入整改，从重处理有关负责人，并依法予以罚款的行政处罚。

针对京东、拼多多、淘宝等 3 家电商平台售卖涉"儿童邪典"内容的儿童服装等商品破坏网络生态的问题，北京市、上海市、浙江省网信办分别对 3 家平台予以约谈，责令其全面排查违法有害信息，并分别予以罚款的行政处罚。

（三）积极开展数据安全、个人信息保护等领域执法，切实保障人民群众合法权益 ❶

随着《数据安全法》《个人信息保护法》相继实施，各级网信部门依法开展数据安全、个人信息保护等领域执法。针对滴滴企业版等 25 款移动应用程序存在严重违法违规收集使用个人信息问题，依法通知应用商店下架相关应用，要求相关运营者严格按照法律要求，参照国家有关标准，认真整改存在的问题，保障广大用户个人信息安全。针对"美原油""链工宝""快输入法"等移动应用程序存在违法收集使用个人信息问题，依法对其采取下架处置措施。针对"伴圈""AI 换脸相机"等多款新技术新应用未经评估上线且存在风险的移动应用程序，依法予以下架处置。截至 2021 年 10 月，App 专项整治行动共开展 19 批，对 4176 款 App 发出整改通知，公开通报 1174 款整改不到位的 App，下架 309 款仍存在问题的 App。其中，违规收集个人信息、强制频繁过度索取权限、违规使用个人信息和定向推送问题最为突出。检测范围覆盖实用工具、教育学习、网上购物、即时通信、餐饮外卖、旅游服务等 39 个应用类型。

---

❶　中国信息安全 .2021 年网络法治盘点与回顾：个人信息保护篇 [EB/OL]. https：//www.wangan.com/p/7fy7fg6ae37f7e9a。

第十九章　劳动用工合规风险

人力资源是企业发展的核心要素，吸引人才、留住人才、用好人才、避免劳动纠纷是企业稳定健康发展的关键内容。实践中，劳动用工领域是企业专项合规建设的薄弱环节。根据世界卫生组织和国际劳工组织统计，全球每年有将近有200万人死于工作相关的疾病和损伤❶。建立规范和谐的用工秩序，不仅有助于企业提升生产效率、建立良好的企业文化，也有利于避免发生劳动用工合规风险，给企业造成损失。

一、劳动用工合规风险概述

（一）劳动用工合规风险内涵

劳动用工合规风险是指企业在劳动合同签订、履行、变更和解除过程中，未严格遵守《刑法》《劳动法》《劳动合同法》和其他劳动相关法律规范，发生劳动用工争议、被行政处罚等风险。企业违反劳动用工相关法律法规，不但会造成经济损失，也可能严重损害企业声誉。如果一家企业多次因劳动用工被员工投诉，或发生群体性劳动争议仲裁或诉讼，必将影响企业员工队伍稳定，影响企业正常生产经营和健康发展。

（二）劳动用工合规风险依据

劳动用工相关的内容包括平等就业、女职工保护、劳动合同、社会保险、劳动报酬、职业病、工作时间、工会组织等。《劳动法》和《劳动合同法》对上述内容均有相关规定。涉及就业保护的合规依据包括《就业促进法》《妇女权益保障法》《女职工劳动保护特别规定》《残疾人就业条例》《船员条例》及《外国人在中国就业管理规定》等；涉及就业中介的合规依据有《就业服务与就业管理规定》《劳动就业服务企业管理规定》；涉及社会保险的合规依据包括《社会保险法》和《工伤保险条例》；涉及劳动报酬的合规依据有《保障农民工工资支付条

---

❶　参见澎湃新闻．世卫组织：每年近两百万人死于职业病及职业伤害，"过劳"为主因 [EB/OL]. https://baijiahao.baidu.com/s?id=1711208348068792153&wfr=spider&for=pc。

例》《拖欠农民工工资失信联合惩戒对象名单管理暂行办法》《工程建设领域农民工工资专用账户管理暂行办法》《工程建设领域农民工工资保证金规定》等；涉及职业病防治的合规依据有《职业病防治法》；涉及劳动者工作时间的合规依据有《关于职工工作时间的规定》及其实施办法；涉及工会组织保护的合规依据有《工会法》。根据《刑法》规定，用人单位如果强迫劳动者劳动，或拒不支付劳动报酬，还将受到刑事处罚。

二、劳动用工刑事合规风险

目前，刑法及相关司法解释是我国劳动用工刑事合规风险主要依据。劳动用工犯罪主要为强迫劳动罪和拒不支付劳动报酬罪[1]。劳动用工犯罪行为主体包括单位和个人。主观上皆为故意。单位犯罪则对单位判处罚金，并对其直接责任人员按各罪处罚。

强迫劳动罪是指以暴力、威胁或者限制人身自由的方法强迫他人劳动的行为。明知他人实施上述行为，为其招募、运送人员或者有其他协助强迫他人劳动行为的，与强迫劳动罪处罚相同。客观上须有暴力、威胁或者限制人身自由，违背劳动者的意志，强迫劳动的行为，若用人单位只是对职工严格要求，或者职工自我感觉超负荷劳动，用人单位并未强迫，则不构成本罪。例如在陈某某、蒋某某强迫劳动一案[2]中，陈某某、蒋某某先后诱骗多名流浪乞讨人员进厂务工，主要从事上瓦装车、出厂卸瓦等重体力劳动以及喂狗、喂猪等相关杂活，并以殴打、威胁、辱骂、限制人身自由等方法强迫其劳动，陈某某、蒋某某上述行为构成强迫劳动罪。刑事责任包括十年以下有期徒刑或者拘役，并处罚金。

拒不支付劳动报酬罪是指以转移财产、逃匿等方法逃避支付劳动者的劳动报酬或者有能力支付而不支付劳动者的劳动报酬，数额较大，经政府有关部门责令支付仍不支付的行为。行为主体是有义务向他人支付劳动报酬的自然人与单位，既包括用人单位的实际控制人，也包括不具备用工主体资格的个人与单位。本罪构成要件之一是数额较大，主要存在两种情形：一是拒不支付1名劳动者3个月以上的劳动报酬且数额在5000元至2万元以上；二是拒不支付10名以上劳动者的劳动报酬且数额累计在3万元至10万元以上[3]。例如贵阳健佳鑫装饰工程有限

---

[1] 参见《刑法》第二百四十四条、第二百七十六条之一。
[2] 参见安徽省明光市人民法院（2021）皖1182刑初1号刑事判决书。
[3] 参见《最高人民法院关于审理拒不支付劳动报酬刑事案件适用法律若干问题的解释》第三条。

公司（简称健佳鑫装饰公司）拒不支付劳动报酬一案❶中，健佳鑫装饰公司作为分包人承接建设项目，其组织民工施工，工程主体完工后，健佳鑫装饰公司拖欠民工工资83万余元，经政府相关部门责令支付仍未支付，其行为构成拒不支付劳动报酬罪。刑事责任包括七年以下有期徒刑或拘役，并处或者单处罚金。

三、劳动用工行政合规风险

（一）《劳动法》《劳动合同法》及其实施条例

《劳动法》《劳动合同法》及其实施条例是为了保护劳动者的合法权益、调整劳动关系而制定的，包含平等就业、女职工保护、劳动合同、社会保险、劳动报酬等方面的内容。用人单位违法延长劳动者工作时间、非法招用未满十六周岁的未成年人、侵害女职工和未成年工合法权益，将被责令改正，甚至可能被处以罚款❷。用人单位的劳动安全设施和劳动卫生条件不符合国家规定或者未向劳动者提供必要的劳动防护用品和劳动保护设施，将被责令改正，并处以罚款，甚至可能被责令停产整顿❸。用人单位无故不缴纳社会保险费，且在被责令其限期缴纳后逾期不缴的，可能被加收滞纳金❹。《劳动合同法》要求用人单位直接涉及劳动者切身利益的规章制度不得违反法律、法规规定，且提供的劳动合同文本应当载明劳动合同必备条款并交付劳动者，否则将被责令改正❺。用人单位以担保或者其他名义向劳动者收取财物或扣押已解除或终止劳动合同的劳动者的档案或者其他物品，将被责令限期退还劳动者本人，并被处以每人500元以上2000元以下的罚款❻。企业未经许可擅自经营劳务派遣业务没收违法所得，并处违法所得一倍以上五倍以下或在无违法所得时处5万元以下的罚款，逾期不改正则以每人5000元以上1万元以下的标准处以罚款，甚至可能被吊销其劳务派遣业务经营许可证❼。用人单位违反有关建立职工名册规定且逾期不改正，将被处以2000元以上2万元以下的罚款❽。

---

❶ 参见贵州省锦屏县人民法院（2022）黔2628刑初12号刑事判决书。

❷ 参见《劳动法》第九十条、第九十四条、第九十五条。

❸ 参见《劳动法》第九十二条。

❹ 参见《劳动法》第一百条。

❺ 参见《劳动法》第八十条、第八十一条。

❻ 参见《劳动法》第八十条四。

❼ 参见《劳动合同法》第九十二条。

❽ 参见《劳动合同法实施条例》第三十三条。

（二）就业保护相关规定

就业平等保护相关规定包括《劳动法》《就业促进法》《妇女权益保障法》《女职工劳动保护特别规定》《残疾人就业条例》《船员条例》等，对妇女、未成年人、残疾人、船员等就业保护方面作出了规定。劳动者享有平等就业和自主择业的权利，不因民族、种族、性别、宗教信仰等不同而受歧视。❶

在女职工和未成年工就业保护方面，国家对女职工和未成年工实行特殊劳动保护，禁止安排女职工从事矿山井下、国家规定的第四级体力劳动强度的劳动和其他禁忌从事的劳动，女职工在经期、孕期、哺乳期禁止从事高强度工作❷。用人单位招用人员，除国家规定的不适合妇女的工种或者岗位外，不得以性别为由拒绝录用妇女或者提高对妇女的录用标准。用人单位录用女职工，不得在劳动合同中规定限制女职工结婚、生育的内容❸。且国家保障妇女享有与男子平等的劳动权利和社会保障权利，各单位在录用职工、福利待遇、员工晋升、执行国家退休制度方面，不得以性别为由歧视妇女❹。用人单位违反上述规定且拒不改正或者情节严重，将被处以 1 万元以上 5 万元以下罚款❺。同时，用人单位应当加强女职工劳动保护，采取措施改善女职工劳动安全卫生条件，对女职工进行劳动安全卫生知识培训，遵守女职工禁忌从事的劳动范围的规定。❻用人单位对怀孕 7 个月以上或哺乳未满 1 周岁婴儿的女职工延长劳动时间或者安排夜班劳动、侵害女职工休产假的权利，将被责令限期改正，并处以受侵害女职工每人 1000 元以上 5000 元以下的罚款。❼

在残疾人就业保护方面，国家要求用人单位安排残疾人就业的比例不得低于本单位在职职工总数的 1.5%，且应当为其提供适当的工种、岗位，否则应当缴纳残疾人就业保障金❽。若用人单位未按照规定缴纳残疾人就业保障金，在被警告并责令限期缴纳后逾期仍不缴纳，除补缴欠缴数额外，用人单位还应当自欠缴之日起，按日加缴 5‰ 的滞纳金。❾

---

❶　参见《就业促进法》三条。
❷　参见《劳动法》第三条、第五十九条至第六十三条。
❸　参见《就业促进法》第二十七条和《妇女权益保障法》第四十三条、第四十四条。
❹　参见《妇女权益保障法》第四十五条至第四十八条。
❺　参见《妇女权益保障法》第八十三条。
❻　参见《女职工劳动保护特别规定》第三条和第四条。
❼　参见《女职工劳动保护特别规定》第六条、第七条、第九条、第十三条。
❽　参见《残疾人就业条例》第八条、第九条。
❾　参见《残疾人就业条例》第二十七条。

在船员就业保护方面，要求船员用人单位应当与船员订立劳动合同，按时足额缴纳各项保险费用，船员生活环境、作业安全和防护应当符合相关要求，向船员支付合理的工资，并按时足额发放给船员❶。用人单位未及时给予救治在船工作期间患病或者受伤的船员，或是船员在船舶上生活和工作的场所不符合国家船舶检验规范中有关船员生活环境、作业安全和防护要求，船员用人单位将被责令改正，并被处以3万元以上15万元以下罚款❷。船员服务机构提供虚假信息以欺诈船员，将被责令改正并处3万元以上15万元以下罚款，甚至可能被暂停船员服务6个月以上2年以下直至吊销相关业务经营许可。❸

（三）就业中介相关规定

在就业中介方面，职业中介机构从事相关活动应明示职业中介许可证、监督电话，同时应当建立服务台并记录服务对象、服务过程、服务结果和收费情况，在职业中介服务不成功后应当向劳动者退还所收取的中介服务费，否则将被责令改正，且可能被处以1000元以下的罚款❹。职业中介机构如发布包含歧视性内容的就业信息，为无合法身份证件的劳动者提供职业中介服务，介绍劳动者从事法律、法规禁止从事的职业，以暴力、胁迫、欺诈等方式进行职业中介活动，超出核准的业务范围经营等，将被责令改正，有违法所得则可被处以不超过违法所得三倍且不高于3万元的罚款，无违法所得则可被处以1万元以下的罚款，甚至可能被吊销营业执照。❺

（四）社会保险相关规定

《劳动法》《劳动合同法》《社会保险法》及《工伤保险条例》对企业缴纳社会保险作出了相关规定。如劳动合同应当具备社会保险条款❻。用人单位应当自行申报、按时足额缴纳社会保险费，非因不可抗力等法定事由不得缓缴、减免❼。用人单位无故不缴纳社会保险费或工伤保险，将被责令其限期缴纳或补足，自欠缴之日起按日加收5‰的滞纳金，逾期仍不缴纳则将被处欠缴数额一倍以上三倍以下

---

❶ 参见《船员条例》第二十一条至第二十五条。
❷ 参见《船员条例》第五十五条。
❸ 参见《船员条例》第五十九条。
❹ 参见《就业服务与就业管理规定》第七十一条至第七十三条。
❺ 参照《就业服务与就业管理规定》第五十八条、第七十四条。
❻ 参见《劳动合同法》第十七条。
❼ 参见《社会保险法》第六十条。

的罚款❶。用人单位应当办理社会保险登记，否则在逾期不改正的情况下，用人单位将被处以应缴社会保险费数额一倍以上三倍以下的罚款，直接责任人员将被处以 500 元以上 3000 元以下的罚款❷。用人单位应当协助社会保险行政部门对事故进行调查核实，否则将被责令改正并处 2000 元以上 2 万元以下的罚款。❸

（五）劳动报酬相关规定

《劳动法》《劳动合同法》确立了劳动者享有足额及时取得劳动报酬的权利❹。我国在劳动报酬保护方面主要是强调对农民工工资的保护。企业仅能以货币支付农民工工资，并应当编制工资支付台账并依法保存，向农民工提供工资清单，不得扣押或者变相扣押用于支付农民工工资的银行账户所绑定的农民工本人社会保障卡或者银行卡，否则可能被处以 2 万元以上 5 万元以下的罚款，其直接责任人员可能被处 1 万元以上 3 万元以下的罚款❺。在建设工程领域，施工总承包单位应当开设或者使用农民工工资专用账户，并存储工资保证金、提供金融机构保函，实行劳动用工实名制管理，否则可能被责令项目停工，并被处 5 万元以上 10 万元以下的罚款，可能被遭受限制承接新工程、降低资质等级、吊销资质证书等处罚❻。同理，建设单位应当按约定及时足额向农民工工资专用账户拨付工程款中的人工费用，同时提供工程施工合同、农民工工资专用账户有关资料，否则将被责令项目停工，并处 5 万元以上 10 万元以下的罚款。❼

（六）职业病防治相关规定

用人单位必须建立、健全劳动安全卫生制度，严格执行国家劳动安全卫生规程和标准，对劳动者进行劳动安全卫生教育，防止劳动过程中的事故，减少职业危害❽。用人单位必须为劳动者提供符合国家规定的劳动安全卫生条件和必要的劳动防护用品，对从事有职业危害作业的劳动者应当定期进行健康检查，如提供的工作场所职业病危害因素的强度或者浓度应当低于国家职业卫生标准，且提

---

❶　参见《劳动法》第一百条、《社会保险法》第八十六条、《工伤保险条例》第六十二条。

❷　参见《社会保险法》第八十四条。

❸　参见《工伤保险条例》第十九条、第六十三条。

❹　参见《劳动法》第三条、《劳动合同法》第十七条和第三十条第一款。

❺　参见《保障农民工工资支付条例》第五十四条。

❻　参见《保障农民工工资支付条例》第五十五条、《工程建设领域农民工工资专用账户管理暂行办法》第十六条、《工程建设领域农民工工资保证金规定》第六条。

❼　参见《保障农民工工资支付条例》第五十七条。

❽　参见《劳动法》第五十二条。

供符合国家职业卫生标准和卫生要求的职业病防护设施和个人使用的职业病防护用品，保持职业病防护设备、应急救援设施和个人使用的职业病防护用品正常运行、使用状态等，否则可能被处 5 万元以上 20 万元以下的罚款，甚至被责令停止产生职业病危害的作业或关闭❶。用人单位与劳动者订立的劳动合同应当具备符合国家劳动标准的劳动保护、劳动条件和职业危害防护条款❷。建设单位若违法产生职业病危害的作业，被警告并责令限期改正后逾期不改正，将被处 10 万元以上 50 万元以下的罚款。❸

（七）工作时间相关规定

国家实行劳动者每日工作时间不超过 8 小时、平均每周工作时间不超过 44 小时的工时制度，劳动者每周至少休息一天，依法享受法定节假日，节假日安排加班的用人单位应支付加班费，国家实行带薪年休假制度❹。劳动合同应当具备工作时间和休息休假条款❺。任何单位和个人不得擅自延长职工工作时间；因特殊情况和紧急任务确需延长工作时间的，按照国家有关规定执行。❻

（八）工会组织保护相关规定

劳动者有权依法参加和组织工会。工会代表应当维护劳动者的合法权益，依法独立自主地开展活动❼。工会应当帮助、指导劳动者与用人单位依法订立和履行劳动合同，并与用人单位建立集体协商机制，维护劳动者的合法权益❽。企业不应阻挠职工依法参加和组织工会或者阻挠上级工会帮助、指导职工筹建工会，不应对依法履行职责的工会工作人员无正当理由调动工作岗位或进行打击报复，否则将被责令改正或恢复原工作，造成损失的，给予赔偿。❾

四、政府及有关部门劳动用工合规监管

2019～2021 年，全国各级劳动人事争议基层调解组织和仲裁机构共处理

---

❶ 参见《劳动法》第五十四条、《职业病防治法》第七十二条。
❷ 参见《劳动合同法》第十七条和六十二条。
❸ 参见《职业病防治法》第六十九条。
❹ 参见《劳动法》第三十六条、第三十八条、第四十条、第四十四条及第四十五条。
❺ 参见《劳动合同法》第十七条。
❻ 参见《关于职工工作时间的规定》第六条及其实施办法第五条。
❼ 参见《劳动法》第七条。
❽ 参见《劳动合同法》第六条。
❾ 参见《工会法》第法第三条、第十二条、第五十一条、第五十二条。

劳动人事争议案件 696.8 万件，三年案件数量分别为 211.9 万件、221.8 万件、263.1 万件，涉及劳动者 770.4 万人，涉案金额 1596.7 亿元。劳动争议逐年增加的原因主要有国际形势、经济下行和新冠肺炎疫情等多重因素。随着用人单位规范用工水平和劳动者维权意识的明显增强，以及相关部门纠纷化解机制的不断推进，劳动争议调解成功率不断上升，三年成功率分别为 68.0%、70.6% 和 73.3%。三年查处各类劳动保障违法案件 11.2 万件、10.6 万件和 10.6 万件。通过加大劳动保障监察执法力度，三年共为 233.2 万名劳动者追发工资等待遇 224.6 亿元，督促用人单位与 182.5 万名劳动者补签劳动合同，依法取缔非法职业中介机构 5189 户，规范人力资源市场秩序，为劳动者就业营造良好环境。❶

在职业病防治合规监管方面，2019 年 7 月～2020 年 12 月，国家卫生健康委等 10 个部门联合组织开展了尘肺病防治攻坚行动。按照"摸清底数、加强预防、控制增量、保障存量"的原则，动员各方力量实施综合治理，有效加强尘肺病预防控制，大力开展尘肺病患者救治救助工作，切实保障劳动者职业健康权益。全国报告新发职业病病例数从 2019 年的 19428 例下降至 2021 年的 15407 例，降幅达 20.7%；其中，报告新发职业性尘肺病病例数从 2019 年的 15898 例下降至 2021 年的 11809 例，降幅达 25.7%，职业病防治工作成效显著。❷

在工资保护合规监管方面，国家各级部门多次开展专项行动。国务院根治拖欠农民工工资工作领导小组组织开展的"2021 年度根治欠薪冬季专项行动"共检查用人单位 25.09 万家，为 62.93 万职工追回被拖欠工资 73.62 亿元，其中为 56.89 万农民工追回被拖欠工资 68.62 亿元。❸

在女职工劳动权益保障合规监管方面，人力资源社会保障部、国家卫生健康委员会、国家医疗保障局、中华全国总工会于 2021 年 8 月发出通知，决定在全国范围内联合开展女职工产假等权益专项执法行动，专项行动聚焦女职工产假、哺乳时间等权益问题，查处违法案件，纠正违法行为，调动广大女职工的积极性和创造性，营造安全健康平等和谐的劳动环境，切实维护女职工合法权益。行动聚焦各类用人单位，重点是女职工较多的纺织业、服装制造业、化工、箱包、制

---

❶　参见人力资源和社会保障部 2019、2020、2021 年度《人力资源和社会保障事业发展统计公报》。

❷　参见国家卫生健康委职业健康司．坚持以劳动者健康为中心　大力推进职业健康保护行动 [J]．健康中国观察，2022（07）：37-39 页。

❸　参见中国政府网．根治欠薪冬季专项行动为农民工追讨欠薪 68.62 亿元 [EB/OL]．http：//www.gov.cn/xinwen/2022-03/18/content_5679623.htm。

鞋业、商业服务业、金融业以及社会关注度较高的高科技行业企业，近年来曾发生女职工权益维护问题的用人单位。主要检查用人单位遵守《女职工劳动保护特别规定》情况，重点检查女职工产假、哺乳时间情况，孕期、哺乳期延长劳动时间和夜班劳动情况，女职工从事禁忌劳动情况；女职工劳动合同、工资支付和社会保险情况；用人单位关于女职工合法权益劳动保障制度规章情况；女职工权益保护专项集体合同签订情况；女职工产假待遇情况；女职工比较多的用人单位建立女职工卫生室、孕妇休息室、哺乳室等设施情况；女职工组织建设、心理健康维护的情况；用人单位发布含有性别歧视性内容招聘信息的情况；其他有关女职工权益保护法律、法规执行情况。❶

在工作时间合规监管方面，最高法、人社部于 2021 年联合发布超时加班典型案例，明确"工作时间为早 9 时至晚 9 时，每周工作 6 天"的内容，严重违反法律关于延长工作时间上限的规定，应认定为无效❷。2022 年 3 月 15 日，北京市人力资源和社会保障局发布《关于进一步做好工时和休息休假权益维护工作的通知》，3 月 15 日～5 月 15 日，在全市组织开展工时和休息休假权益维护集中排查整治，聚焦重点行业企业，集中排查整治超时加班问题，依法保障职工工时和休息休假权益，营造和谐的劳动关系❸。随后，各省份开展超时加班集中排查整治，为期 2 个月左右。此次集中排查整治的检查对象主要是超时加班问题易发多发的重点行业、重点企业、重点园区，重点突出互联网（平台）企业及关联企业、研发岗位占比较高的技术密集型企业、劳动密集型加工制造业企业和服务业企业。用人单位如果有相关违法行为，将被追责乃至曝光。同时对不经与工会和劳动者协商的强制加班、制度化加班等突出问题将重点予以打击；对重大典型违法案件，依法予以公布或向社会公开。❹

---

❶　参见人力资源和社会保障部、国家卫生健康委员会、国家医疗保障局、中华全国总工会《关于开展女职工产假等权益专项执法行动的通知》。

❷　参见人力资源和社会保障部、人力资源社会保障部、最高人民法院关于联合发布第二批劳动人事争议典型案例的通知 [EB/OL]. http：//www.mohrss.gov.cn/SYrlzyhshbzb/laodongguanxi_/zcwj/202108/t20210825_421600.html。

❸　参见北京市人民政府. 重点检查超时加班易发多发行业企业　持续 2 个月　本市开展工时和休息休假权益维护集中排查整治 [EB/OL]. http：//www.beijing.gov.cn/ywdt/gzdt/202203/t20220316_2631656.html。

❹　光明网，对"996"说不! 整治超时加班，国家出手了 [EB/OL]. https：//m.gmw.cn/baijia/2022-03-29/35619209.html。

第二十章　反垄断与反不正当竞争合规风险

现代市场经济需要建立有序竞争、公平竞争的秩序，才能实现社会经济持续健康发展。企业垄断和不正当竞争行为是建立有序竞争、公平竞争秩序的最大阻碍，会导致企业创新缺少动力、市场缺乏活力，最终影响整个社会经济的健康发展。近年来，为规范市场竞争，优化营商环境，我国针对反垄断与反不正当竞争行政合规建立了配套法律制度，持续加强企业垄断与不正当竞争行为监管。

一、反垄断合规风险概述

（一）反垄断合规风险内涵

根据《反垄断法》的规定，垄断是指排除、限制竞争以及可能排除、限制竞争的行为。反垄断合规风险是企业因实施垄断行为，可能受到国家政府或国际组织为禁止企业垄断进行处罚的风险。

（二）反垄断合规依据

我国已形成以《反垄断法》为核心，以相关行政法规和部门规章为主要框架的反垄断法律规范体系，覆盖垄断协议、滥用市场支配地位、经营者集中、行政性垄断等反垄断领域基本制度，反垄断工作步入法治化轨道。

2022年6月24日，第十三届人民代表大会常务委员会第三十五次会议审议通过《关于修改中华人民共和国反垄断法的决定》，新《反垄断法》自2022年8月1日起施行。这是2008年我国首部《反垄断法》实施后的第一次大修改。

相关行政法规主要指国务院《关于禁止在市场经济活动中实行地区封锁的规定》。该规定旨在禁止市场经济活动中的地区封锁行为，破除地方保护。

部门规章主要包括《公平竞争审查制度实施细则》《禁止垄断协议规定》《禁止滥用市场支配地位行为规定》《制止滥用行政权力排除、限制竞争行为规定》《市场监督管理行政处罚程序规定》《市场监督管理行政处罚听证办法》《市场监督管理行政处罚信息公示规定》《外国投资者并购境内企业反垄断申报指南》《国家市场监督管理总局反垄断局关于经营者集中申报的指导意见》《关于相关市场界定的指南》等。

近年来国务院反垄断委员会针对多个领域发布了多部反垄断指南。2019 年针对经营者滥用知识产权，排除、限制竞争的行为和汽车业垄断行为发布了《关于知识产权领域的反垄断指南》和《关于汽车业的反垄断指南》。同时，为了提高执法机构执法效率，发布了《横向垄断协议案件宽大制度适用指南》和《垄断案件经营者承诺指南》，在法定适用范围内，对主动报告达成垄断协议的有关情况并提供重要证据的经营者适用宽大制度，对提出承诺并采取具体措施消除其行为后果的经营者决定中止调查和终止调查。2020 年发布了《经营者反垄断合规指南》，旨在指导经营者建立反垄断合规管理制度。2021 年针对预防和制止互联网平台经济领域垄断行为和原料药领域垄断行为发布了《关于平台经济领域的反垄断指南》和《关于原料药领域的反垄断指南》。

为了预防和制止垄断协议，市场监管总局于 2023 年 3 月发布《禁止垄断协议规定》，替代了《禁止垄断协议暂行规定》。垄断协议是指排除、限制竞争的协议、决定或者其他协同行为。协议或者决定可以是书面、口头等形式。其他协同行为是指经营者之间虽未明确订立协议或者决定，但实质上存在协调一致的行为。根据《禁止垄断协议规定》，具有竞争关系的经营者不得利用数据和算法、技术以及平台规则等，通过意思联络、交换敏感信息、行为协调一致等方式，达成垄断协议❶。2022 年 6 月 27 日市场监管总局公布的《禁止滥用知识产权排除、限制竞争行为规定（征求意见稿）》，从 2021 年 9 月启动该规定的修订工作，主要修改内容包括落实修改后的《反垄断法》。为了进一步规范经营者集中反垄断审查工作，市场监管总局还发布了关于公开征求《经营者集中审查规定（征求意见稿）》意见的公告，并于 2023 年 3 月正式发布，替代 2020 年 10 月发布的《经营者集中审查暂行规定》，清晰体现了我国反垄断合规发展方向。

二、反垄断行政合规风险

反垄断行政合规风险指企业在经营过程中因未遵守《反垄断法》及其相关行政法规和部门规章，实施垄断行为，即与其他经营者达成垄断协议，或者滥用市场支配地位，或者违法实施经营者集中，而可能受到行政处罚的风险❷。

---

❶ 参见《禁止垄断协议规定》第十三条。
❷ 参见《反垄断法》第三条。

（一）经营者达成垄断协议

垄断协议是指排除、限制竞争的协议、决定或者其他协同行为[1]。上述协议或者决定可以是书面形式，也可以是口头等其他形式。其他协同行为是指经营者之间虽未明确订立协议或者决定，但实质上存在协调一致的行为[2]。垄断协议可以是具有竞争关系的经营者之间订立，也可以是经营者和交易相对方订立，目的都是为了排除、限制竞争以实现自身利益最大化。具体表现为具有竞争关系的经营者们协议固定或者变更商品价格、限制商品的生产数量或者销售数量、分割销售市场或者原材料采购市场、联合抵制交易以及限制购买新技术、新设备或者限制开发新技术、新产品[3]。如原料药生产企业与具有竞争关系的其他经营者通过联合生产协议、联合采购协议、联合销售协议、联合投标协议等方式商定原料药生产数量、销售数量、销售价格、销售对象、销售区域等[4]。例如云南某机动车驾驶培训公司同三家驾驶培训单位于 2020 年 7 月签订了限制了最低培训费的所谓行业自律公约，该公约则属于垄断协议，最终被市场监督管理局责令停止违法行为，并处以 2020 年销售额 3% 的罚款[5]。而对可能排除、限制竞争的知识产权协议，则应当从联合研发、交叉许可、排他性回授和独占性回授、不质疑条款等方面考虑[6]，同时制定了不认定为垄断协议的安全港原则[7]。经营者与交易相对人则通常是达成限制转售价格的垄断协议，如固定向第三人转售商品的价格、限定向第三人转售商品的最低价格。[8]

《反垄断法》第五十六条对经营者达成垄断协议的行为进行了规制，经营者达成垄断协议但尚未实施该协议，可以处 300 万元以下的罚款；经营者达成并实施垄断协议，没收违法所得并处以高额罚款，上一年度没有销售额则处 500 万元以下的罚款，上一年度有销售额则处上一年度销售额 1% 以上 10% 以下的罚款。对达成垄断协议负有个人责任的经营者的法定代表人、主要负责人、直接责任人以及组织其他经营者达成垄断协议或者为其他经营者达成垄断协议提供实质性帮

---

[1]　参见《反垄断法》第十六条。

[2]　参见《禁止垄断协议暂行规定》第五条。

[3]　参见《反垄断法》第十七条。

[4]　参见国务院反垄断委员会《关于原料药领域的反垄断指南》第六条。

[5]　参见云南省市场监督管理局云市监竞处字〔2022〕01 号行政处罚决定书。

[6]　参见国务院反垄断委员会《关于知识产权领域的反垄断指南》第七条至第十二条。

[7]　参见国务院反垄断委员会《关于知识产权领域的反垄断指南》第十三条。

[8]　参见《反垄断法》第十八条。

助，则可以处 100 万元以下的罚款。《禁止垄断协议规定》则是在《反垄断法》的基础上从商品价格、生产数量或者销售数量、分割销售市场或者原材料采购市场、联合抵制交易等方面细化了对垄断协议的规定。根据《禁止垄断协议规定》，经营者达成并实施垄断协议，处罚一般为停止违法行为，没收违法所得，并处上一年度销售额 1% 以上 10% 以下的罚款；尚未实施所达成的垄断协议的，可以处 300 万元以下的罚款❶。《经营者反垄断合规指南》禁止经营者达成垄断协议，并且不得参与或者支持行业协会组织的垄断协议，因行政权力的滥用而达成垄断协议并非是免责条件，经营者仍应承担法律责任❷。因为横向垄断协议即具有竞争关系的经营者之间达成的垄断协议，具有严重排除、限制竞争的效果，同时具有高度隐秘性，为了使相关经营者主动配合执法机构，降低调查的难度，国务院反垄断委员会制定了《横向垄断协议案件宽大制度适用指南》，规定了经营者申请宽大的条件和程序。

（二）经营者滥用市场支配地位

市场支配地位是指经营者在相关市场内具有能够控制商品价格、数量或者其他交易条件，或者能够阻碍、影响其他经营者进入相关市场能力的市场地位❸。如平台经济领域经营者销售商品提价幅度明显高于成本增长幅度，或者采购商品降价幅度明显低于成本降低幅度❹。通过经营者在相关市场的市场份额、财力和技术条件、控制销售市场或者原材料采购市场的能力等条件可以判断经营者是否具有市场支配地位❺。经营者滥用市场支配地位则会被没收违法所得，并处上一年度销售额 1% 以上 10% 以下的罚款❻。例如阿里巴巴集团在中国境内网络零售平台服务市场具有支配地位。自 2015 年以来，阿里巴巴集团滥用该市场支配地位，对平台内商家提出"二选一"要求，禁止平台内商家在其他竞争性平台开店或参加促销活动，并借助市场力量、平台规则和数据、算法等技术手段，采取多种奖惩措施保障"二选一"要求的执行，2021年被市场监管总局责令停止违法行为，并处以其 2019 年中国境内销售额 4%

---

❶ 参见《禁止垄断协议规定》第四十二条。
❷ 参见《经营者反垄断合规指南》第十一条。
❸ 参见《禁止滥用市场支配地位行为规定》第六条。
❹ 参见《国务院反垄断委员会关于平台经济领域的反垄断指南》第十二条。
❺ 参见《反垄断法》第十八、第十九条。
❻ 参见《反垄断法》第四十七条。

的罚款，共计 182.28 亿元❶。因行政权力的滥用而导致经营者滥用市场支配地位行为并非免责条件，但是一定条件下可以是从轻或减轻处罚的条件。如能证明经营者上述行为是被动遵守行政命令所导致，可以依法从轻或者减轻处罚。❷

（三）具有或者可能具有排除、限制竞争效果的经营者集中

经营者集中，即经营者合并，是指经营者通过取得股权或者资产的方式取得对其他经营者的控制权以及经营者通过合同等方式取得对其他经营者的控制权或者能够对其他经营者施加决定性影响❸。达到申报标准的经营者应当事先向国务院反垄断执法机构申报经营者集中，未申报的不得实施集中。例如百度公司和中信银行新设合营企业属于应当申报情形，但二者未申报就签订协议，共同设立合营企业，取得合营企业控制权，属于违法经营者集中，因评估后认为该项经营者集中不会产生排除、限制竞争的效果，百度公司和中信银行分别被处以 50 万元罚款❹。若经营者集中具有或者可能具有排除、限制竞争效果则会被责令停止实施集中、限期处分股份或者资产、限期转让营业以及采取其他必要措施恢复到集中前的状态，同时可能会被处以上一年度销售额 10% 以下的罚款。如果经营者集中不具有排除、限制竞争效果的，则处以 500 万元以下的罚款❺。如对平台经营者，可以附加剥离有形资产，剥离知识产权、技术、数据等无形资产或者剥离相关权益等结构性条件；附加开放网络、数据或者平台等基础设施、许可关键技术、终止排他性协议、修改平台规则或者算法、承诺兼容或者不降低互操作性水平等行为性条件；还有结构性条件和行为性条件相结合的综合性条件。❻

同时，我国在 2019 年制定了经营者承诺制度。在垄断案件调查中，被调查的经营者可以提出承诺，采取具体措施消除其行为后果，执法机构可以接受经营者的承诺，决定中止调查和终止调查。但是经营者承诺制度不适用于固定或者变更商品价格、限制商品生产或者销售数量、分割销售市场或者原材料采购市场的横向垄断协议案件。❼

---

❶　参见国家市场监督管理总局国市监处〔2021〕28 号行政处罚决定书。
❷　参见《禁止滥用市场支配地位行为规定》第四十一条。
❸　参见《反垄断法》第二十条。
❹　参见国家市场监督管理总局国市监处罚〔2021〕79 号行政处罚决定书。
❺　参见《反垄断法》第五十八条。
❻　参见《国务院反垄断委员会关于平台经济领域的反垄断指南》第二十一条。
❼　参见《国务院反垄断委员会垄断案件经营者承诺指南》第二条。

三、反不正当竞争合规风险概述

（一）反不正当竞争合规风险内涵

反不正当竞争合规风险是指企业在生产经营活动中，未遵守《反不正当竞争法》及其司法解释等相关法律法规，扰乱市场竞争秩序，实施市场混淆、商业贿赂、虚假或者引人误解的商业宣传、侵犯商业秘密、不正当有奖销售、商业诋毁等不正当竞争行为损害其他经营者或者消费者的合法权益，可能被处罚、遭受经济损失和名誉损失的风险。❶

（二）反不正当竞争合规依据

我国目前关于反不正当竞争方面的法律法规主要是《反不正当竞争法》以及全国人大、国务院、各省市的人大及国家行政管理部门制定的与《反不正当竞争法》相配套的法律、行政法规、地方性法规和规章，包括《广告法》《规范促销行为暂行规定》《价格违法行为行政处罚规定》《明码标价和禁止价格欺诈规定》《关于禁止仿冒知名商品特有的名称、包装、装潢的不正当竞争行为的若干规定》《关于禁止侵犯商业秘密行为的若干规定》《关于禁止商业贿赂行为的暂行规定》等，形成了以《反不正当竞争法》为基本法律，有关行政法规和规章为配套规定的我国反不正当竞争法律体系。2022 年 3 月，《最高人民法院关于适用〈中华人民共和国反不正当竞争法〉若干问题的解释》发布，以激发创新活力、规范市场竞争行为、回应社会关切为着力点，对仿冒混淆、商业诋毁、网络不正当竞争等行为作了进一步明确和细化。

四、反不正当竞争行政合规风险

反不正当竞争行政合规风险是指企业未遵守反不正当竞争相关法律法规，实施混淆、商业贿赂、虚假宣传、侵犯商业秘密、不正当有奖销售、诋毁商誉以及互联网不正当竞争等行为，可能被行政主管部门处罚、遭受经济损失和名誉损失的风险。

（一）混淆行为

混淆行为是指企业实施一定行为引人误认为其产品是他人商品或者与他人存在特定联系，包括擅自将他人知名商品特有的商品名称、包装、装潢作相同或者

---

❶ 参见《反不正当竞争法》第二条。

近似使用，造成自身产品与他人的知名商品相混淆，足以使购买者误认为是该知名商品的行为❶；企业擅自使用他人有一定影响的企业名称、社会组织名称和姓名；以及互联网平台的商业混淆行为，即企业擅自使用他人有一定影响的域名主体部分、网站名称、网页等❷。例如青岛蓝宝石酒业有限公司（简称蓝宝石公司）未经青岛啤酒股份有限公司许可，生产的"蓝宝石"牌纯生啤酒从整体包装、装潢及外形特征到包装、装潢、标识上整体底色、图片位置布局、元素搭配均与"青岛啤酒"（净含量 500mL 罐装）相近似，已经使不少消费者因为误认为"青岛啤酒"而购买"蓝宝石"牌纯生啤酒，因此蓝宝石公司构成混淆行为，被令停止违法行为，并罚款 10 万元❸。企业如实施混淆行为，将被责令停止违法行为，没收违法商品，并处高额罚款，情节严重甚至可能被吊销营业执照。其并处罚款根据违法经营额而定，违法经营额在 5 万元以上，可以并处违法经营额五倍以下的罚款；没有违法经营额或者违法经营额不足 5 万元，可以并处 25 万元以下的罚款。❹

（二）虚假宣传

虚假宣传是指经营者为促进销量，追求利润，对其商品的性能、功能、质量、销售状况、用户评价、曾获荣誉等作虚假或者引人误解的商业宣传，欺骗、误导消费者。虚假宣传包括帮助其他企业组织虚假交易❺、提供不真实的商品相关信息、对商品作片面的宣传或者对比、使用歧义性语言进行商业宣传以及将科学上未定论的观点、现象等当作定论的事实用于商品宣传等方式❻。经营者若对其商品或者通过组织虚假交易等方式帮助其他经营者进行虚假或者引人误解的商业宣传，将被责令停止违法行为，处 20 万元以上 100 万元以下的罚款；情节严重则被处以 100 万元以上 200 万元以下的罚款，甚至可能被吊销营业执照❼。例如瑞幸咖啡（中国）有限公司、瑞幸咖啡（北京）有限公司等五家公司在多家第

---

❶　参见《关于禁止仿冒知名商品特有的名称、包装、装潢的不正当竞争行为的若干规定》第二条。

❷　参见《反不正当竞争法》第六条。

❸　参见吉林省蛟河市人民法院（2019）吉 0281 行初 20 号行政判决书。

❹　参见《反不正当竞争法》第十八条。

❺　参见《反不正当竞争法》第八条。

❻　参见《最高人民法院关于适用〈中华人民共和国反不正当竞争法〉若干问题的解释》第十六条、第十七条。

❼　参见《反不正当竞争法》第二十条。

三方公司帮助下，采用"个人及企业刷单造假""API企业客户交易造假"、伪造银行流水、建立虚假数据库、伪造卡券消费记录等虚假交易方式，最终形成极具吸引力的虚假业绩，欺骗、误导消费者和相关公众，构成虚假宣传行为，五家公司被责令停止违法行为，并分别被罚款200万元人民币❶。

（三）不正当有奖销售

有奖销售是指经营者以销售商品或者获取竞争优势为目的，向消费者提供奖金、物品或者其他利益的行为，包括抽奖式和附赠式等有奖销售❷。随着网络经济的发展，企业为推广移动客户端、获取流量、提高点击率等，附带性地提供物品、奖金或者其他利益的行为也属于有奖销售❸。不正当有奖销售的情形具体有以下三种。第一，有奖销售信息不明确，影响兑奖，有奖销售信息❹包括奖项种类、参与条件、参与方式、开奖时间、开奖方式、奖金金额或者奖品价格、奖品品名、奖品种类、奖品数量或者中奖概率、兑奖时间、兑奖条件、兑奖方式、奖品交付方式、弃奖条件、主办方及其联系方式等信息；如奖品为积分、礼券、兑换券、代金券等形式，其有奖销售信息则包括兑换规则、使用范围、有效期限以及其他限制性条件等详细内容。例如欣尚公司在太平洋影城采用无人售货的方式投放福袋机从事经营活动，福袋机机身上方和侧面标注有"福袋机专卖统统有礼，每期大奖随机在太平洋影院线旗下各网点产生，礼品定期更新，如中以上大奖，请联系影院工作人员或拨打客服热线；有笔记本电脑、单反相机、手机等奖品图案；幸运福袋、100%有礼、幸运有礼，惊喜不断、还等什么，幸运属于你"等奖品文字和图案，消费者扫码支付23.9元后，随机获得1个盒子，盒子里有相应的奖品。欣尚公司有奖销售行为，未明确奖品的品牌、规格、型号及中奖率等信息，构成不正当有奖销售，被责令立即改正违法行为并罚款50000元❺。第二，采用谎称有奖或者故意让内部员工、指定单位或者个人等内定人员中奖的欺骗方式进行有奖销售❻。第三，抽奖式有奖销售的最高奖金额超过5万元，该最高奖金额包括累计金额、市场价格、利益折算后的价格、同期市场同类商品的价

---

❶ 参见国家市场监督管理总局国市监处〔2020〕19号、20号、21号、22号、23号行政处罚决定书。

❷ 参见《规范促销行为暂行规定》第十一条。

❸ 参见《规范促销行为暂行规定》第十二条。

❹ 参见《规范促销行为暂行规定》第十三条、第十四条。

❺ 参见四川省德阳市旌阳区人民法院（2019）川0603行初110号行政判决书。

❻ 参见《反不正当竞争法》第十条。

格等❶。经营者若违法进行不正当有奖销售，将被责令停止违法行为，处 5 万元以上 50 万元以下的罚款❷。在现场即时开奖的有奖销售活动中，经营者若对超过 500 元奖项的兑奖情况，不履行随时公示的义务，或者经营者未履行建立档案以如实、准确、完整地记录设奖规则、公示信息、兑奖结果、获奖人员等内容以及妥善保存两年并依法接受监督检查的义务，则由县级以上市场监督管理部门责令改正，可以处 1 万元以下罚款❸。

（四）诋毁商誉

诋毁商誉是经营者本身进行或者传播他人编造、传播虚假信息或者误导性信息以损害竞争对手的商业信誉、商品声誉的行为❹。例如酒泉市瀚森瑞达商贸有限责任公司（简称瀚森瑞达公司）在明知酒泉九眼泉食品有限责任公司（简称九眼泉公司）经营"杏香源"牌杏皮水且自身对"杏香园"三字不享有知识产权权利的情形下，无任何事实依据，自行编造并在微信发布"郑重声明"，内容包括杏香园牌杏皮茶现有非常严重的产品质量问题。该声明中的"杏香园"牌杏皮茶与九眼泉公司享有商标专用权的"杏香源"注册商标仅一字之差，且读音一致，形成高度近似，足以造成公众误解，其行为构成对九眼泉公司商誉的诋毁，因此被罚款 1 万元❺。应当注意的是，随着现代市场经济的发展和市场竞争态势的复杂化，除了同行业竞争者之间存在对交易机会的争夺外，也出现了非同行业经营者之间严重违反诚实信用原则、损害他人竞争能力、影响正常市场竞争秩序的现象。对此，第四次全国法院知识产权审判工作会议指出，竞争关系并非认定不正当竞争或者提起不正当竞争之诉的条件，该观点已为司法实践普遍适用❻。经营者违法损害他人商业信誉、商品声誉，将被责令停止违法行为、消除影响，处 10 万元以上 50 万元以下的罚款。若情节严重则处 50 万元以上 300 万元以下的罚款。❼

（五）互联网不正当竞争

互联网不正当竞争是指经营者利用技术手段，通过影响用户选择或者其他方

---

❶ 参见《规范促销行为暂行规定》第十七条、第十八条。
❷ 参见《反不正当竞争法》第二十二条。
❸ 参见《规范促销行为暂行规定》第二十八条。
❹ 参见《反不正当竞争法》第十一条。
❺ 参见甘肃省酒泉市肃州区工商局肃工商罚〔2018〕30 号行政处罚决定书。
❻ 参见《最高人民法院对十三届全国人大三次会议第 3386 号建议的答复》。
❼ 参见《反不正当竞争法》第二十三条。

式，实施下列妨碍、破坏其他经营者合法提供的网络产品或者服务正常运行的行为。主要表现为以下三种形式。第一，未经其他经营者同意，在其合法提供的网络产品或者服务中，插入链接、强制进行目标跳转。其中，未经其他经营者和用户同意而直接发生的目标跳转认定为强制进行目标跳转。第二，误导、欺骗、强迫用户修改、关闭、卸载其他经营者合法提供的网络产品或者服务，包括经营者事前未明确提示并经用户同意，以前述方式恶意干扰或者破坏其他经营者合法提供的网络产品或者服务。第三，恶意对其他经营者合法提供的网络产品或者服务实施不兼容❶。"美团网"经营主体三快公司以调高费率、暂休服务、设置不合理交易条件限制、阻碍商户与其竞争对手"饿了么"交易，以排挤竞争，"饿了么"经营主体拉扎斯信息科技公司因丧失流量、丧失订单而遭受损失，三快公司行为属于其他妨碍、破坏其他经营者合法提供的网络产品或者服务正常运行的行为，构成不正当竞争，因此三快公司被责令停止违法行为，并罚款 70000 元❷。经营者违法实施互联网不正当竞争行为，将被责令停止违法行为，处 10 万元以上 50 万元以下的罚款。如情节严重则处 50 万元以上 300 万元以下的罚款。❸

五、国家反垄断和反不正当竞争合规监管

（一）反垄断合规监管

根据国家市场监督管理总局相关统计，"十三五"时期，全国查处各类市场垄断案件 179 件，罚没金额 27.6 亿元。其中，垄断协议案件、滥用市场支配地位案件、违法实施经营者集中案件分别为 66 件、54 件和 59 件。查处滥用行政权力排除、限制竞争案件 274 件。维护了市场公平秩序，保护了消费者的合法权益。与此同时，为了保障人民群众的切身利益，执法部门重点关注民生领域执法，在原料药、公共事业、建材、汽车等群众尤其关心的领域集中执法，查处了利乐滥用市场支配地位案、上汽通用垄断协议案、美敦力垄断协议案、18 家 PVC 企业垄断协议案、山西电力垄断协议案等一批重大典型案件，严厉打击了垄断行为，切实保障人民日益增长的美好生活需要。此外，对医药领域的垄断行为重拳出击，"十三五"期间共查办医药行业垄断案件 50 起，罚没金额 4.8 亿元，2020 年对葡萄糖酸钙原料药垄断案的罚没金额高达 3.255 亿元，表明了国家

---

❶ 参见《反不正当竞争法》第十二条。

❷ 参见淮安市清江浦区市场监督管理局淮清市监案字（2018）G061 号行政处罚决定书。

❸ 参见《反不正当竞争法》第二十四条。

惩戒原料药行业违法垄断行为的决心。❶

　　2021 年全年查处各类垄断案件 175 件，同比增长 61.5%，罚没金额 235.92 亿元。其中，垄断协议案件 11 件，罚没金额 16.73 亿元；滥用市场支配地位案件 11 件，罚没金额 218.47 亿元；公开处罚违法实施经营者集中案件 107 件，罚款 7235 万元；滥用行政权力排除、限制竞争案件 46 件。2021 年聚焦电商、外卖等热点领域，开展重大执法活动，依法查处阿里巴巴集团和美团"二选一"垄断案，分别罚款 182.28 亿元、34.42 亿元，并发出《行政指导书》，要求涉案企业全面整改，立规矩、儆效尤，促使平台企业自觉规范经营行为。目前，平台经济领域"二选一"行为基本停止，市场竞争秩序明显好转，平台内商家特别是中小经营者获得更广阔发展空间，进一步增强发展活力。深入核查平台企业未依法申报经营者集中案件线索千余条，立案调查近 200 件，对 98 件未依法申报案件作出处罚并向社会公开。依法对腾讯收购中国音乐集团股权案作出责令解除网络音乐独家版权等处罚，是我国第一起对未依法申报案件采取必要措施恢复市场竞争状态的案件，重塑我国网络音乐市场竞争格局。目前，平台企业依法申报经营者集中自觉性明显增强，反垄断常态化监管态势基本形成。❷

　　2022 年全国依法办结各类垄断案件 187 件，罚没金额 7.84 亿元；《反垄断法》完成颁布 15 年来首次修改❸。2022 年 11 月 17 日，最高人民法院发布人民法院反垄断典型案例 10 件，其中"驾校联营"横向垄断协议纠纷案 [最高人民法院（2021）最高法知民终 1722 号] 明确了认定涉横向垄断协议的民事行为无效的基本原则，"幼儿园"横向垄断协议纠纷案 [最高人民法院（2021）最高法知民终 2253 号] 针对幼儿教育经营者达成价格同盟的市场竞争行为，给予积极回应，依法制止排除、限制竞争行为，恢复、促进市场竞争活力，保证人民群众获得市场竞争带来的利益。❹

（二）反不正当竞争合规监管

　　2020 年，市场监管部门共查办各类不正当竞争案件 7371 件、罚没金额 4.16 亿元。其中，针对生活消费领域不正当竞争行为立案 666 件，案值 2829.58 万

---

❶　参见《中国反垄断年度执法报告（2020）》第 3 页。

❷　参见《中国反垄断年度执法报告（2021）》第 2 页。

❸　参见市场监管总局 . 全国市场监管系统反垄断工作会议暨民生领域反垄断执法专项行动部署会在山东青岛举行 [EB/OL]. https://www.samr.gov.cn/jzxts/sjdt/gzdt/202302/t20230213_353241.html.

❹　参见中国法院网，最高法发布人民法院反垄断和反不正当竞争典型案例 [EB/OL]. https://www.chinacourt.org/article/detail/2022/11/id/7022553.shtml.

元，罚没款 4763.64 万元。针对保健市场虚假或者引人误解的商业宣传行为立案 303 件，案值 1472.86 万元，罚没款 2813.09 万元。针对医美行业虚假或者引人误解的商业宣传行为立案 125 件，案值 237.56 万元，罚没款 642.14 万元。针对教育培训行业虚假或者引人误解的商业宣传行为立案 94 件，案值 732.25 万元，罚没款 908.46 万元。❶

2021 年市场监管总局开展了反不正当竞争专项执法，围绕热点问题加强整治。针对大型互联网平台跑马圈地社区团购市场，侵犯小商小贩利益问题，市场监管总局成立专案组，对 5 家社区团购企业低价倾销、价格欺诈等不正当价格行为处以 650 万元顶格罚款。针对共享消费领域不正当价格问题，对 8 个共享消费品牌经营企业开展行政指导，规范价格行为。针对不法经销商哄抬炒作汽车芯片价格，依法对 3 家经销企业处以罚款 250 万元。从严治理校外培训机构乱象，组建专案组对重点地区的 15 家校外培训机构进行重点检查，对涉及价格欺诈、虚假宣传的行为进行顶格处罚，累计罚款 3650 万元。聚焦互联网、保健、医药购销等社会关注、消费者反映强烈的领域，整治普遍性、行业性问题。全年共查办各类不正当竞争案件 8563 件，罚没金额 5.73 亿元。聚焦网络不正当竞争行为，立案查办了唯品会利用技术手段实施"二选一"不正当竞争行为，顶格处以 300 万元罚款，首次对"二选一"适用反不正当竞争法。针对"刷单炒信"多发的普遍性问题，查办案件 1064 件，罚没金额 7856 万元。聚焦医美行业竞争乱象，查办不正当竞争案件 103 件，罚没金额 598 万元。❷

2022 年 4 月，市场监管总局部署开展 2022 年反不正当竞争专项执法行动，聚焦重点，规范竞争，推进建设全国统一大市场。专项执法行动突出五个重点：①突出重点领域，聚焦民生和新消费、重要商品和要素市场、新经济等领域的竞争秩序。②突出重点行业，聚焦早教、中介、第三方测评、医美植发等行业乱象问题。③突出重点人群，聚焦老年、青少年、女性等人群合法权益维护。④突出重点地区，聚焦农村、城乡接合部、医疗机构周边、学校周边、文化娱乐场馆周边等违法行为多发地区。⑤突出重点商品，聚焦"保健"产品、农产品、防疫用品等重要商品。严厉打击仿冒混淆、"口碑"营销、商业贿赂、"二选一"等不正

---

❶ 参见潇湘晨报，创建公平健康市场环境 [EB/OL]. https：//baijiahao.baidu.com/s?id=170231647970 3819384&wfr=spider&for=pc。

❷ 参见北京日报，市场监管总局：聚焦不正当竞争，一年罚没金额 5.73 亿元 [EB/OL]. https：// baijiahao.baidu.com/s?id=1727375266728194895&wfr=spider&for=pc。

当竞争行为，着力营造放心消费环境，维护公平竞争市场秩序❶。近年来，医美消费需求与日俱增，医美行业迅速壮大、蓬勃发展。伴随着行业高速发展，一些行业乱象滋生，破坏医美市场竞争秩序，损害消费者的正当权益和健康安全。2021年，市场监管总局部署开展重点领域反不正当竞争执法专项整治，严厉打击医美领域不正当竞争行为，取得良好社会效果。2022年，市场监管总局继续加大工作力度，连续部署开展反不正当竞争专项执法行动，对医美等重点领域不正当竞争行为，持续保持高压态势。2022年1～10月，全国各级市场监管部门共查办各类不正当竞争案件7027件，罚没金额4.2亿元。其中，涉及医美领域案件277件，罚没金额1374万元。❷

---

❶　参见潇湘晨报，2022年反不正当竞争专项执法行动启动 [EB/OL]. https：//baijiahao.baidu.com/s?id=1731080961992354295&wfr=spider&for=pc。

❷　参见市场监管总局，2022年反不正当竞争专项执法行动典型案例二 [EB/OL]. https：//www.samr.gov.cn/xw/zj/202211/t20221117_351728.html。